化工企业
安全管理指南

袁延江　编著

中国石化出版社
·北京·

内容提要

本书以化工企业各安全管理要素为对象，遵循企业建设到运行的基本脉络，从法律法规及标准、术语与定义、管理要求等方面总结了化工行业安全管理各要素所对应的重要法规及标准的要求。内容包含化工企业建设阶段的各项手续办理、各类许可证办理、安全费用提取及使用、风险及隐患管理等部分。

本书可供化工企业从事安全管理相关工作的人员或企业主要负责人参考阅读。

图书在版编目（CIP）数据

化工企业安全管理指南 / 袁延江编著．—北京：中国石化出版社，2024.1（2024.8）
ISBN 978-7-5114-7354-7

Ⅰ.①化… Ⅱ.①袁… Ⅲ.①化工企业－安全管理－指南 Ⅳ.① F407.7-62

中国国家版本馆 CIP 数据核字（2023）第 230346 号

中国石化出版社出版发行
地址：北京市东城区安定门外大街 58 号
邮编：100011 电话：(010) 57512500
发行部电话：(010) 57512575
http：//www.sinopec-press.com
E-mail：press@sinopec.com
北京富泰印刷有限责任公司印刷
全国各地新华书店经销
*
787 毫米 ×1092 毫米 16 开本 17 印张 374 千字
2024 年 1 月第 1 版 2024 年 8 月第 2 次印刷
定价：78.00 元

前言

P|R|E|F|A|C|E

安全管理是企业生产管理的重要组成部分，是一门综合性的系统科学，是人类在各种生产活动中，按照安全科学所揭示的客观规律，对生产活动中的安全问题进行计划、组织、指挥、控制和协调达到安全生产目标等一系列活动的总称。

安全管理经过多年发展及变革，在国内外逐步形成了以职业安全健康管理体系为代表的企业安全生产风险管控体系，安全管理成为一个系统工程，这种安全管理理念和模式可以有效帮助企业提高工作效率，减少事故发生，然而这类体系在国内企业（尤其是中小企业）中推行存在难度。体系是一个相对抽象的事务，需要专业人员来建设及维护，在我国的化工企业中，80%以上是中小企业，其受制于企业规模和地理位置等因素，难以招聘到专业的管理人员，难以建立有效的安全管理体系。

实质上，国家发布了一系列与安全生产相关的法律、法规及标准，这些法规和标准对于安全管理的具体工作具有非常大的指导意义，企业遵照法规及标准去开展工作，基本上都能取得不错的效果。正如本书后记第一小节“安全是管理的对象更是管理的结果”中所讲，安全是多种工作共同作用之结果，一个企业要安全地运行，需要关注企业的方方面面，而安全管理最为重要之参照，就是与安全相关的各种法规和标准。对于很多的中小企业来说，没有足够的精力去辨识这些法规，吸纳学习的难度也非常大，从业人员尤其是初入此行者，想要梳理清楚各法规标准之要求、各管理要素之关系，比较困难。

为了解决以上问题，帮助读者了解化工企业安全管理的主要方面以及其所对应的主要的法规要求，以便在工作中进行学习和查阅，本书以化工企业各安全管理要素为对象，遵循企业从建设到运行的基本脉络，总结了各要素所对应的重要法规及标准中的要求并编制成册，希望本书可以作为职业安全健康管理体系及落实中的桥梁，为安全管理人员的日常工作提供帮助。

但言不能尽述所见，人不能穷举所知，本书对于化工企业安全管理要求之汇总、法规之阐述，相对于安全管理本身之要求和庞大的法律体系而言，不过是冰山一角，唯望本书能够抛砖引玉，让更多安全管理从业人员意识到法规及标准是安全管理工作极为重要之参照，是以科学技术和实践经验的结合成果为基础制定的准则和依据，也是政府监管和执法的依据，安全管理者应当将其作为安全管理的第一手资料。因法规及标准经常更新，各地要求也不尽相同，所以请读者在阅读时多加区分，最好找到相对应的最新的文件来对照学习，同时和监管单位加强交流，了解属地的最新政策。

由于本人能力有限，书中错误之处在所难免，诚挚欢迎各位读者提出宝贵意见。

目录

CONTENTS

第一章 化工建设项目安全设施“三同时”和建设流程

1　主要参照的法律法规

《中华人民共和国安全生产法》
《危险化学品安全管理条例》
《建设项目安全设施“三同时”监督管理办法》
《危险化学品建设项目安全监督管理办法》（国家安全生产监督管理总局令第 45 号）
《化工建设项目安全设计管理导则》（AQ/T 3033）
《危险化学品建设项目安全设施设计专篇编制导则》

2　术语与定义

化工建设项目安全设施“三同时”指生产经营单位在生产经营活动中用于预防生产安全事故的设备、设施、装置、构（建）筑物和其他技术措施，应与主体工程同时设计、同时施工、同时投入生产和使用。

3　安全设施“三同时”的实施

化工建设项目安全设施的“三同时”主要依据《建设项目安全设施“三同时”监督管理办法》和《危险化学品建设项目安全监督管理办法》，其中《建设项目安全设施“三同时”监督管理办法》规定了非煤矿山、金属冶炼、危险化学品生产和储存等企业安全设施“三同时”的通用要求，其规定生产经营单位在生产经营活动中用于预防生产安全事故的设备、设施、装置、构（建）筑物和其他技术措施，应与主体工程同时设计、同时施工、同时投入生产和使用。而《危险化学品建设项目安全监督管理办法》则是对危险化学品行业建设过程安全审查提出具体要求，要求中华人民共和国境内新建、改建、扩建危险化学品生产、储存的建设项目以及伴有危险化学品产生的化工建设项目，须进行安全条件审查、安全设施的设计审查和竣工验收，未经安全审查的，不得开工建设或投入生产（使用）。

3.1 建设项目的可行性研究阶段

3.1.1 生产和储存危险化学品（包括使用长输管道输送危险化学品）及使用危险化学品从事生产且使用数量达到规定数量的化工的建设项目，在进行可行性研究阶段，应委托具有相应资质的安全评价机构进行安全预评价，其余的化工项目，应对其安全生产条件和设施进行综合分析，形成书面报告备查。

3.1.2 建设项目在开始初步设计前，应向相应的安全生产监督管理部门申请建设项目安全审查，提交以下资料：

（1）建设项目安全条件审查申请书及文件；

（2）建设项目安全评价报告；

（3）建设项目批准、核准或者备案文件和规划相关文件（复印件）；

（4）工商行政管理部门颁发的企业营业执照或者企业名称预先审核通知书（复印件）。

生产经营单位在建设项目初步设计时，应当委托有相应资质的初步设计单位按照《化工建设项目安全设计管理导则》（AQ/T 3033）对建设项目安全设施进行设计，并编制建设项目安全设施设计专篇。建设项目安全设施设计专篇应当符合《危险化学品建设项目安全设施设计专篇编制导则》的要求。对建设项目安全设施同时设计，编制安全设施设计，其应包含如下内容：

（1）设计依据；

（2）建设项目概述；

（3）建设项目潜在的风险、有害因素和危险、有害程度及周边环境安全分析；

（4）建筑及场地布置；

（5）重大危险源分析及检测监控；

（6）安全设施设计采取的防范措施；

（7）安全生产管理机构设置或者安全生产管理人员可靠性分析；

（8）从业人员教育培训要求；

（9）工艺、技术和设备、设施的先进性和可靠性分析；

（10）安全设施专项投资概算；

（11）安全预评价报告中的安全对策及建议采纳情况；

（12）预期效果以及存在的问题和建议；

（13）可能出现的事故预防及应急救援措施；

（14）法律、法规、规章、标准规定须说明的其他事项。

3.1.3 生产和储存危险化学品（包括使用长输管道输送危险化学品）的建设项目，生产经营单位按规定在初步设计完成后、详细设计开始前，向出具建设项目安全条件审查意见书的安全生产监督管理部门申请建设项目安全设施设计审查，提交下列文件：

（1）建设项目安全设施设计审查申请书及文件；

（2）设计单位的设计资质证明文件（复制件）；

（3）建设项目安全设施设计专篇。

3.1.4 安全设计审查未予批准的，不得开工建设，可整改后向原审查部门申请再审。当建设项目的规模、生产工艺、原料、设备发生重大变更、改变安全设施设计且有可能降低安全性能或在施工期间重新设计的，须报原批准单位审查同意，未经审查同意的，不准开工。其余化工建设项目的安全设施设计，由生产经营单位组织审查，形成书面报告备查。

3.2　同时施工

安全设施设计通过审核并符合其他开工条件时，建设项目安全设施的施工应当由取得相应资质的施工单位进行，并与建设项目主体工程同时施工。

3.3　试生产

3.3.1　建设项目安全设施施工完成后，建设单位应当按照有关规定，对建设项目安全设施进行检验、检测，保证建设项目安全设施满足危险化学品生产、储存的安全要求，并处于正常适用状态。组织建设项目的设计、施工、监理等有关单位和专家，研究提出建设项目试生产可能出现的安全问题及对策，并按照有关规定，制定周密的试生产（使用）方案。试生产（使用）方案应当包括下列有关安全生产的内容：

（1）建设项目设备及管道试压、吹扫、气密、单机试车、仪表调校、联动试车等生产准备的完成情况；

（2）投料试车方案；

（3）试生产（使用）过程中可能出现的安全问题、对策及应急预案；

（4）建设项目周边环境与建设项目安全试生产（使用）相互影响的确认情况；

（5）危险化学品重大危险源监控措施的落实情况；

（6）人力资源配置情况；

（7）试生产（使用）起止日期。

3.3.2　建设项目试生产期限应当不少于30日，不超过1年。

3.3.3　生产、储存危险化学品的建设项目和化工建设项目，应当组织专家对试生产方案进行审查，对试生产条件确认并进行技术指导。在建设项目试运行前，将试运行方案报负责建设项目安全许可的安全生产监督管理部门备案。

3.4　验收

3.4.1　建设项目施工完成后应编制建设项目安全施工情况报告，并在试生产期间委托有相应资质的安全评价机构对建设项目试生产进行安全验收评价（不得委托可行性研究阶段进行安全评价的同一安全评价机构）。

3.4.2　建设项目在投入生产和使用前，生产经营单位应当组织对安全设施进行竣工验收，并形成书面报告备查。安全设施竣工验收合格后，方可投入生产和使用。

3.4.3　建设单位组织安全设施竣工验收合格后，生产经营单位应当按照档案管理的规定，将建立建设项目安全设施“三同时”文件资料存档并妥善保存，并按照有关法律法规及其配套规章的规定申请有关危险化学品的其他安全许可。建设项目档案管理参照《建设项目档案管理规范》（DA/T 28—2018）。

4　化工厂的建设流程

化工厂建设需要经过前期准备阶段、立项及可行性研究阶段、设计阶段、招标阶段、施工阶段、试生产阶段及验收阶段。在不同的阶段，需要进行不同的工作并办理各项手续，具体的流程可参照图1.1，而更详细的要求可参照表1.1。

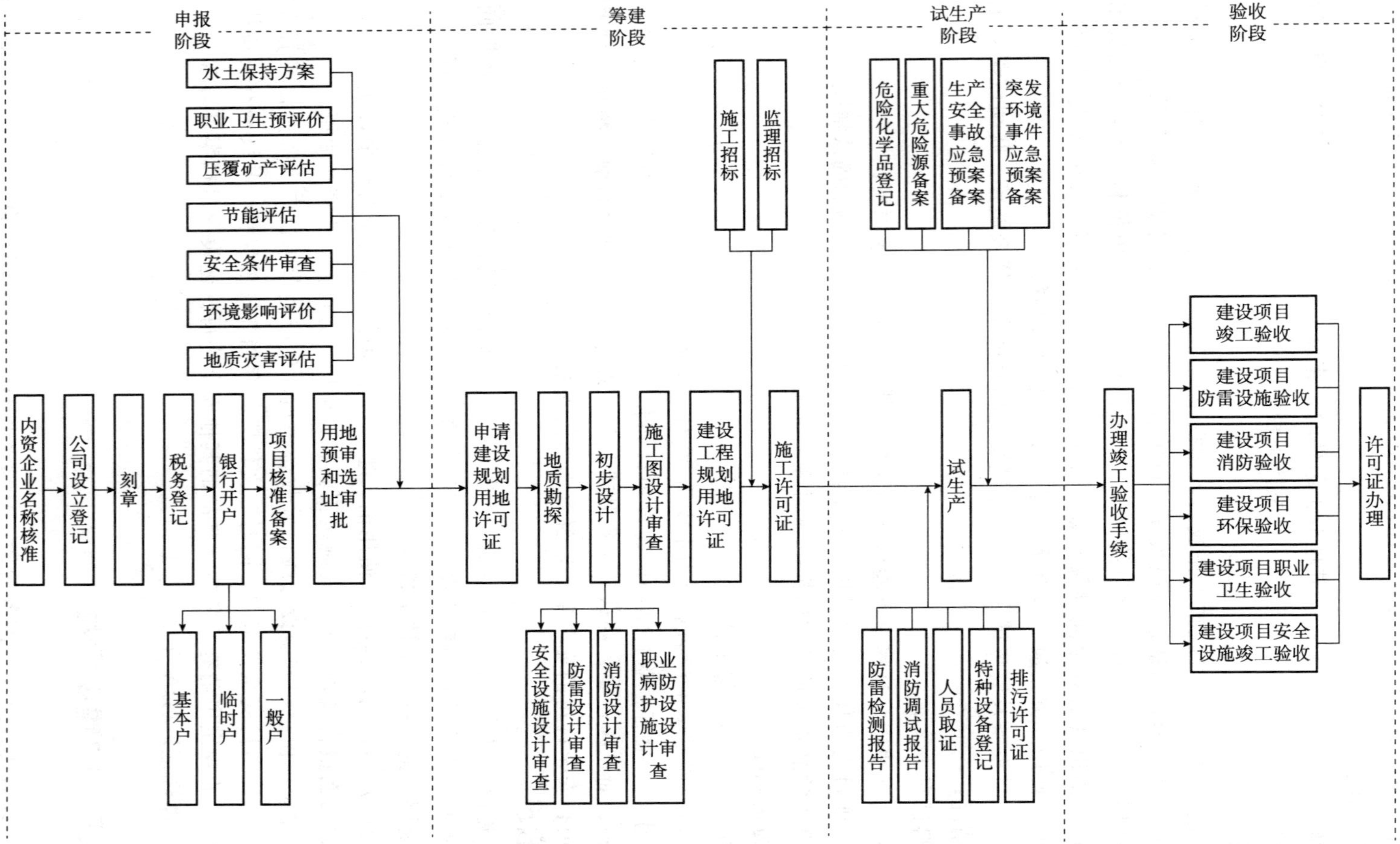

注：实际项目建设过程中，并不是所有工作都需要按照以上顺序依次开展，建设者应及时与相关主管部门沟通，必要的手续及时办理，以保证项目的进度。

图1.1　化工建设项目手续办理流程图

表 1.1　化工建设项目各阶段所需办理手续及要求

阶段	内容	完成方式	主管部门	形式	要求	所需资料或使用要求	参照法规及标准
前期准备阶段	内资企业名称预设核准	自主申报，通过企业名称申报系统或者在企业登记机关服务窗口提交资料，申请人在保留期满前办理企业登记	市场监督管理部门	《企业名称预设核准书》	企业名称预先核准申请书应当载明企业的名称（可以载明备选名称）、住所、注册资本、经营范围、投资人名称或者姓名、投资额和投资比例、授权委托意见，并由全体投资人签名盖章	1. 企业名称预先核准申请书； 2. 指定的代表和委托的代理人的身份证复印件； 3. 全体股东或者发起人指定代表或者共同委托代理人的证明； 4. 其他文件	《企业名称登记管理规定》 《企业名称登记管理规定实施办法》
	公司设立登记	自主申报	市场监督管理部门	《企业法人营业执照》	公司经登记机关依法登记，领取《企业法人营业执照》，方可取得企业法人资格，否则不得以公司名义从事经营活动。 企业登记的事项包括：名称、住所、法定代表人的名称、注册资本、公司范围、经营范围、营业期限、有限责任公司股东或者股份有限公司发起人的姓名和名称	1. 公司法定代表人签署的设立登记申请书； 2. 全体股东指定代表或者共同委托代理人的证明（有限责任公司），董事会指定代表或者共同委托代理人的证明（股份有限公司）； 3. 公司章程； 4. 股东的主体资格证明或者自然人身份证明（有限责任公司），发起人的主体资格证明或者自然人身份证明（股份有限公司）； 5. 载明公司董事、监事、经理的姓名、住所的文件以及有关委派、选举或者聘用的证明； 6. 公司法定代表人任职文件和身份证明； 7. 公司名称预先核准通知书； 8. 公司住所证明； 9. 其他要求文件； 必须报批的建设项目，还得提交批复	《中华人民共和国公司登记管理条例》 《中华人民共和国公司法》
	刻章	自主申报（部分地区已开通网上申报）	公安局	《公章备案证明》、公章	企业事业单位刻制印章的，应当凭上级主管部门出具的刻制证明和单位成立的批准文本到所在地县级以上人民政府公安机关申请办理准刻手续； 无上级主管部门的，应当凭登记管理部门核发的营业执照、登记证书或者所在地公安派出所出具的证明，到所在地县级以上公安机关申请办理准刻手续； 办理准刻手续的经办人员，须持刻制单位的委托证明和本人身份证明； 只能申请刻制一枚单位法定名称章	1. 营业执照或上级主管部门批准成立的文本； 2. 法人登记证书； 3. 法人代表身份证； 4. 经办人身份证； 提交复印件，核查原件	《印章治安管理办法》 《国务院关于国家行政机关和企业事业单位社会团体印章管理的规定》，地方法规

续表

阶段	内容	完成方式	主管部门	形式	要求	所需资料或使用要求	参照法规及标准
前期准备阶段	税务登记	自行或委托申请	税务局	税务登记证件	企业，企业在外地设立的分支机构和从事生产、经营的场所，个体工商户和从事生产、经营的事业单位（以下统称为从事生产、经营的纳税人）自领取营业执照之日起30日内，持有关证件，向税务机关申报办理税务登记。税务机关应当于收到申报的当日办理登记并发给税务登记证件	1. 税务登记表（使用单位纳税人）； 2. 工商营业执照或其他核准执业证件； 3. 有关合同、章程、协议书； 4. 法定代表人（负责人）居民身份证、护照或其他合法身份证件	《中华人民共和国税收征收管理法》
	银行开户	自行或委托申请	银行	基本户、临时户、一般户	从事生产、经营的纳税人应当按照国家有关规定，持税务登记证件，在银行或者其他金融机构开立基本存款账户和其他存款账户，并将其全部账号向税务机关报告。银行和其他金融机构应当在从事生产、经营的纳税人的账户中登录税务登记证件号码，并在税务登记证件中登录从事生产、经营的纳税人的账户账号	1. 营业执照正本及复印件； 2. 组织机构代码证正本及复印件； 3. 税务登记证正本及复印件； 4. 法定代表人身份证原件及复印件； 5. 经办人身份证原件及复印件； 6. 公司开户委托人证明（授权委托书）； 7. 公司公章、财务章、法人或其他人员私章； 8. 当地银行要求提供的其他资料； 9. 如果已经做了三证合一的公司，只需要提供三证合一后的营业执照正本及复印件即可	《中华人民共和国税收征收管理法》
立项及可行性研究阶段	项目核准	《政府核准的投资项目目录》执行。企业自行或委托编制	发改委	项目申请报告、项目核准批复	对关系国家安全、涉及全国重大生产力布局、战略性资源开发和重大公共利益的项目，实行核准管理； 项目申请报告是企业投资建设应报政府核准的项目时，为获得项目核准机关对拟建项目的行政许可，按核准要求报送的项目论证报告。项目申请报告包括： 1. 项目单位情况； 2. 拟建项目情况，包括项目名称、建设地点、建设规模、建设内容等； 3. 项目资源利用情况分析以及对生态环境的影响分析； 4. 项目对经济和社会的影响分析	1. 项目申请报告； 2. 城乡规划行政主管部门出具的选址意见书（仅指以划拨方式提供国有土地使用权的项目）； 3. 国土资源（海洋）行政主管部门出具的用地（用海）预审意见（国土资源主管部门明确可以不进行用地预审的情形除外）； 4. 法律、行政法规规定需要办理的其他相关手续。 除涉及国家机密的项目外，项目核准通过国家建立的项目在线监控平台办理	《企业投资项目核准和备案管理条例》 《企业投资项目核准和备案管理办法》 《政府核准的投资项目目录》
	项目备案	除须核准的项目外，实行备案制度	发改委	投资项目备案通知书	实行备案管理的项目，项目单位应在开工建设前通过在线平台将相关信息告知项目备案机关，依法履行投资项目告知义务，并遵循诚信和规范原则	网上备案，逐项填写。主要包含以下内容： 1. 项目单位基本情况； 2. 项目名称、建设地点、建设规模、建设内容； 3. 项目总投资额； 4. 项目符合产业政策声明	

续表

阶段	内容	完成方式	主管部门	形式	要求	所需资料或使用要求	参照法规及标准
立项及可行性研究阶段	可行性研究报告	对于政府投资项目，采用直接投资和资本金注入方式的，从投资决策角度只审批项目建议书和可行性研究报告，除特殊情况外不再审批开工报告； 采用投资补助、转贷和贷款贴息方式的，只审批资金申请报告	发改委	立项批复	1. 符合有关法律、法规、规章的规定； 2. 符合国民经济和社会发展规划、行业规划、产业准入政策、行业准入标准、城乡规划和土地利用总体规划； 3. 符合国家宏观调控政策和政府投资管理规定； 4. 地区布局合理，生态环境和自然文化遗产得到有效保护； 5. 经济社会效益良好，技术方案可行	1. 项目单位（或主管部门）、地方投资主管部门报送可行性研究报告的申请文件； 2. 具有相应工程咨询资质的单位编制的可行性研究报告； 3. 须咨询评估的项目，提供由具备相应资质的工程咨询评估单位出具的咨询评估意见； 4. 节能审查意见； 5. 规划选址意见（城乡规划区内的）； 6. 用地预审意见（须新征用土地的）； 7. 环境影响评价审批意见； 8. 项目筹资方案及建设资金落实证明文件； 9. 根据项目性质须提交的其他相关材料； 10. 项目单位对可行性研究报告内容和附属文件真实性负责的承诺	《国务院关于投资体制改革的决定》（国发〔2004〕20 号）
	用地预审和选址审批	自行申请	自然资源部局或者产业园临时委员会	建设项目用地预审与选址意见书（有效期 1 年，到期前 30 日可申请延期 1 次，最长 1 年）	1. 用于按国家规定需要有关部门进行批准或核准（主要是指列入《国务院关于投资体制改革的决定》之中关系国计民生的重大建设项目）或通过行政划拨方式取得用地使用权的建设项目，其他建设项目则不需要申请选址意见书。 2. 须核准的建设项目在项目申请报告核准前，由建设单位提出用地预审申请。须备案的建设项目在办理备案手续后，由建设单位提出用地预审申请。 3. 建设单位应当对单独选址建设项目是否位于地质灾害易发区、是否压覆重要矿产资源进行查询核实；位于地质灾害易发区或者压覆重要矿产资源的，应当依据相关法律法规的规定，在办理用地预审手续后，完成地质灾害危险性评估、压覆矿产资源登记等。 4. 国家重点建设项目中的控制工期的单体工程和因工期紧或者受季节影响急需动工建设的其他工程，可以由省、自治区、直辖市国土资源主管部门向国土资源部申请先行用地。经批准先行用地的，应当在规定期限内完成用地报批手续	1. 建设项目用地预审申请表； 2. 建设项目用地预审申请报告； 3. 项目建议书批复文件或者项目备案批准文件； 4. 建设项目初步设计批准或者审核文件； 5. 单独选址建设项目拟选址位于地质灾害防治规划确定的地质灾害易发区内的，提交地质灾害危险性评估报告； 6. 单独选址建设项目所在区域的自然资源管理部门出具是否压覆重要矿产资源的证明材料； 7. 根据建设项目具体情况，应提交的其他文件、证明材料和项目建设占地位置图件	《中华人民共和国城乡规划法》 《建设项目用地预审管理办法》 《建设用地审查报批管理办法》

续表

阶段	内容	完成方式	主管部门	形式	要求	所需资料或使用要求	参照法规及标准
立项及可行性研究阶段	环境影响评价报告	委托中介	生态环境局	环境影响评价报告书批复（建设项目超过5年后方决定建设的，环评文件应报原审批部门重新审核）	1. 编制有关开发利用规划，建设对环境有影响的项目，应当依法进行环境影响评价。未依法进行环境影响评价的开发利用规划，不得组织实施；未依法进行环境影响评价的建设项目，不得开工建设； 2. 国家根据建设项目对环境的影响程度，对建设项目的环境影响评价实行分类管理。建设单位应当按照下列规定组织编制环境影响报告书、环境影响报告表或者填报环境影响登记表（以下统称环境影响评价文件）： （1）可能造成重大环境影响的，应当编制环境影响报告书，对产生的环境影响进行全面评价； （2）可能造成轻度环境影响的，应当编制环境影响报告表，对产生的环境影响进行分析或者专项评价； （3）对环境影响很小、不需要进行环境影响评价的，应当填报环境影响登记表。 分类详见《建设项目环境影响评价分类管理名录》	1. 申请报告； 2. 环境影响报告书（表）（报批稿）： （1）建设项目概况； （2）建设项目周围环境现状； （3）建设项目对环境可能造成影响的分析、预测和评估； （4）建设项目环境保护措施及其技术、经济论证； （5）建设项目对环境影响的经济损益分析； （6）对建设项目实施环境监测的建议； （7）环境影响评价的结论	《中华人民共和国环境保护法》（中华人民共和国第九号主席令）、《中华人民共和国环境影响评价法》（中华人民共和国主席令第四十八号）、《建设项目环境影响评价分类管理名录》
	节能评估	自行编制或委托专业机构编制固定资产投资项目节能报告，年综合消耗量不满1000t标煤且年电力消耗在 500×10^4kW以下时的固定资产投资项目或者国家发展改革委规定目录不再单独进行节能审查	节能审查机关	节能意见书（2年有效）	1. 固定资产投资项目节能审查意见是项目开工建设、竣工验收和运营管理的重要依据。政府投资项目，建设单位在报送项目可行性研究报告前，须取得节能审查机关出具的节能审查意见。企业投资项目，建设单位须在开工建设前取得节能审查机关出具的节能审查意见。未按本办法规定进行节能审查或节能审查未通过的项目，建设单位不得开工建设，已经建成的不得投入生产、使用； 2. 国家发展改革委核报国务院审批以及国家发展改革委审批的政府投资项目，建设单位在报送项目可行性研究报告前，须取得省级节能审查机关出具的节能审查意见。国家发展改革委核报国务院核准以及国家发展改革委核准的企业投资项目，建设单位须在开工建设前取得省级节能审查机关出具的节能审查意见； 3. 建设单位应编制固定资产投资项目节能报告。项目节能报告应包括下列内容：分析评价依据；项目建设方案的节能分析和比选，包括总平面布置、生产工艺、用能工艺、用能设备和能源计量器具等方面；选取节能效果好、技术经济可行的节能技术和管理措施；项目能源消费量、能源消费结构、能源效率等方面的分析；对所在地完成能源消耗总量和强度目标、煤炭消费减量替代目标的影响等方面的分析评价	1. 节能审查申请书； 2. 项目节能报告（原件及电子文档）； 3. 项目单位节能承诺书（原件）	《固定资产投资项目节能审查办法》

续表

阶段	内容	完成方式	主管部门	形式	要求	所需资料或使用要求	参照法规及标准
立项及可行性研究阶段	安全条件审查	企业完成	应急管理局	建设项目安全条件审查意见书（有效期2年）	《危险化学品建设项目安全监督管理办法》 第八条　危险化学品生产、存储和使用危险化学品从事生产并且使用量达到规定数量（《危险化学品使用数量标准》）的建设项目应在可行性研究阶段，委托具备相应资质的安全评价机构对建设项目进行安全评价； 第十条　建设单位应当在建设项目开始初步设计前，应向相应应急管理部门申请建设项目安全条件审查	1. 建设项目安全条件审查申请书及文件； 2. 建设项目安全评价报告； 3. 建设项目批准、核准或者备案文件和规划相关文件； 4. 企业营业执照或者企业名称申请告知书	《危险化学品建设项目安全监督管理办法》（45号令）、《危险化学品生产建设项目安全风险防控指南（试行）》《危险化学品使用数量标准》
	职业病危害预评价及评审	委托有资质的单位，建设单位根据职业危害等级组织相应评审，形成评审意见，并根据评审结果完善报告	卫监局	评审意见	《建设项目职业病防护设施“三同时”监督管理办法》 第九条　对可能产生职业病危害的建设项目，建设单位应当在建设项目可行性论证阶段进行职业病危害预评价，编制预评价报告。 第十二条　职业病危害预评价报告编制完成后，属于职业病危害一般或者较重的建设项目，其建设单位主要负责人或其指定的负责人应当组织具有职业卫生相关专业背景的中级及中级以上专业技术职称人员或者具有职业卫生相关专业背景的注册安全工程师（以下统称职业卫生专业技术人员）对职业病危害预评价报告进行评审，并形成是否符合职业病防治有关法律、法规、规章和标准要求的评审意见；属于职业病危害严重的建设项目，其建设单位主要负责人或其指定的负责人应当组织外单位职业卫生专业技术人员参加评审工作，并形成评审意见。 第十四条　建设项目职业病危害预评价报告通过评审后，建设项目的生产规模、工艺等发生变更导致职业病危害风险发生重大变化的，建设单位应当对变更内容重新进行职业病危害预评价和评审	1. 申请建设项目职业病预评价报告审核（备案的）公函、申请书； 2. 建设项目职业病危害预评价报告（附电子版）；应当符合职业病防治有关法律、法规、规章和标准的要求，并包括下列主要内容： （1）建设项目概况，主要包括项目名称、建设地点、建设内容、工作制度、岗位设置及人员数量等； （2）建设项目可能产生的职业病危害因素及其对工作场所、劳动者健康影响与危害程度的分析与评价； （3）对建设项目拟采取的职业病防护设施和防护措施进行分析、评价，并提出对策与建议； （4）评价结论，明确建设项目的职业病危害风险类别及拟采取的职业病防护设施和防护措施是否符合职业病防治有关法律、法规、规章和标准的要求。 3. 建设单位和职业卫生专家对预评价报告的评审意见； 4. 职业病危害预评价机构的资质证明（影印件）； 5. 职业病危害预评价报告法律责任承诺书； 6. 营业执照或者有关部门准许建设项目开展前期工作的文件； 7. 其他相关资料	《建设项目职业病防护设施“三同时”监督管理办法》

续表

阶段	内容	完成方式	主管部门	形式	要求	所需资料或使用要求	参照法规及标准
立项及可行性研究阶段	建设项目用地规划许可证	自行申请或委托申报	行政审批局	建设项目用地规划许可证（有效期1年，到期前30日可申请延期1次，最长1年）	1. 建设单位应当在取得选址意见书后1年内取得建设用地规划许可证；期满需要延续的，应当在期限届满30日前向城乡规划主管部门提出申请，经批准可以延续1次，期限不得超过1年； 2. 在城市、镇规划区内以划拨方式提供国有土地使用权的建设项目，经有关部门批准、核准、备案后，建设单位应当向城市、县人民政府城乡规划主管部门提出建设用地规划许可申请，由城市、县人民政府城乡规划主管部门依据控制性详细规划核定建设用地的位置、面积、允许建设的范围，核发建设用地规划许可证； 3. 以出让方式取得国有土地使用权的建设项目，在签订国有土地使用权出让合同后，建设单位应当持建设项目的批准、核准、备案文件和国有土地使用权出让合同，向城市、县人民政府城乡规划主管部门领取《建设用地规划许可证》。 《建设用地规划许可证》是建设单位在向土地管理部门申请征用、划拨土地前，经城乡规划主管部门确认建设项目位置和范围符合城乡规划的法定凭证，是建设单位用地的法律凭证。没有此证的用地单位属非法用地	1. 《建设用地规划许可证申请表》； 2. 建设项目批准、核准或备案文件； 3. 拟建项目用地范围的标准地形图； 4. 国有建设用地使用权出让合同	《中华人民共和国城乡规划法》
设计阶段	地质勘探	委托有资质的地勘单位进行	—	岩土工程勘察报告	1.0.3 各项建设项目在设计和施工之前，必须按基本建设程序进行岩土工程勘察； 1.0.3A 岩土工程勘察应按工程建设各勘察阶段的要求，正确反映工程地质条件，查明不良地质作用和地质灾害，精心勘察、精心分析，提出资料完整、评价正确的勘察报告	岩土工程勘察报告应根据任务要求、勘察阶段、工程特点和地质条件等具体情况编写，并应包括下列内容： 1. 勘察目的、任务要求和依据的技术标准； 2. 拟建工程概况； 3. 勘察方法和勘察工作布置； 4. 场地地形、地貌、地层、地质构造、岩土性质及其均匀性； 5. 各项岩土性质指标，岩土的强度参数、变形参数、地基承载力的建议值； 6. 地下水埋藏情况、类型、水位及其变化； 7. 土和水对建筑材料的腐蚀性； 8. 可能影响工程稳定的不良地质作用的描述和对工程危害程度的评价； 9. 场地稳定性和适宜性的评价	《岩土工程勘察规范》(GB 50021—2001)

续表

阶段	内容	完成方式	主管部门	形式	要求	所需资料或使用要求	参照法规及标准
设计阶段	安全设施设计审查	委托设计院编制安全设施设计专篇	应急管理局	建设项目安全设施设计审查意见书	《危险化学品建设项目安全监督管理办法》 第十五条　设计单位应当根据有关安全生产的法律、法规、规章和国家标准、行业标准以及建设项目安全条件生产意见书，按照《化工建设项目安全设计管理导则》（AQ/T 3033），对建设项目安全设施进行设计，并编制建设项目安全设施设计专篇。建设项目安全设施设计专篇应当符合《危险化学品建设项目安全设施设计专篇编制导则》的要求。 第十六条　建设项目应当在建设项目初步设计完成后、详细设计开始前，向出具建设项目安全条件审查意见书的应急管理部门申请建设项目安全设施设计审查。 《危险化学品生产建设项目安全风险防控指南（试行）》7.2.1：应急管理部门组织总图、工艺、设备、电气仪表、安全不少于5人的专家组进行审查，工艺较为简单的建设项目，例如工业气体、油漆、涂料等建设项目，专家不少于3人	1. 建设项目安全设施设计审查申请书及文件； 2. 建设单位的设计资质证明文件（复印件）； 3. 建设项目安全设施设计专篇	《危险化学品建设项目安全监督管理办法》（45号令）、《危险化学品生产建设项目安全风险防控指南（试行）》
	防雷设计审核	委托设计院编制安全设施设计专篇	气象局	防雷装置设计核准意见书	第四条　下列建（构）筑物、场所和设施的防雷装置应当经过设计审核和竣工验收： （一）《建筑物防雷设计规范》规定的第一、二、三类防雷建筑物； （二）油库、气库、加油加气站、液化天然气、油（气）管道站场、阀室等爆炸和火灾危险环境及设施； （三）邮电通信、交通运输、广播电视、医疗卫生、金融证券、文化教育、不可移动文物、体育、旅游、游乐场所等社会公共服务场所和设施以及各类电子信息系统； （四）按照有关规定应当安装防雷装置的其他场所和设施。 第五条　防雷装置设计未经审核同意的，不得交付施工。防雷装置竣工未经验收合格的，不得投入使用	第八条　申请防雷装置初步设计审核应当提交以下材料： 1. 防雷装置设计审核申请书； 2. 总规划平面图； 3. 设计单位和人员的资质证和资格证书的复印件； 4. 防雷装置初步设计说明书、初步设计图纸及相关资料； 5. 需要进行雷电灾害风险评估的项目，应当提交雷电灾害风险评估报告。 第九条　申请防雷装置施工图设计审核应当提交以下材料： 1. 防雷装置设计审核申请书； 2. 设计单位和人员的资质证和资格证书的复印件； 3. 防雷装置施工图设计说明书、施工图设计图纸及相关资料； 4. 设计中所采用的防雷产品相关资料； 5. 经当地气象主管机构认可的防雷专业技术机构出具的防雷装置设计技术评价报告。 防雷装置未经过初步设计的，应当提交总规划平面图；经过初步设计的，应当提交防雷装置初步设计核准意见书	《防雷装置设计审核和竣工验收规定》

续表

阶段	内容	完成方式	主管部门	形式	要求		所需资料或使用要求	参照法规及标准
设计阶段	消防设计审核	符合资质的设计院进行消防设计	住建部	建设工程消防设计审核意见书	特殊工程	第十五条　对特殊建设工程实行消防设计审查制度。 特殊建设工程的建设单位应当向消防设计审查验收主管部门申请消防设计审查，消防设计审查验收主管部门依法对审查的结果负责。 特殊建设工程未经消防设计审查或者审查不合格的，建设单位、施工单位不得施工。 对于化工企业特殊工程主要指：生产、储存、装卸易燃易爆危险物品的工厂、仓库和专用车站、码头，易燃易爆气体和液体的充装站、供应站、调压站。 第二十四条　实行施工图设计文件联合审查的，应当将建设工程消防设计的技术审查并入联合审查	第十六条　建设单位申请消防设计审查，应当提交下列材料： 1. 消防设计审查申请表； 2. 消防设计文件； 3. 依法需要办理建设工程规划许可的，应当提交建设工程规划许可文件； 4. 依法需要批准的临时性建筑，应当提交批准文件。 第十七条　特殊建设工程具有下列情形之一的，建设单位除提交本规定第十六条所列材料外，还应当同时提交特殊消防设计技术资料： 1. 国家工程建设消防技术标准没有规定，必须采用国际标准或者境外工程建设消防技术标准的； 2. 消防设计文件拟采用的新技术、新工艺、新材料不符合国家工程建设消防技术标准规定的； 3. 前款所称特殊消防设计技术资料，应当包括特殊消防设计文件，设计采用的国际标准、境外工程建设消防技术标准的中文文本，以及有关的应用实例、产品说明等资料	《建设工程消防设计审查验收管理暂行规定》
				建设工程消防设计备案意见书	其他工程	第三十二条　其他建设工程，建设单位申请施工许可或者申请批准开工报告时，应当提供满足施工需要的消防设计图纸及技术资料。 未提供满足施工需要的消防设计图纸及技术资料的，有关部门不得发放施工许可证或者批准开工报告	满足施工需要的消防设计图纸及技术资料	
	职业病防护设施设计	委托有资质的单位进行设计，设计完成后，建设单位根据危害等级组织进行相应的评审，形成评审结果，并根据评审结果完善设计	卫监局	审核意见书	第十五条　存在职业病危害的建设项目，建设单位应当在施工前按照职业病防治有关法律、法规、规章和标准的要求，进行职业病防护设施设计。 第十七条　职业病防护设施设计完成后，属于职业病危害一般或者较重的建设项目，其建设单位主要负责人或其指定的负责人应当组织职业卫生专业技术人员对职业病防护设施设计进行评审，并形成是否符合职业病防治有关法律、法规、规章和标准要求的评审意见；属于职业病危害严重的建设项目，其建设单位主要负责人或其指定的负责人应当组织外单位职业卫生专业技术人员参加评审工作，并形成评审意见		1. 申请建设项目职业病防护设施设计审查的公函、申请书； 2. 建设项目立项审批文件（复印件）； 3. 建设项目职业病防护设施设计专篇（附电子版）； 4. 建设单位和职业卫生专家对专篇的评审意见； 5. 职业病防护设施设计单位资质证明（影印件）； 6. 职业病防护设施设计专篇法律责任承诺书； 7. 建设项目职业危害预评价报告批复（复印件）； 8. 其他资料	《建设项目职业病防护设施“三同时”监督管理办法》

续表

阶段	内容	完成方式	主管部门	形式	要求	所需资料或使用要求	参照法规及标准
设计阶段	施工图设计审查	委托施工图审查机构	住建局	施工图审查合格书	第三条　施工图审查，是指施工图审查机构（以下简称审查机构）按照有关法律、法规，对施工图涉及公共利益、公众安全和工程建设强制性标准的内容进行的审查。施工图审查应当坚持先勘察、后设计的原则。 施工图未经审查合格的，不得使用。从事房屋建筑工程、市政基础设施工程施工、监理等活动，以及实施对房屋建筑和市政基础设施工程质量安全监督管理，应当以审查合格的施工图为依据。 第十一条　审查机构应当对施工图审查下列内容： 1. 是否符合工程建设强制性标准； 2. 地基基础和主体结构的安全性； 3. 消防安全性； 4. 人防工程（不含人防指挥工程）防护安全性； 5. 是否符合民用建筑节能强制性标准，对执行绿色建筑标准的项目，还应当审查是否符合绿色建筑标准； 6. 勘察设计企业和注册执业人员以及相关人员是否按规定在施工图上加盖相应的图章和签字； 7. 法律、法规、规章规定必须审查的其他内容	第十条　建设单位应当向审查机构提供下列资料并对所提供资料的真实性负责： 1. 作为勘察、设计依据的政府有关部门的批准文件及附件； 2. 全套施工图； 3. 其他应当提交的材料	《房屋建筑和市政基础设施工程施工图设计文件审查管理办法》
	建设工程规划许可证	自行申请或委托申报	自然资源局	建设工程规划许可证（有效期2年，到期前30日可申请延期1次，最长1年）	1. 在城市、镇规划区内进行建筑物、构筑物、道路、管线和其他工程建设的，建设单位或者个人应当向城市、县人民政府城乡规划主管部门或者省、自治区、直辖市人民政府确定的镇人民政府申请办理建设工程规划许可证； 2.《建设工程规划许可证》是建设工程办理《建筑工程施工许可证》，进行规划验线和验收，商品房销（预）售，房屋产权登记等的法定要件	1. 建设工程规划许可证申请表； 2. 符合国家设计规范的建设工程施工图； 3. 建设工程规划设计方案及其电子文档； 4. 有效的土地使用证明文件	《中华人民共和国城乡规划法》
招标阶段	监理招标	公开招标或邀请招标	—	确定监理单位并签订合同	详见施工招标的说明		《必须招标的工程项目规定》

续表

阶段	内容	完成方式	主管部门	形式	要求	所需资料或使用要求	参照法规及标准
招标阶段	施工招标	公开招标和邀请招标	—	确定施工单位并签订合同	《必须招标的工程项目规定》 第二条　全部或者部分使用国有资金投资或者国家融资的项目包括： 1. 使用预算资金 200 万元人民币以上，并且该资金占投资额 10%以上的项目； 2. 使用国有企业事业单位资金，并且该资金占控股或者主导地位的项目。 第三条　使用国际组织或者外国政府贷款、援助资金的项目包括： 1. 使用世界银行、亚洲开发银行等国际组织贷款、援助资金的项目； 2. 使用外国政府及其机构贷款、援助资金的项目。 第四条　不属于本规定第二条、第三条规定情形的大型基础设施、公用事业等关系社会公共利益、公众安全的项目，必须招标的具体范围由国务院发展改革部门会同国务院有关部门按照确有必要、严格限定的原则制订，报国务院批准。 第五条　本规定第二条至第四条规定范围内的项目，其勘察、设计、施工、监理以及与工程建设有关的重要设备、材料等的采购达到下列标准之一的，必须招标： 1. 施工单项合同估算价在 400 万元人民币以上； 2. 重要设备、材料等货物的采购，单项合同估算价在 200 万元人民币以上； 3. 勘察、设计、监理等服务的采购，单项合同估算价在 100 万元人民币以上。 同一项目中可以合并进行的勘察、设计、施工、监理以及与工程建设有关的重要设备、材料等的采购，合同估算价合计达到前款规定标准的，必须招标	招标公告或者投标邀请书应当至少载明下列内容： 1. 招标人的名称和地址； 2. 招标项目的内容、规模、资金来源； 3. 招标项目的实施地点和工期； 4. 获取招标文件或者资格预审文件的地点和时间； 5. 对招标文件或者资格预审文件收取的费用； 6. 对招标人的资质等级的要求	《必须招标的工程项目规定》 《工程建设项目施工招标投标办法》

续表

阶段	内容	完成方式	主管部门	形式	要求	所需资料或使用要求	参照法规及标准
招标阶段	施工许可证	自行办理	住建部	建筑工程施工许可证	第二条　在中华人民共和国境内从事各类房屋建筑及其附属设施的建造、装修装饰和与其配套的线路、管道、设备的安装，以及城镇市政基础设施工程的施工，建设单位在开工前应当依照本办法的规定，向工程所在地的县级以上地方人民政府住房城乡建设主管部门（以下简称发证机关）申请领取施工许可证。 第三条　本办法规定应当申请领取施工许可证的建筑工程未取得施工许可证的，一律不得开工。 任何单位和个人不得将应当申请领取施工许可证的工程项目分解为若干限额以下的工程项目，规避申请领取施工许可证	第四条　建设单位申请领取施工许可证，应当具备下列条件，并提交相应的证明文件： 1. 依法应当办理用地批准手续的，已经办理该建筑工程用地批准手续； 2. 依法应当办理建设工程规划许可证的，已经取得建设工程规划许可证； 3. 施工场地已经基本具备施工条件，需要征收房屋的，其进度符合施工要求； 4. 已经确定施工企业。按照规定应当招标的工程没有招标，应当公开招标的工程没有公开招标，或者肢解发包工程，以及将工程发包给不具备相应资质条件的企业的，所确定的施工企业无效； 5. 有满足施工需要的资金安排、施工图纸及技术资料，建设单位应当提供建设资金已经落实承诺书，施工图设计文件已按规定审查合格。 6. 有保证工程质量和安全的具体措施。施工企业编制的施工组织设计中有根据建筑工程特点制定的相应质量、安全技术措施。建立工程质量安全责任制并落实到人。专业性较强的工程项目编制了专项质量、安全施工组织设计，并按照规定办理了工程质量、安全监督手续	《建筑工程施工许可管理办法》（中华人民共和国住房和城乡建设部令第 18 号）
	重大危险源备案	委托第三方编制重大危险源安全评估报告自行申报	应急管理局	重大危险源备案表	危险化学品单位新建、改建和扩建危险化学品建设项目，应当在建设项目竣工验收前完成重大危险源的辨识、安全评估和分级、登记建档工作，并向所在地县级应急管理部门备案	1. 辨识、分级记录； 2. 重大危险源基本特征表； 3. 涉及的所有化学品安全技术说明书； 4. 区域位置图、平面布置图、工艺流程图和主要设备一览表； 5. 重大危险源安全管理规章制度及安全操作规程； 6. 安全监测监控系统、措施说明、检测、检验结果； 7. 重大危险源事故应急预案、评审意见、演练计划和评估报告； 8. 安全评估报告或者安全评价报告； 9. 重大危险源关键装置、重点部位的责任人、责任机构名称； 10. 重大危险源场所安全警示标志的设置情况； 11. 其他文件、资料	《危险化学品重大危险源监督管理暂行规定》

续表

阶段	内容	完成方式	主管部门	形式		要求	所需资料或使用要求	参照法规及标准
验收阶段	防雷竣工验收	让有防雷装置检测资质的单位出具《防雷装置检测报告》，自行申报	气象局	防雷装置验收意见书		第十五条　防雷装置实行竣工验收制度。建设单位应当向气象主管机构提出申请，填写防雷装置竣工验收申请书。 新建、改建、扩建建（构）筑物竣工验收时，建设单位应当通知当地气象主管机构同时验收防雷装置	第十六条　防雷装置竣工验收应当提交以下材料： 1. 防雷装置竣工验收申请书； 2. 防雷装置设计核准意见书； 3. 施工单位的资质证和施工人员的资格证书的复印件； 4. 取得防雷装置检测资质的单位出具的《防雷装置检测报告》； 5. 防雷装置竣工图纸等技术资料； 6. 防雷产品出厂合格证、安装记录和符合国务院气象主管机构规定的使用要求的证明文件	《防雷装置设计审核和竣工验收规定》
	消防验收	自行申报	住建部	建设工程消防验收意见书	特殊工程	第二十七条　对特殊建设工程实行消防验收制度。特殊建设工程竣工验收后，建设单位应当向消防设计审查验收主管部门申请消防验收；未经消防验收或者消防验收不合格的，禁止投入使用。 化工企业特殊工程主要指：生产、储存、装卸易燃易爆危险物品的工厂、仓库和专用车站、码头，易燃易爆气体和液体的充装站、供应站、调压站。 第二十八条　建设单位组织竣工验收时，应当对建设工程是否符合下列要求进行查验： 1. 完成工程消防设计和合同约定的消防各项内容； 2. 有完整的工程消防技术档案和施工管理资料（含涉及消防的建筑材料、建筑构配件和设备的进场试验报告）； 3. 建设单位对工程涉及消防的各分部分项工程验收合格；施工、设计、工程监理、技术服务等单位确认工程消防质量符合有关标准； 4. 消防设施性能、系统功能联调联试等内容检测合格。 经查验不符合前款规定的建设工程，建设单位不得编制工程竣工验收报告	第二十九条　建设单位申请消防验收，应当提交下列材料： 1. 消防验收申请表； 2. 工程竣工验收报告； 3. 涉及消防的建设工程竣工图纸。 消防设计审查验收主管部门收到建设单位提交的消防验收申请后，对申请材料齐全的，应当出具受理凭证；申请材料不齐全的，应当一次性告知需要补正的全部内容	《建设工程消防设计审查验收管理暂行规定》
				建设工程消防验收备案/复查结果通知书	其他工程	第三十六条　其他建设工程竣工验收合格之日起五个工作日内，建设单位应当报消防设计审查验收主管部门备案	建设单位办理备案，应当提交下列材料： 1. 消防验收备案表； 2. 工程竣工验收报告； 3. 涉及消防的建设工程竣工图纸	

续表

阶段	内容	完成方式	主管部门	形式	要求	所需资料或使用要求	参照法规及标准
试生产阶段	试生产准备	办理安全阀、压力表、报警仪、防爆电气、特种设备、管道（锅炉、行车、叉车、压力容器、压力管道……）等的使用登记证；对计量单位（长度、力、电、衡器、时间、光度、温度、流量等）等法定的检测					
		办理主要负责人、安全员、消防员、计量员、总化验室人员等的资格证书；锅炉工、电工、叉车工、焊工、危险化学品操作工、维修工、仪表工、危险化工工艺操作人员、剧毒品使用保管人员、吊车工等特殊工种、特种设备操作人员等所有需要持证上岗人员的资格证书取证、年审工作（有效期）					
	建设项目试生产（使用）	自行组织	应急管理局	试生产（使用）评审意见	《危险化学品建设项目安全监督管理办法》 第二十二条　建设单位应当组织建设项目的设计、施工、监理等有关单位和专家，研究提出建设项目试生产（使用）[以下简称试生产（使用）]可能出现的安全问题及对策，并按照有关安全生产法律、法规、规章和国家标准、行业标准的规定，制定周密的试生产（使用）方案。 试生产（使用）方案应当包括下列有关安全生产的内容： 1. 投料试车方案； 2. 试生产（使用）过程中可能出现的安全问题、对策及应急预案； 3. 建设项目周边环境与建设项目安全试生产（使用）相互影响的确认情况； 4. 危险化学品重大危险源监控措施的落实情况； 5. 人力资源配置情况； 6. 试生产（使用）起止日期。建设项目试生产期限应当不少于30日，不超过1年。 第二十三条　建设单位在采取有效安全生产措施后，方可将建设项目安全设施与生产、储存、使用的主体装置、设施同时进行试生产（使用）。 试生产（使用）前，建设单位应当组织专家对试生产（使用）方案进行审查。 试生产（使用）时，建设单位应当组织专家对试生产（使用）条件进行确认，对试生产（使用）过程进行技术指导	试生产方案	《危险化学品建设项目安全监督管理办法》 《危险化学品生产建设项目安全风险防控指南》 《化学工业建设项目试车规范》（HG 20231—2014）

续表

阶段	内容	完成方式	主管部门	形式	要求	所需资料或使用要求	参照法规及标准
试生产阶段	危险化学品登记	自行登记（网上登记）	危险化学品登记中心	危险化学品登记证	第三条　国家实行危险化学品登记制度。 第十条　新建的生产企业应当在竣工验收前办理危险化学品登记；进口企业应当在首次进口前办理危险化学品登记。 第十一条　同一企业生产、进口同一品种危险化学品的，按照生产企业进行一次登记，但应当提交进口危险化学品的有关信息。进口企业进口不同制造商的同一品种危险化学品的，按照首次进口制造商的危险化学品进行一次登记，但应当提交其他制造商的危险化学品的有关信息。生产企业、进口企业多次进口同一制造商的同一品种危险化学品的，只进行一次登记	登记企业办理危险化学品登记时，应当提交下列材料，并对其内容的真实性负责： 1. 危险化学品登记表1式2份； 2. 生产企业的工商营业执照，进口企业的对外贸易经营者备案登记表、中华人民共和国进出口企业资质证书、中华人民共和国外商投资企业批准证书或者台港澳侨投资企业批准证书复制件1份； 3. 与其生产、进口的危险化学品相符并符合国家标准的化学品安全技术说明书、化学品安全标签各1份； 4. 满足《危险化学品登记管理办法》第二十二条规定的应急咨询服务电话号码或者应急咨询服务委托书复制件1份； 5. 办理登记的危险化学品产品标准（采用国家标准或者行业标准的，提供所采用的标准编号）	《危险化学品登记管理办法》
	应急预案编写	委托编写或自行编写	应急管理局	生产经营单位生产安全事故应急预案备案表	《危险化学品安全管理条例》 第七十条　危险化学品单位应当制定本单位危险化学品事故应急预案，配备应急救援人员和必要的应急救援器材、设备，并定期组织应急救援演练。 危险化学品单位应当将其危险化学品事故应急预案报所在地设区的市级人民政府安全生产监督管理部门备案。 第七十一条　发生危险化学品事故，事故单位主要负责人应当立即按照本单位危险化学品应急预案组织救援，并向当地安全生产监督管理部门和环境保护、公安、卫生主管部门报告；道路运输、水路运输过程中发生危险化学品事故的，驾驶人员、船员或者押运人员还应当向事故发生地交通运输主管部门报告	生产经营单位申报应急预案备案，应当提交下列材料： 1. 应急预案备案申报表； 2. 危险化学品生产、经营（带存储设施的）、储存、运输企业，使用危险化学品达到国家规定数量的化工企业，中型规模以上的其他化工企业，应当提供应急预案评审意见； 3. 应急预案电子文档； 4. 风险评估结果和应急资源调查清单	《危险化学品安全管理条例》《生产安全事故应急预案管理办法》

续表

阶段	内容	完成方式	主管部门	形式	要求	所需资料或使用要求	参照法规及标准
试生产阶段	突发环境事件应急预案	委托编写或自行编写	生态环境局	企业事业单位突发环境事件应急预案备案表	企业事业单位应当按照国家有关规定制定突发环境事件应急预案，报环境保护主管部门和有关部门备案。在发生或者可能发生突发环境事件时，企业事业单位应当立即采取措施处理，及时通报可能受到危害的单位和居民，并向环境保护主管部门和有关部门报告	企业环境应急预案首次备案，现场办理时应当提交下列文件： 1. 突发环境事件应急预案备案表； 2. 环境应急预案及编制说明的纸质文件和电子文件，环境应急预案包括：环境应急预案的签署发布文件、环境应急预案文本；编制说明包括：编制过程概述、重点内容说明、征求意见及采纳情况说明、评审情况说明； 3. 环境风险评估报告的纸质文件和电子文件； 4. 环境应急资源调查报告的纸质文件和电子文件； 5. 环境应急预案评审意见的纸质文件和电子文件； 提交备案文件也可以通过信函、电子数据交换等方式进行。通过电子数据交换方式提交的，可以只提交电子文件	《企业事业单位突发环境事件应急预案备案管理办法（试行）》
验收阶段	安全设施竣工验收	委托第三方编制《安全验收评价》	应急管理局	通过验收的结论	第二十五条　建设项目试生产期间，建设单位应当按照本办法的规定委托有相应资质的安全评价机构对建设项目及其安全设施试生产（使用）情况进行安全验收评价，且不得委托在可行性研究阶段进行安全评价的同一安全评价机构。建设项目安全验收评价报告应当符合《危险化学品建设项目安全评价细则》的要求。 第二十六条　建设项目投入生产和使用前，建设单位应当组织人员进行安全设施竣工验收，作出建设项目安全设施竣工验收是否通过的结论。参加验收人员的专业能力应当涵盖建设项目涉及的所有专业内容	1. 建设项目安全设施施工、监理情况报告； 2. 建设项目安全验收评价报告； 3. 试生产（使用）期间是否发生事故、采取的防范措施以及整改情况报告； 4. 建设项目施工、监理单位资质证书（复制件）； 5. 主要负责人、安全生产管理人员、注册安全工程师资格证书（复制件），以及特种作业人员名单； 6. 从业人员安全教育、培训合格的证明材料； 7. 劳动防护用品配备情况说明； 8. 安全生产责任制文件，安全生产规章制度清单、岗位操作安全规程清单； 9. 设置安全生产管理机构和配备专职安全生产管理人员的文件（复制件）； 10. 为从业人员缴纳工伤保险费的证明材料（复制件）	《危险化学品建设项目安全监督管理办法》

续表

阶段	内容	完成方式	主管部门	形式	要求	所需资料或使用要求	参照法规及标准
验收阶段	职业病危害控制效果评价与防护设施验收	委托第三方编制《职业病危害控制效果评价报告》	卫监局	通过评审意见和验收意见	第二十四条　建设项目在竣工验收前或者试运行期间，建设单位应当进行职业病危害控制效果评价，编制评价报告。建设项目职业病危害控制效果评价报告应当符合职业病防治有关法律、法规、规章和标准的要求。 第二十五条　建设单位在职业病防护设施验收前，应当编制验收方案。验收方案应当包括下列内容： （一）建设项目概况和风险类别，以及职业病危害预评价、职业病防护设施设计执行情况； （二）参与验收的人员及其工作内容、责任； （三）验收工作时间安排、程序等。 第二十六条　属于职业病危害一般或者较重的建设项目，其建设单位主要负责人或其指定的负责人应当组织职业卫生专业技术人员对职业病危害控制效果评价报告进行评审以及对职业病防护设施进行验收，并形成是否符合职业病防治有关法律、法规、规章和标准要求的评审意见和验收意见。属于职业病危害严重的建设项目，其建设单位主要负责人或其指定的负责人应当组织外单位职业卫生专业技术人员参加评审和验收工作，并形成评审和验收意见	职业病危害控制效果评价包括下列主要内容： 1. 建设项目概况； 2. 职业病防护设施设计执行情况分析、评价； 3. 职业病防护设施检测和运行情况分析、评价； 4. 工作场所职业病危害因素检测分析、评价； 5. 工作场所职业病危害因素日常监测情况分析、评价； 6. 职业病危害因素对劳动者健康危害程度分析、评价； 7. 职业病危害防治管理措施分析、评价； 8. 职业健康监护状况分析、评价； 9. 职业病危害事故应急救援和控制措施分析、评价； 10. 正常生产后建设项目职业病防治效果预期分析、评价； 11. 职业病危害防护补充措施及建议； 12. 评价结论，明确建设项目的职业病危害风险类别，以及采取控制效果评价报告所提对策建议后，职业病防护设施和防护措施是否符合职业病防治有关法律、法规、规章和标准的要求	《建设项目职业病防护设施“三同时”监督管理办法》第四章
	建设项目环境保护验收	委托第三方编制建设项目环境保护验收报告	生态环境局	专家验收意见	《建设项目环境保护管理条例》 第十七条　编制环境影响报告书、环境影响报告表的建设项目竣工后，建设单位应当按照国务院环境保护行政主管部门规定的标准和程序，对配套建设的环境保护设施进行验收，编制验收报告。 建设单位在环境保护设施验收过程中，应当如实查验、监测、记载建设项目环境保护设施的建设和调试情况，不得弄虚作假。 除按照国家规定需要保密的情形外，建设单位应当依法向社会公开验收报告。 第十八条　分期建设、分期投入生产或者使用的建设项目，其相应的环境保护设施应当分期验收。 第十九条　编制环境影响报告书、环境影响报告表的建设项目，其配套建设的环境保护设施经验收合格，方可投入生产或者使用；未经验收或者验收不合格的，不得投入生产或者使用。 前款规定的建设项目投入生产或者使用后，应当按照国务院环境保护行政主管部门的规定开展环境影响后评价	1. 建设项目竣工环境保护验收申请书； 2. 建设项目竣工环境保护验收申请报告（表、卡）； 3. 环境保护验收监测（调查）报告（表）； 4. 环境保护执行报告	《建设项目环境保护管理条例》《建设项目竣工环境保护验收暂行办法》

续表

阶段	内容	完成方式	主管部门	形式	要求	所需资料或使用要求	参照法规及标准
验收阶段	许可证办理	自行办理	应急管理局	危险化学品经营许可证、危险化学品生产许可证、危险化学品使用许可证	第十四条　危险化学品生产企业进行生产前，应当依照《安全生产许可证条例》的规定，取得危险化学品安全生产许可证。生产列入国家实行生产许可证制度的工业产品目录的危险化学品的企业，依照《中华人民共和国工业产品生产许可证管理条例》的规定，取得工业产品生产许可证。 第二十九条　使用危险化学品从事生产并且使用量达到规定数量的化工企业（属于危险化学品生产企业的除外，下同），应当依照本条例的规定取得危险化学品安全使用许可证。 第三十三条　国家对危险化学品经营（包括仓储经营，下同）实行许可制度。未经许可，任何单位和个人不得经营危险化学品。依法设立的危险化学品生产企业在其厂区范围内销售本企业生产的危险化学品，不需要取得危险化学品经营许可	详见第三章	《危险化学品安全管理条例》

第二章

各种安全许可证

1　主要参照的法律法规

《危险化学品安全管理条例》

《危险化学品生产企业安全生产许可证实施办法》

《危险化学品安全使用许可证实施办法》

《危险化学品经营许可证管理办法》

《中华人民共和国工业产品生产许可证管理条例实施办法》

《危险化学品使用量的数量标准》

2　术语与定义

2.1　危险化学品企业

一般是指危险化学品生产、经营（带有储存设施）企业及取得危险化学品安全使用许可证的企业，其他企业则可划归为一般化工单位，但有时危险化学品企业也可以扩展为生产、储存、使用、经营、运输危险化学品的单位（统称危险化学品单位），如在《危险化学品安全管理条例》第二条和第四条中。而在《危险化学品从业单位安全标准化通用规范》（AQ 3013—2008）中危险化学品从业单位是指依法设立，生产、经营、使用和储存危险化学品的企业或者其所属生产、经营、使用和储存危险化学品的独立核算成本的单位。在不同的法规和文件中应注意区分。

2.2　危险化学品生产企业

按照《危险化学品生产企业安全生产许可证实施办法》第二条，危险化学品生产企业是指依法设立且取得工商营业执照或者工商核准文件从事生产最终产品或者中间产品列入《危险化学品目录》的企业。

其中中间产品，是指为满足生产的需要，生产一种或者多种产品为下一个生产过程参与化学反应的原料。

2.3 危险化学品使用企业

参照《危险化学品安全管理条例》第二十九条及《危险化学品安全使用许可证实施办法》第二条，危险化学品使用企业是指使用许可适用行业目录、使用危险化学品从事生产并且达到危险化学品使用量的数量标准的化工企业（危险化学品生产企业除外）。

2.4 危险化学品储存企业

危险化学品储存企业是指专门从事危险化学品储存的企业，该企业既无生产也无经营权力。

2.5 危险化学品运输企业

从事危险化学品道路运输、水路运输的企业。

2.6 危险化学品经营企业

根据《危险化学品经营许可证管理办法》（国家安全生产监督管理总局令第79号）第二条，危险化学品经营企业是指在中华人民共和国境内从事列入《危险化学品目录》的危险化学品的经营（包括仓储经营）活动，不包含民用爆炸物品、放射性物品、核能物质和城镇燃气的经营活动。

2.7 危险化学品进口企业

危险化学品进口企业是指依法设立且取得工商营业执照，并取得对外贸易经营者备案登记表、中华人民共和国进出口企业资质证书、中华人民共和国外商投资企业批准证书、台港澳侨投资企业批准证书，从事危险化学品进口的企业。

注1：上述分类是根据相关法规之适用范围提炼出来的分类，并非官方发布的既定的分类标准，在不同的法规和标准中，由于其适用范围的差异，同样或相似的称谓，可能包含的范围不同，故在使用法规和标准及阅读政府相关文件时应注意甄别。但从实际工作中来看，这种分类基本上是准确的。

3 不同证件的办理

3.1 危险化学品安全生产许可证

3.1.1 适用范围

根据《危险化学品生产企业安全生产许可证实施办法》，依法设立且取得工商营业执照或者工商核准文件从事生产最终产品或者中间产品列入《危险化学品目录》的企业，应当依照本办法的规定取得危险化学品安全生产许可证，未取得安全生产许可证的企业，不得从事危险化学品的生产活动。

将纯度较低的化学品提纯至纯度较高的危险化学品的，需要办证。购买某种危险化学品进行分装（包括充装）或者加入非危险化学品的溶剂进行稀释，然后销售或者使用的，不适用危险化学品安全生产许可证。

3.1.2 证件内容

安全生产许可证分为正、副本，正本为悬挂式，副本为折页式，正、副本具有同等法律效力。

实施机关应当分别在安全生产许可证正、副本上载明编号、企业名称、主要负责人、注册地址、经济类型、许可范围、有效期、发证机关、发证日期等内容。其中，正本上的“许可范围”应当注明“危险化学品生产”，副本上的“许可范围”应当载明生产场所地址和对应的具体品种、生产能力。

安全生产许可证有效期的起始日为实施机关作出许可决定之日，截止日为起始日至三年后同一日期的前一日。有效期内有变更事项的，起始日和截止日不变，载明变更日期。

3.1.3　许可证办理

新建企业安全生产许可证的申请，应当在危险化学品生产建设项目安全设施竣工验收通过后10个工作日内提出。

企业申请安全生产许可证时，应当提交下列文件、资料，并对其内容的真实性负责：

（1）申请安全生产许可证的文件及申请书；

（2）安全生产责任制文件、安全生产规章制度、岗位操作安全规程清单；

（3）设置安全生产管理机构，配备专职安全生产管理人员的文件复制件；

（4）主要负责人、分管安全负责人、安全生产管理人员和特种作业人员的安全资格证或者特种作业操作证复制件；

（5）与安全生产有关的费用提取和使用情况报告，新建企业提交有关安全生产费用提取和使用规定的文件；

（6）为从业人员缴纳工伤保险费的证明材料；

（7）危险化学品事故应急救援预案的备案证明文件；

（8）危险化学品登记证复制件；

（9）工商营业执照副本或者工商核准文件复制件；

（10）具备资质的中介机构出具的安全评价报告；

（11）新建企业的竣工验收意见书复制件；

（12）应急救援组织或者应急救援人员，以及应急救援器材、设备设施清单。

有危险化学品重大危险源的企业，还应当提交重大危险源及其应急预案的备案证明文件、资料。

3.1.4　许可证变更

企业在安全生产许可证有效期内变更主要负责人、企业名称或者注册地址的，应当自工商营业执照或者隶属关系变更之日起10个工作日内向实施机关提出变更申请。并提交下列文件、资料：

（1）变更后的工商营业执照副本复制件；

（2）变更主要负责人的，还应当提供主要负责人经安全生产监督管理部门考核合格后颁发的安全合格证复制件；

（3）变更注册地址的，还应当提供相关证明材料。

对已经受理的变更申请，实施机关应当在对企业提交的文件、资料审查无误后，方可办理安全生产许可证变更手续。

企业在安全生产许可证有效期内，当原生产装置新增产品或者改变工艺技术对企业的安全生产产生重大影响时，应当对该生产装置或者工艺技术进行专项安全评价，并对安全评价报告中提出的问题进行整改；在整改完成后，向原实施机关提出变更申请，提交安全评价报告。

企业在安全生产许可证有效期内，有危险化学品新建、改建、扩建建设项目（以下简称建设项目）的，应当在建设项目安全设施竣工验收合格之日起10个工作日内向原实施机关提出变更申请，并提交建设项目安全设施竣工验收报告等相关文件、资料。

3.1.5 许可证延续

安全生产许可证有效期为3年。企业安全生产许可证有效期届满后继续生产危险化学品的，应当在安全生产许可证有效期届满前3个月提出延期申请，并提交延期申请书和3.1.3中的申请文件、资料。

企业在安全生产许可证有效期内，符合下列条件的，其安全生产许可证届满时，经原实施机关同意，可不提交3.1.3第（2）、（7）、（8）、（10）、（11）项规定的文件、资料，直接办理延期手续：

（1）严格遵守有关安全生产的法律、法规和《危险化学品生产企业安全生产许可证实施办法》的；

（2）取得安全生产许可证后，加强日常安全生产管理，未降低安全生产条件，并达到安全生产标准化等级二级以上的；

（3）未发生死亡事故的。

3.2 工业产品生产许可证

3.2.1 适用范围

《中华人民共和国工业产品生产许可证管理条例实施办法》第二、四条，在中华人民共和国境内生产、销售或者在经营活动中使用列入《工业产品生产许可产品目录》中产品，应当取得工业产品生产许可证，任何单位和个人未取得生产许可证不得生产列入目录产品。任何单位和个人不得销售或者在经营活动中使用未取得生产许可证的列入目录产品。

3.2.2 证书内容

工业产品生产许可证证书分为正本和副本，具有同等法律效力。生产许可证证书应当载明企业名称、住所、生产地址、产品名称、证书编号、发证日期、有效期。

3.2.3 变更申请

在生产许可证有效期内，企业生产条件、检验手段、生产技术或者工艺发生变化（包括生产地址迁移、生产线新建或者重大技术改造）的，企业应当自变更事项发生后1个月内向企业所在地省级质量技术监督局提出申请，市场监管总局、省级市场监督管理部门应当按照规定的程序重新组织实地核查和产品检验。

在生产许可证有效期内，企业名称、住所或者生产地址名称发生变化而企业生产条件、检验手段、生产技术或者工艺未发生变化的，企业应当自变更事项发生后1个月内向企业所在地省级质量技术监督局提出变更申请。变更后的生产许可证有效期不变。

3.2.4 延续申请

生产许可证有效期为5年。有效期届满，企业需要继续生产的，应当在生产许可证期满6个月前向企业所在地省级质量技术监督局（现市场监督管理局）提出延续申请。

3.3 危险化学品安全使用许可证

3.3.1 适用范围

依据《危险化学品安全使用许可证实施办法》第二条及《危险化学品安全管理条例》第二十九条，使用危险化学品从事生产并且使用量达到规定数量的化工企业，应当依照该条例的规定取得危险化学品安全使用许可证。

危险化学品使用量未达到危险化学品使用量的数量标准或者使用危险化学品作为燃料的企业无须办理危险化学品安全使用许可证。

危险化学品生产企业，办理危险化学品安全生产许可证，无须办理危险化学品安全使用许可证。

3.3.2 证书内容

本证书分为正本和副本。正本为悬挂式，副本为折页式，正、副本具有同等法律效力。

实施机关应当分别在安全使用许可证正、副本上载明编号、企业名称、主要负责人、注册地址、经济类型、许可范围、有效期、发证机关、发证日期等内容。

安全使用许可证有效期的起始日为实施机关作出许可决定之日，截止日为起始日至三年后同一日期的前一日。有效期内有变更事项的，起始日和截止日不变，载明变更日期。

3.3.3 许可证申请

新建企业安全使用许可证的申请，应当在建设项目安全设施竣工验收通过之日起10个工作日内提出。

企业向发证机关申请安全使用许可证时，应当提交下列文件、资料，并对其内容的真实性负责：

(1) 申请安全使用许可证的文件及申请书；

(2) 新建企业的选址布局符合国家产业政策、当地县级以上人民政府的规划和布局的证明材料复制件；

(3) 安全生产责任制文件，安全生产规章制度、岗位安全操作规程清单；

(4) 设置安全生产管理机构，配备专职安全生产管理人员的文件复制件；

(5) 主要负责人、分管安全负责人、安全生产管理人员安全合格证和特种作业人员操作证复制件；

(6) 危险化学品事故应急救援预案的备案证明文件；

(7) 由供货单位提供的所使用危险化学品的安全技术说明书和安全标签；

(8) 工商营业执照副本或者工商核准文件复制件；

(9) 安全评价报告及其整改结果的报告；

(10) 新建企业的建设项目安全设施竣工验收报告；

(11) 应急救援组织、应急救援人员，以及应急救援器材、设备设施清单。

有危险化学品重大危险源的企业，除应当提交本条规定的文件、资料外，还应当提交重大危险源的备案证明文件。

3.3.4 许可证变更

企业在安全使用许可证有效期内变更主要负责人、企业名称或者注册地址的，应当自工商营业执照变更之日起10个工作日内提出变更申请，并提交下列文件、资料：

（1）变更申请书；

（2）变更后的工商营业执照副本复制件；

（3）变更主要负责人的，还应当提供主要负责人经安全生产监督管理部门考核合格后颁发的安全资格证复制件；

（4）变更注册地址的，还应当提供相关证明材料。

对已经受理的变更申请，发证机关对企业提交的文件、资料审查无误后，方可办理安全使用许可证变更手续。

企业在安全使用许可证有效期内变更隶属关系的，应当在隶属关系变更之日起10日内向发证机关提交证明材料。

企业在安全使用许可证有效期内，有下列情形之一的，应按照《危险化学品安全使用许可证实施办法》有关规定办理变更手续：

（1）增加使用的危险化学品品种，且达到危险化学品使用量的数量标准规定的；

（2）涉及危险化学品安全使用许可范围的新建、改建、扩建建设项目的；

（3）改变工艺技术对企业的安全生产条件产生重大影响的。

符合（1）中规定情形的企业，应当在增加前提出变更申请。

符合（2）规定情形的企业，应当在建设项目安全设施竣工验收合格之日起10个工作日内向原发证机关提出变更申请，并提交建设项目安全设施竣工验收报告等相关文件、资料。

符合（1）和（3）规定情形的企业，应当进行专项安全验收评价，并对安全评价报告中提出的问题进行整改；在整改完成后，向原发证机关提出变更申请并提交安全验收评价报告。

3.3.5　许可证延续

安全使用许可证有效期为3年。企业安全使用许可证有效期届满后需要继续使用危险化学品从事生产，且达到危险化学品使用量的数量标准规定的，应当在安全使用许可证有效期届满前3个月提出延期申请，并提交3.3.3中规定的文件、资料。

3.3.6　许可证撤销

有下列情形之一的，发证机关应当撤销已经颁发的安全使用许可证：

（1）滥用职权、玩忽职守颁发安全使用许可证的；

（2）超越职权颁发安全使用许可证的；

（3）违反《危险化学品安全使用许可证实施办法》规定的程序颁发安全使用许可证的；

（4）对不具备申请资格或者不符合法定条件的企业颁发安全使用许可证的；

（5）以欺骗、贿赂等不正当手段取得安全使用许可证的。

3.3.7　许可证注销

企业取得安全使用许可证后有下列情形之一的，发证机关应当注销其安全使用许可证：

（1）安全使用许可证有效期届满未被批准延期的；

（2）终止使用危险化学品从事生产的；

(3) 继续使用危险化学品从事生产，但使用量降低后未达到危险化学品使用量的数量标准规定的；

(4) 安全使用许可证被依法撤销的；

(5) 安全使用许可证被依法吊销的。

安全使用许可证注销后，发证机关应当在当地主要新闻媒体或者应急管理局网站上予以公告，并向省级和企业所在地县级安全生产监督管理部门通报。

3.4 危险化学品经营许可证

3.4.1 适用范围

根据《危险化学品经营许可证管理办法》第二、三条在中华人民共和国境内从事列入《危险化学品目录》的危险化学品的经营（包括仓储经营）活动，适用本办法。应当依照其规定取得危险化学品经营许可证（以下简称经营许可证）。未取得经营许可证，任何单位和个人不得经营危险化学品。

购买危险化学品进行分装、充装或者加入非危险化学品的溶剂进行稀释，然后销售的，适用危险化学品经营许可证。使用长输管道输送并经营危险化学品的，应当向经营地点所在地发证机关申请经营许可证。

民用爆炸物品、放射性物品、核能物质和城镇燃气的经营活动，适用其他管理办法。

经营危险化学品的企业，从事下列危险化学品经营活动，不需要取得经营许可证：

(1) 依法取得危险化学品安全生产许可证的危险化学品生产企业在其厂区范围内销售本企业生产的危险化学品的；

(2) 依法取得港口经营许可证的港口经营人在港区内从事危险化学品仓储经营的。

3.4.2 证书内容

危险化学品经营许可证分为正本和副本。正本为悬挂式，副本为折页式，正、副本具有同等法律效力。

经营许可证正本、副本应当分别载明下列事项：企业名称、企业住所（注册地址、经营场所、储存场所）、企业法定代表人姓名、经营方式、许可范围、发证日期和有效期限、证书编号、发证机关、有效期延续情况。

危险化学品经营许可证有效期的起始日为实施机关作出许可决定之日，截止日为起始日至三年后同一日期的前一日。有效期内有变更事项的，起始日和截止日不变，载明变更日期。

3.4.3 首次申请

申请人申请经营许可证，应当依照《危险化学品经营许可证管理办法》第五条规定向所在地市级或者县级发证机关提出申请。

(1) 申请经营许可证的文件及申请书；

(2) 安全生产规章制度和岗位操作规程的目录清单；

(3) 企业主要负责人、安全生产管理人员、特种作业人员的相关资格证书（复制件）和其他从业人员培训合格的证明材料；

(4) 经营场所产权证明文件或者租赁证明文件（复制件）；

(5) 工商行政管理部门颁发的企业性质营业执照或者企业名称预先核准文件（复制件）；

（6）危险化学品事故应急预案备案登记表（复制件）。

带有储存设施经营危险化学品的，申请人还应当提交下列文件、资料：

（1）储存设施相关证明文件（复制件）；租赁储存设施的，需要提交租赁证明文件（复制件）；储存设施新建、改建、扩建的，需要提交危险化学品建设项目安全设施竣工验收报告；

（2）重大危险源备案证明材料、专职安全生产管理人员的学历证书、技术职称证书或者危险物品安全类注册安全工程师资格证书（复制件）；

（3）安全评价报告。

3.4.4 许可证变更

已经取得经营许可证的企业变更企业名称、主要负责人、注册地址或者危险化学品储存设施及其监控措施的，应当自变更之日起 20 个工作日内，向《危险化学品经营许可证管理办法》第五条规定的发证机关提出书面变更申请，并提交如下文件、资料：

（1）经营许可证变更申请书；

（2）变更后的工商营业执照副本（复制件）；

（3）变更后的主要负责人安全资格证书（复制件）；

（4）变更注册地址的相关证明材料；

（5）变更后的危险化学品储存设施及其监控措施的专项安全评价报告。

已经取得经营许可证的企业有新建、改建、扩建危险化学品储存设施建设项目的，应当自建设项目安全设施竣工验收合格之日起 20 个工作日内，向发证机关提出变更申请。

3.4.5 许可证重新申领

已经取得经营许可证的企业，有下列情形之一的，应当按照《危险化学品经营许可证管理办法》的规定重新申请办理经营许可证，并提交相关文件、资料：

（1）不带有储存设施的经营企业变更其经营场所的；

（2）带有储存设施的经营企业变更其储存场所的；

（3）仓储经营的企业异地重建的；

（4）经营方式发生变化的；

（5）许可范围发生变化的。

3.4.6 许可证延续

经营许可证的有效期为 3 年。有效期满后，企业需要继续从事危险化学品经营活动的，应当在经营许可证有效期满 3 个月前，向发证机关提出经营许可证的延期申请。

符合下列条件的企业，申请经营许可证延期时，经发证机关同意，可以不提交《危险化学品经营许可证管理办法》第九条规定的文件、资料：

（1）严格遵守有关法律、法规和《危险化学品经营许可证管理办法》；

（2）取得经营许可证后，加强日常安全生产管理，未降低安全生产条件；

（3）未发生死亡事故或者对社会造成较大影响的生产安全事故。

带有储存设施经营危险化学品的企业，除符合前款规定条件的外，还需要取得并提交危险化学品企业安全生产标准化二级达标证书（复制件）。

3.4.7　许可证撤销

发证机关发现企业以欺骗、贿赂等不正当手段取得经营许可证的，应当撤销已经颁发的经营许可证。

3.4.8　许可证注销

（1）经营许可证有效期届满未被批准延期的；

（2）终止危险化学品经营活动的；

（3）经营许可证被依法撤销的；

（4）经营许可证被依法吊销的。

3.5　危险化学品登记证

根据《危险化学品安全管理条例》第六十六条，国家实行危险化学品登记制度，为危险化学品安全管理以及危险化学品事故预防和应急救援提供技术、信息支持。

第六十七条，危险化学品生产企业、进口企业，应当向国务院安全生产监督管理部门负责危险化学品登记的机构办理危险化学品登记。对于危险特性尚未确定的化学品，应进行鉴定，鉴定为危险化学品的应依法进行登记。

化学品登记证的获取具体见《危险化学品的登记和鉴定》第 7 章第 1 节。

3.6　重大危险源登记证

危险化学品单位应当对辨识确认的重大危险源及时、逐项进行登记建档。

重大危险源登记工作详见《重大危险源管理》一章。

3.7　《危险化学品目录（2015 版）实施指南（试行）》中的特别规定

3.7.1　企业将《危险化学品目录》（以下简称《目录》）中同一品名的危险化学品在改变物质状态后进行销售的，应取得危险化学品经营许可证。

3.7.2　主要成分均为列入《目录》的危险化学品，并且主要成分质量比或体积比之和不小于 70%的混合物（经鉴定不属于危险化学品确定原则的除外），可视其为危险化学品并按危险化学品进行管理，安全监管部门在办理相关安全行政许可时，应注明混合物的商品名称及其主要成分含量。

3.7.3　对于主要成分均为列入《目录》的危险化学品，并且主要成分质量比或体积比之和小于 70%的混合物或危险特性尚未确定的化学品，生产或进口企业应根据《化学品物理危险性鉴定与分类管理办法》（国家安全监管总局令第 60 号）及其他相关规定进行鉴定分类，经过鉴定分类属于危险化学品确定原则的，应根据《危险化学品登记管理办法》（国家安全监管总局令第 53 号）进行危险化学品登记，但不需要办理相关安全行政许可手续。

第三章 安全费用的提取和使用

1 主要参照的法律法规

《企业安全生产费用提取和使用管理办法》

2 术语与定义

安全生产费用（简称安全费用）是指企业按照规定标准提取，在成本中列支，专门用于完善和改进企业安全生产条件的资金。

3 管理要求

3.1 管理原则

安全费用的提取和使用根据《企业安全生产费用提取和使用管理办法》执行，按照“筹措有章、支出有据、管理有序、监督有效”的原则进行管理。

（1）筹措有章。统筹发展和安全，依法落实企业安全生产投入主体责任，足额提取。

（2）支出有据。企业根据生产经营实际需要，据实开支符合规定的安全生产费用。

（3）管理有序。企业专项核算和归集安全生产费用，真实反映安全生产条件改善投入，不得挤占、挪用。

（4）监督有效。建立健全企业安全生产费用提取和使用的内外部监督机制，按规定开展信息披露和社会责任报告。

3.2 提取标准

危险品生产与储存企业以上一年度营业收入为依据，采取超额累退方式确定本年度应计提金额，并逐月平均提取。具体如下：

（1）上一年度营业收入不超过1000万元的，按照4.5%提取；

（2）上一年度营业收入超过1000万元至1亿元的部分，按照2.25%提取；

(3) 上一年度营业收入超过1亿元至10亿元的部分，按照0.55%提取；

(4) 上一年度营业收入超过10亿元的部分，按照0.2%提取。

3.3 使用范围

危险品生产与储存企业安全生产费用应当用于以下支出：

(1) 完善、改造和维护安全防护设施设备支出（不含“三同时”要求初期投入的安全设施），包括车间、库房、罐区等作业场所的监控、监测、通风、防晒、调温、防火、灭火、防爆、泄压、防毒、消毒、中和、防潮、防雷、防静电、防腐、防渗漏、防护围堤和隔离操作等设施设备支出；

(2) 配备、维护、保养应急救援器材、设备支出和应急救援队伍建设、应急预案制修订与应急演练支出；

(3) 开展重大危险源检测、评估、监控支出，安全风险分级管控和事故隐患排查整改支出，安全生产风险监测预警系统等安全生产信息系统建设、运维和网络安全支出；

(4) 安全生产检查、评估评价（不含新建、改建、扩建项目安全评价）、咨询和标准化建设支出；

(5) 配备和更新现场作业人员安全防护用品支出；

(6) 安全生产宣传、教育、培训和从业人员发现并报告事故隐患的奖励支出；

(7) 安全生产适用的新技术、新标准、新工艺、新装备的推广应用支出；

(8) 安全设施及特种设备检测检验、检定校准支出；

(9) 安全生产责任保险支出；

(10) 与安全生产直接相关的其他支出。

企业安全生产费用可参照表3.1。

表3.1 安全生产费用明细

序号	费用大类	使用项目
1	完善、改造和维护安全防护设备、设施支出（不含“三同时”要求初期投入的安全设施）	1. “临边”（未安装栏杆的平台临边、无外架防护的层面临边、升降口临边、基坑沟槽临边、上下斜道临边等）、挖井、挖孔、沉井、泥浆池等防护、防滑设施
		2. 施工场地安全围挡设施
		3. 施工供配电及用电安全防护设施（漏电保护、接地保护、触电保护等装置，变压器、配电盘周边防护设施，电器防爆设施，防水电缆及备用电源等）
		4. 各类机电设备安全装置
		5. 有毒有害气体监测、通风设备设施，粉尘监测设备设施、其他检测设备检测
		6. 地质监控防护设备设施
		7. 防火、防爆、防尘、防毒、防雷、防台风等设备设施及备品
		8. 机械设备（起重机械、提升设备、锅炉、压力器、压缩机等）上的各种保护、保险装置及安全防护措施

续表

序号	费用大类	使用项目
1	完善、改造和维护安全防护设备、设施支出（不含“三同时”要求初期投入的安全设施）	9. 高处作业中防止物体、人员坠落设置的安全网、棚、护栏等防护设施
		10. 各种安全警示、警告标志
		11. 安全防护通信设备
		12. 其他临时安全防护设备、设施
2	配备、维护、保养应急救援器材、设备支出和应急演练支出	1. 应急电源、照明、通风、抽水、提升设备及锹镐铲、千斤顶等
		2. 防洪、防坍塌、防山体落石、防自然灾害等物资设备
		3. 急救药箱及器材
		4. 应急救援设备、器械（包括救援车等）
		5. 救生衣、圈、船等，船只靠泊设备
		6. 各种消防设备和器材购置、检测、保养
		7. 安全应急救援及预案演练
		8. 其他救援器材、设备
3	开展重大危险源和事故隐患评估、监控和整改支出［含邻近既有线或建（构）物施工所产生的影响等］	1. 委托专业安全评估机构对项目重大风险源、重大事故隐患进行评估所发生的相关费用
		2. 重大风险源进行日常监控所发生的相关费用，施工监控不在此列
		3. 重大事故隐患进行整改所发生的相关费用
4	安全生产检查、评价（不包括新建、改建、扩建项目安全评价）、咨询和标准化建设支出	1. 日常安全巡查所发生的车辆与相关器材使用费，车辆与器材的购置费用不在此列
		2. 专项检查费用：聘请专业安全机构或专家对项目安全生产过程中的特殊部位、特殊工艺、特别设备的施工安全检查所支付的相关费用
		3. 安全生产评价费。项目专项施工方案、风险评估进行讨论、论证、评估、评价所支付的相关费用，不包括新建、改建、扩建项目安全评价
		4. 安全生产咨询、风险评估费。施工单位就安全生产工作中存在的问题向相关专业安全机构、咨询单位或专家进行咨询所支付的相关费用，按规定施工安全风险评估管理费用
		5. 安全生产标准化建设费。施工单位按照有关规定或者合同约定开展安全生产方面的标准化建设费用
5	配备和更新现场作业人员安全防护用品支出	配备的安全帽、安全绳（带）、手套、雨鞋、工作服、口罩、防毒面具、防护膏药等安全防护物品的购置费用
6	安全生产宣传、教育、培训支出	1. 制作安全宣传标语、条幅、图片、视频等宣传资料所发生的费用
		2. 购置编印安全生产书籍、刊物、影像资料等
		3. 举办安全生产展览和知识竞赛活动，设立陈列室、教育室等
		4. 召开安全生产专题会议等
		5. 专职安检人员、生产管理人员安全生产专业培训等
		6. 全员安全及特种（专项）作业安全技能培训等
		7. 各种安全生产宣传支出
		8. 其他安全教育培训费用

续表

序号	费用大类	使用项目
7	安全生产适用的新技术、新标准、新工艺、新装备的推广应用支出	—
8	安全设施及特种设备检测检验支出	1. 各种安全设备设施的检测、检查费
		2. 特种机械设备、压力容器、避雷设施等检查检测费
		3. 特种设备邀请具有相关资质的安装及维护机构进行安装和维护，并出具相关报告所发生的费用
9	安全生产责任保险支出	—
10	其他安全生产费用支出	1. 特种作业人员（从事高空、井下、尘毒作业的人员及炊管人员等）体检费用
		2. 办理各种安全生产许可等产生的费用
		3. 办公、生活区的防腐、防毒、防四害、防触电、防煤气、防火患等支出
		4. 专职安全员办公用计算机、照相器材等办公必需的设施配备费用
		5. 保障施工安全，临时雇佣的安全管理人员
		6. 各项安全保险

3.4 安全费用的管理和监管

3.4.1 企业应当建立健全内部企业安全生产费用管理制度，明确企业安全生产费用提取和使用的程序、职责及权限，落实责任，确保按规定提取和使用企业安全生产费用。

3.4.2 企业应当加强安全生产费用管理，编制年度企业安全生产费用提取和使用计划，纳入企业财务预算，确保资金投入。

3.4.3 企业提取的安全生产费用从成本（费用）中列支并专项核算。符合《企业安全生产费用提取和使用管理办法》规定的企业安全生产费用支出应当取得发票、收据、转账凭证等真实凭证。

3.4.4 本企业职工薪酬、福利不得从企业安全生产费用中支出。企业从业人员发现报告事故隐患的奖励支出从企业安全生产费用中列支。

3.4.5 企业安全生产费用年度结余资金结转下年度使用。企业安全生产费用出现赤字（即当年计提企业安全生产费用加上年初结余小于年度实际支出）的，应当于年末补提企业安全生产费用。

3.4.6 以上一年度营业收入为依据提取安全生产费用的企业，新建和投产不足一年的，当年企业安全生产费用据实列支，年末以当年营业收入为依据，按照规定标准计算提取企业安全生产费用。

3.4.7 企业按《企业安全生产费用提取和使用管理办法》规定标准连续两年补提安全生产费用的，可以按照最近一年补提数提高提取标准。

3.4.8 企业安全生产费用月初结余达到上一年应计提金额三倍及以上的，自当月开始暂停提取企业安全生产费用，直至企业安全生产费用结余低于上一年应计提金额三倍时恢复提取。

3.4.9　企业当年实际使用的安全生产费用不足年度应计提金额60%的，除按规定进行信息披露外，还应当于下一年度4月底前按照属地监管权限向县级以上人民政府负有安全生产监督管理职责的部门提交经企业董事会、股东会等机构审议的书面说明。

3.4.10　企业同时开展两项及两项以上以营业收入为安全生产费用计提依据的业务，能够按业务类别分别核算的，按各项业务计提标准分别提取企业安全生产费用；不能分别核算的，按营业收入占比最高业务对应的提取标准对各项合计营业收入计提企业安全生产费用。

3.4.11　企业作为承揽人或承运人向客户提供纳入《企业安全生产费用提取和使用管理办法》规定范围的服务，且外购材料和服务成本高于自客户取得营业收入85%以上的，可以将营业收入扣除相关外购材料和服务成本的净额，作为企业安全生产费用计提依据。

3.4.12　企业内部有两个及两个以上独立核算的非法人主体，主体之间生产和转移产品和服务按《企业安全生产费用提取和使用管理办法》规定需提取企业安全生产费用的，各主体可以以本主体营业收入扣除自其他主体采购产品和服务的成本（即剔除内部互供收入）的净额，作为企业安全生产费用计提依据。

3.4.13　承担集团安全生产责任的企业集团母公司（一级，以下简称集团总部），可以对全资及控股子公司提取的企业安全生产费用按照一定比例集中管理，统筹使用。子公司转出资金作为企业安全生产费用支出处理，集团总部收到资金作为专项储备管理，不计入集团总部收入。

集团总部统筹的企业安全生产费用应当用于《企业安全生产费用提取和使用管理办法》规定的应急救援队伍建设、应急预案制修订与应急演练，安全生产检查、咨询和标准化建设，安全生产宣传、教育、培训，安全生产适用的新技术、新标准、新工艺、新装备的推广应用等安全生产直接相关支出。

3.4.14　在《企业安全生产费用提取和使用管理办法》规定的使用范围内，企业安全生产费用应当优先用于达到法定安全生产标准所需支出和按各级应急管理部门及其他负有安全生产监督管理职责的部门要求开展的安全生产整改支出。

3.4.15　企业由于产权转让、公司制改建等变更股权结构或者组织形式的，其结余的企业安全生产费用应当继续按照《企业安全生产费用提取和使用管理办法》管理使用。

3.4.16　企业调整业务、终止经营或者依法清算的，其结余的企业安全生产费用应当结转本期收益或者清算收益。

危险品生产与储存企业转产、停产、停业或者解散的，应当将企业安全生产费用结余用于处理转产、停产、停业或者解散前的危险品生产或者储存设备、库存产品及生产原料支出。如仍有结存，应由存续企业管理；无存续企业的，由清算前全部股东共同管理或者委托第三方管理。

3.4.17　企业提取的安全生产费用属于企业自提自用资金，除集团总部按规定统筹使用外，任何单位和个人不得采取收取、代管等形式对其进行集中管理和使用。法律、行政法规另有规定的，从其规定。

第四章 风险辨识与管理

1 主要参照的法律法规

《危险化学品重大危险源监督管理暂行规定》

《重点监管的危险化工工艺目录》

《重点监管的危险化学品名录》

《企业职工伤亡事故分类》(GB 6441)

《生产过程危险和有害因素分类与代码》(GB/T 13861)

《危险化学品从业单位安全标准化通用规范》(AQ 3013)

《化工企业安全风险分级管控实施指南(试用版)》

《危险化学品企业安全风险分级管控实施指南》

《危险与可操作性分析(HAZOP 分析)应用指南》(GB/T 35320—2017)

《广东省应急管理厅关于安全风险分级管控方法(试行)》

化工企业的安全风险分级管控可参照《危险化学品企业安全风险分级管控实施指南》和《危险与可操作性分析(HAZOP 分析)应用指南》(GB/T 35320—2017)开展。

2 术语与定义

2.1 危险源

是指可能导致人身伤害和(或)健康损害和(财产)损失的根源、状态或行为,或它们的组合。其中,根源是指具有能量或产生、释放能量的物理实体,如起重设备、电气设备、锅炉、压力容器等;行为是指决策人员、管理人员以及从业人员的决策行为、管理行为以及作业行为;状态是指物的状态和环境的状态。

根据危险源在事故发生、发展中的作用,把危险源划分为两大类,即第一类危险源和第二类危险源。第一类危险源:在生产过程中存在的,可能发生意外释放的能量,包括生产过程中各种能量源、能量载体或危险物质。第一类危险源决定了事故后果的严重程度,它具有的能量越多,发生事故后果越严重。第二类危险源:导致能量或危险物质约束或限制措施破坏或失效的各种因素。广义上包括物的故障，人的失误、环境不良以及管理缺陷等因素。第二类危险源决定了事故发生的可能性，它出现得越频繁，发生事故的可能性越大。

2.2　危害因素

危险因素是指生产过程中可对人造成伤亡、疾病、财产损失、工作环境破坏、环境污染的根源和状态，危险和有害因素分为四类，分别是“人的因素”“物的因素”“环境因素”和“管理因素”。

人的因素：与生产各环节有关的，来自人员自身或人为性质的危险和有害因素。

物的因素：机械、设备、设施、材料等方面存在的危险和有害因素。

环境因素：生产作业环境中的危险和有害因素。

管理因素：管理上的失误、缺陷和管理职责所导致的危险和有害因素。

2.3　危害因素辨识

识别组织整个范围内所有存在的危害因素并确定每个危害因素特性的过程。

2.4　风险

是指发生危险事件或有害暴露的可能性，与随之引发的人身伤害和（或）健康损害和（或）财产损失的组合。风险有两个主要特性，即可能性和严重性。可能性，是指危险情况发生的概率。严重性，是指危险情况一旦发生后，将造成人员伤害和经济损失的大小和程度。

2.5　风险评价（风险评估）

是对危险因素导致的风险进行评估，对现有控制措施的充分性加以考虑以及对风险是否可接受予以确定的过程。

2.6　风险度（危险性）

是指危害因素辨识完成后，需要将危险程度量化，即需要计算每项危害因素的风险大小，其计算出的风险值也称为风险度或危险性，据此分析认定风险等级。

3　风险辨识

3.1　风险分级管控的工作程序

化工企业实施风险管控工作，在制定相应的管理制度或程序文件的基础上，一般程序包括：成立组织机构——实施培训——编制文件（作业指导书、台账、记录）——选用合适的方法辨识危害因素——风险分析——分析现有安全控制措施的有效性、提出改进的控制措施——依据制定的标准判定风险等级——逐级评审与审核——组织全员学习、落实控制措施——组织定期评审、更新风险信息——结合实际实施风险分级管控——有效运行体系、持续改进。

3.2　危害因素辨识方法

3.2.1　工作危害分析法（简称 JHA）

通过对工作过程的逐步分析，找出存在危险的工作步骤，进行控制和预防，是辨识危害因素及其风险的方法之一，主要用于对作业活动中存在的危害因素进行辨识。

3.2.2 安全检查表法（简称 SCL）

主要对静态设备设施的危害因素进行辨识。依据相关的标准、规范，对工程、系统中已知的危险类别、设计缺陷以及与一般工艺设备、操作、管理有关的潜在危险性和有害性进行判别检查。

3.2.3 危险与可操作性分析（简称 HAZOP）

以系统工程为基础的一种可用于定性分析或定量评价的危险性评价方法，用于探明生产装置和工艺过程中的危险及其原因，寻求必要对策。通过分析生产运行过程中工艺状态参数的变动，操作控制中可能出现的偏差，以及这些变动与偏差对系统的影响及可能导致的后果，找出出现变动与偏差的原因，明确装置或系统内及生产过程中存在的主要危险、危害因素，并针对变动与偏差的后果提出应采取的措施。

危险和可操作性研究方法可按分析的准备、完成分析和编制分析结果报告 3 个步骤来完成。由各种专业人员（如工艺、设备、自控、现场操作人员等）按照规定的方法对偏离设计的工艺条件进行过程危险和可操作性研究。

企业开展危害因素进行辨识，动态的作业活动宜采用工作危害分析法；静态的设备设施宜采用安全检查表法。只有将这两种方法针对不同对象分别应用，才能保证危害因素辨识全面细致，安全风险辨识与评价工作至少每年进行 1 次。对涉及“两重点一重大”生产、储存装置至少 3 年 1 次运用 HAZOP 方法开展安全风险辨识。

本章仅对工作危害分析法和安全检查表法进行阐述，HAZOP 分析法的使用请参照国家相关法规和标准。

3.3 危害因素辨识范围

危险源辨识和评价范围涉及岗位作业活动、设备、设施、工艺系统参数，具体包括：

（1）规划、设计和建设、投产、运行等阶段；

（2）常规和异常活动；

（3）事故及潜在的紧急情况；

（4）所有进入作业场所的人员的活动；

（5）原材料、产品的运输和使用过程；

（6）作业场所的设施、设备、车辆、安全防护用品；

（7）人为因素，包括违反安全操作规程和安全生产规章制度；

（8）丢弃、废弃、拆除与处置；

（9）气候、地震及其他自然灾害等；

（10）变更（人员、管理、工艺、过程、技术、设施等永久性或暂时性的变化）。

3.4 危害因素辨识方法

3.4.1 依据《企业职工伤亡事故分类》（GB 6441—1986）识别

（1）按物的不安全状态识别

将物的不安全状态归纳为：防护、保险、信号等装置缺乏或有缺陷；设备、设施、工具附件有缺陷；个人防护用品用具（防护服、手套、护目镜及面罩、呼吸器官护具、听力护具、安全带、安全帽、安全鞋等）缺少或有缺陷；生产（施工）现场环境不良等4大类。

（2）按人的不安全行为识别

将人的不安全行为归纳为：操作错误，忽视安全，忽视警告；造成安全装置失效；使用不安全设备；手代替工具操作等13大类。

3.4.2 按导致事故和职业危险源的直接原因识别

根据《生产过程危险和有害因素分类与代码》（GB/T 13861—2002）的规定，将生产过程中的危险、危险源分为：人的因素、物的因素、环境因素、管理因素4大类。

（1）人的因素：包含心理、生理性危险和有害因素，行为性危险和有害因素2类。

（2）物的因素：包含物理性危险和有害因素、化学性危险和有害因素、生物性危险和有害因素3类。

（3）环境因素：包含室内作业场所环境不良、室外作业场所环境不良、地下（含水下）作业环境不良、其他作业环境不良4类。

（4）管理因素：包含职业安全卫生组织机构不健全（包括组织机构的设置和人员的配置）、职业安全卫生责任制不落实、职业安全卫生管理规章制度不完善、职业安全卫生投入不足、职业健康管理不完善（包括职业健康体检及其档案管理不完善）和其他管理因素缺陷6类。

在进行危害因素辨识时，应依据以上两个标准，对潜在的危害因素进行深刻辨识，充分考虑危害因素的根源和性质。辨识危险因素也可以从能量和物质的角度进行考虑，其中从能量的角度可以考虑机械能、电能、化学能、热能、辐射能等。如机械能可能造成物体打击、车辆伤害、机械伤害等；热能可能造成灼烫、火灾；化学能可导致中毒、火灾、爆炸、腐蚀等。从物质的角度可以考虑压缩或液化气体、腐蚀性物质、可燃性物质、氧化性物质、毒性物质、放射性物质、病原体载体、粉尘和爆炸性物质等。

3.5 危害因素造成的事故类别及后果

危害因素造成的事故类别［参照《企业职工伤亡事故分类》（GB 6441—1986）］，包括物体打击、车辆伤害、机械伤害、起重伤害、触电、淹溺、灼烫、火灾、高处坠落、坍塌、锅炉爆炸、容器爆炸、其他爆炸、中毒和窒息、其他伤害等20类。

危害因素引发的后果，包括人身伤害、伤亡疾病、财产损失、停工、违法、影响商誉、工作环境破坏、环境污染等。

3.6 工作危害分析法（JHA）实施步骤

3.6.1 作业活动的划分

可以按生产流程的阶段、地理区域、装置、作业任务、生产阶段/服务阶段或部门划分，也可结合起来进行划分。如：

（1）日常操作：工艺操作、设备设施操作、现场巡检；

（2）异常情况处理：停水、停电、停气（汽）、停风、停止进料的处理，设备故障处理；

（3）开停车：开车、停车及交付前的安全条件确认；

（4）作业活动：动火、受限空间、高处、临时用电、动土、断路、吊装、盲板抽堵等特殊作业；采样分析、检尺、测温、设备检测（测厚、动态监测）、脱水排凝、人工加料（剂）、汽车装卸车、火车装卸车、成型包装、库房叉车转运、加热炉点火、机泵机组盘车、铁路槽车洗车、输煤机检查、清胶清聚合物、清罐内污油等危险作业；场地清理及绿化保洁、设备管线外保温防腐、机泵机组维修、仪表仪器维修、设备管线开启等其他作业；

（5）管理活动：变更管理、现场监督检查、应急演练等。

3.6.2　分析并选定作业活动

（1）将作业活动分解为若干个相连的工作步骤。

（2）分别对所有作业活动分析结束后，经过评审筛选，选定存在危害因素并具有一定风险的作业活动填入作业活动清单，如表 4.1 所示。

表 4.1　作业活动清单

** 单位/公司 JHA 清单　　文件编号：						
JHA 编号	归属部门	作业活动名称	作业地点	作业岗位	作业频率	备注

填表说明：作业频率分为频繁进行、特定时间进行、定期进行。

（3）填写《工作危害分析（JHA）分析评价表》。

①该表是企业针对动态作业活动进行危害因素辨识和分析评价全过程的记录。在本阶段应将作业活动每一步骤的潜在危害填入表中“工作步骤”和“危害因素或潜在事件”栏目，并完成主要后果。

②《工作危害分析（JHA）评价表》中“工作步骤”“危害因素或潜在事件”和“主要后果”栏是危害因素辨识环节必须填写的。其余栏目在风险分析、判定等级和风险控制阶段再填写完善。

根据下一阶段风险分析方法的不同，推荐两种格式记录表，供参考使用。

格式一：在下一阶段采用作业条件危险性分析法（简称 LEC）进行风险分析，参照表 4.2。

表 4.2　工作危害分析（JHA＋LEC）评价表

作业安全活动（JHA）分析表　　编号：											
归属部门：				作业活动名称：				发布日期：			
分析人员：				审核人：				审定人：			
序号	工作步骤	危害因素或潜在事件（人、物、作业环境、管理）	主要后果	现有控制措施	实施岗位	L	E	C	D	风险等级	建议采用的控制措施

格式二：在下一阶段采用风险矩阵法（简称 LS）进行风险分析，参照表 4.3。

表 4.3 工作危害分析（JHA＋LS）评价表

作业安全活动（JHA）分析表									编号：	
归属部门：			作业活动名称：				发布日期：			
分析人员：			审核人：				审定人：			
序号	工作步骤	危害因素或潜在事件（人、物、作业环境、管理）	主要后果	现有控制措施	实施岗位	L	S	R	风险等级	建议采用的控制措施

3.7 安全检查表法实施步骤

以提问的方式把检查项目按系统的组成顺序编制成表，进行检查或评审。

3.7.1 安全检查表编制的依据

（1）有关标准、规程、规范及规定；

（2）国内外事故案例和企业以往的事故情况；

（3）系统分析确定的危险部位及防范措施；

（4）分析人员的经验和可靠的参考资料；

（5）有关研究成果，同行业或类似行业检查表等。

3.7.2 安全检查表编制步骤

（1）确定编制人员。包括熟悉系统的各方面人员，如工段长、技术员、设备员、安全员等。

（2）熟悉系统。包括系统的结构、功能、工艺流程、操作条件、布置和已有的安全卫生设施。

（3）收集资料。收集有关安全法律、法规、规程、标准、制度及本系统过去发生的事故事件资料，作为编制安全检查表的依据。

3.7.3 安全检查表分析要求

（1）既要分析设备设施表面看得见的危害，又要分析设备设施内部隐藏的内部构件和工艺的危害。

（2）对设备设施进行危害识别时，应遵循一定的顺序。先识别厂址，考虑地形、地貌、地质、周围环境、安全距离方面的危害，再识别厂区内平面布局、功能分区、危险设施布置、安全距离等方面的危害，再识别具体的建构筑物等。对于一个具体的设备设施，可以按照系统一个一个地检查，或按照部位顺序，从上到下、从左到右或从前到后都可以。

（3）分析对象是设备设施、作业场所和工艺流程等，检查项目是静态的物，而非活动。所列检查项目不应有人的活动，即不应有动作。

（4）检查项目列出后，还要列出与之对应的标准。标准可以是法律法规的规定，也可以是行业规范、标准、本企业的有关操作规程、工艺规程或工艺卡片的规定。

（5）检查项目应该全面，检查内容应该细致，达不到标准就是一种潜在危害。如，对设备设施的控制措施进行对照标准检查时，不仅要列出报警、消防检查检验等耳熟能详的控制措施，还应列出工艺设备本身带有的控制措施，如联锁、安全阀、液位指示、压力指示等。

(6) 列出 SCL 设备设施清单（参见表 4.4）。

表 4.4 SCL 设备设施清单

**单位/公司 SCL 设备设施清单			文件编号：		
编号	归属部门	设备名称	类别/位号	用途	备注

填表说明：1. 设备十大类别：炉类、塔类、反应器类、储罐及容器类、冷换设备类、通用机械类、动力类、化工机械类、起重运输类、其他设备类；2. 参照设备设施台账，按照十大类别归类，按照单元或装置进行划分，同一单元或装置内介质、型号相同的设备设施可合并，在备注内写明数量；3. 厂房、管廊、手持电动工具、办公楼等固定设施亦采用 SCL 分析法，可以在表的前面列出。

(7) 依据《SCL 设备设施清单》，按功能或结构将系统划分为子系统或单元，对照安全检查表逐个分析潜在的危害因素。

(8) 识别设备设施的现有安全控制措施是否有效可行。可以从工程控制、管理措施和个体防护各方面考虑。如果这些控制措施不足以控制此项风险，应提出建议的控制措施。

(9) 填写《安全检查分析（SCL）评价表》。该表是企业危害因素辨识和风险评价全过程的记录，企业应将辨识情况分别填入“检查项目”“标准”和“现有安全控制措施”。

根据下一阶段的风险分析方法的不同，共推荐两种格式记录表。

格式一：在下一阶段采用作业条件危险性分析法（LEC）进行风险分析的，参照表 4.5。

表 4.5 安全检查分析（SCL＋LEC）评价表

安全检查表分析（SCL）记录表									编号：		
设备设施名称：				所在区域/部位：					发布日期：		
分析人员：				审核人员：					审定人员：		
序号	检查项目	标准	不符合标准的主要后果	现有安全控制措施	L	E	C	D	风险等级	建议改进/控制措施	检查岗位

格式二：在下一阶段采用风险矩阵法（LS）进行风险分析的，参照表 4.6。

表 4.6 安全检查分析（SCL＋LS）评价表

全检查表分析（SCL）记录表								编号：		
设备设施名称：			所在区域/部位：				发布日期：			
分析人员：			审核人员：				审定人员：			
序号	检查项目	标准	不符合标准的主要后果	现有安全控制措施	危害可能性 L	后果严重性 S	风险度 R	风险等级	建议改进/控制措施	检查岗位

4　风险评价与控制

企业在完成危害因素及其风险的辨识后，要对潜在的风险进行分析评价，并制定和依据相关准则对风险程度进行分析判断，进而确定风险等级，实施分级管控。

4.1　风险分析和分级方法

危害因素的进行定量风险分析，判定风险等级方法有作业条件危险性分析法（简称LEC法）和风险矩阵法（简称LS法）两种。一般企业建议使用风险矩阵法（LS法），规模以上以及大型企业风险分析可使用作业条件危险性分析法（LEC法）。

4.1.1　作业条件危险性分析法

该方法是对具有潜在危险性作业环境中的危害因素进行半定量的安全评价方法，用于评价操作人员在具有潜在危险性环境中作业时的危险性、危害性。用与系统风险有关的三种因素指标值的乘积来评价操作人员伤亡风险大小，这三种因素分别是：L（Likelihood，事故发生的可能性）、E（Exposure，人员暴露于危险环境中的频繁程度）和C（Consequence，一旦发生事故可能造成的后果）。给三种因素的不同等级分别确定不同的分值，再以三个分值的乘积D（Danger，危险性）来评价作业条件危险性的大小，即$D=L\times E\times C$。D值越大，说明该系统危险性越大、风险越大。再参照LEC法的判断准则（参照附件1），对分析识别出的风险等级进行评估、判定。

4.1.2　风险矩阵法

该方法是一种简单、易用的风险分析方法，通过定性分析和定量分析综合考虑风险影响和风险概率两方面的因素，以此分析评价风险大小的方法。其取值公式为：$R=L\times S$，其中R是危险性（也称风险度），是指事故发生的可能性与事件后果的结合，R值越大，说明该系统危险性大、风险大；L是事故发生的可能性；S是事故后果严重性。再参照LS法的判断准则（参照附件2），对分析识别出的风险等级进行评估、判定。

4.2　风险评价准则

企业在选择适当的危害因素辨识方法完成辨识后，应结合实际制定适合本单位的风险分析判断准则，以便于准确地进行风险分析评估，并认定风险等级。

企业应依据以下内容制定风险评价准则：

（1）有关安全生产法律、法规；

（2）设计规范、技术标准；

（3）本单位的安全管理标准、技术标准；

（4）本单位的安全生产方针和目标等。

在进行风险评价时，应考虑人、财产和环境等三个方面的可能性和严重程度的影响。本文中提供的风险评价准则和风险等级判定准则仅作为参考，其取值标准为常规数值。企业应结合实际制定本单位的标准值，以期风险分析判定更加准确。

4.3　风险分级

一般将风险等级分为4级，见表4.7。

表 4.7 风险等级对照

判定方法	风险等级			
	重大（很高）	较大（高）	一般（中）	低（低）
采用 LEC 法	A 级	B 级	C 级	D 级
采用 LS 法	1 级	2 级	3 级	4 级
危险色度	红色	橙色	黄色	蓝色

4.4 风险等级判定

4.4.1 企业按照上述方法，在组织完成风险评价后，应当将分析内容或数据（取值）分别在《工作危害分析（JHA）评价表》和《安全检查分析（SCL）评价表》相应的栏目中补充描述，分别依据：$D=L\times E\times C$ 或 $R=L\times S$ 公式，完成 D 值或 R 值的计算，将计算取值分别填入记录。再根据计算结果判定风险等级，填入记录“风险等级”栏目。

4.4.2 以下情形应直接确定为较大（B 级/2 级/橙色）风险：

（1）开停车作业、非正常工况的操作；

（2）同一爆炸危险区域内，现场作业人员 10 人以上的；

（3）10 人以上的检维修作业及特殊作业；

（4）涉及重点监管化工工艺的主要装置；

（5）构成重大危险源的罐区；

（6）厂区外公共区域的危险化学品输送管道。

4.5 风险分级管控原则

A 级/1 级：红色风险/重大（不可容许的）危险，极其危险，必须立即整改，不能继续作业。只有当风险降低时，才能开始或继续工作。如果无限的资源投入也不能降低风险，就必须禁止工作，立即采取隐患治理措施。

B 级/2 级：橙色风险/较大（高度）危险，必须制定措施进行控制管理。公司对较大及以上风险危害因素应重点控制管理，由安全主管部门和各职能部门根据职责分工具体落实。当风险涉及正在进行中的工作时，应采取应急措施，并根据需求为降低风险制定目标、指标、管理方案或配给资源、限期治理，直至风险降低后才能开始工作。

C 级/3 级：黄色风险/一般（中度）危险，需要控制整改。公司、部室（车间上级单位）应引起关注，负责本级危害因素的控制管理，所属车间、科室具体落实；应制定管理制度、规定进行控制，努力降低风险，应仔细测定并限定预防成本，在规定期限内实施降低风险措施。在严重伤害后果相关的场合，必须进一步进行评价，确定伤害的可能性和是否需要改进的控制措施。

D 级/4 级：蓝色风险/低（轻度）危险，车间、科室应引起关注，负责本级危害因素的控制管理，所属工段、班组具体落实；不需要另外的控制措施，应考虑投资效果更佳的解决方案或不增加额外成本的改进措施，需要监视来确保控制措施得以维持现状，保留记录。

4.6　风险控制

风险分析评价和风险等级判定的同时，应当对每一项风险的现有控制措施进行评审，确定其是否有效可行。如果存在缺失、失效的状况，要及时整改或提出改进措施，降低风险。

4.6.1　风险控制措施的制定

对不同级别的风险都要结合实际采取多种措施进行控制，并逐步降低风险，直至可以接受。风险控制措施应包括：

（1）工程技术措施，实现本质安全；

（2）管理措施，规范安全管理，包括建立健全各类安全管理制度和操作规程；完善、落实事故应急预案；建立监督检查和奖惩机制等；

（3）教育措施，提高从业人员的操作技能和安全意识；

（4）个体防护措施，减少职业伤害。

4.6.2　风险控制措施评审

控制措施应在实施前针对以下内容评审：

（1）措施的可行性和有效性；

（2）是否使风险降低到可容许水平；

（3）是否产生新的危害因素；

（4）是否已选定了最佳的解决方案；

（5）是否会被应用于实际工作中。

4.6.3　风险分析评价记录的完善

企业按照上述方法，经评审确定后，应当将制定的有效控制措施和改进的控制措施（根据实际）分别填写入《工作危害分析（JHA）评价表》和《安全检查分析（SCL）评价表》相应的栏目中。至此上述两个记录填写完毕。

5　风险培训

各级单位应制定风险评估培训计划，组织员工对本单位的风险评价方法、评估过程及评估结果进行培训，并保留培训记录。

6　风险信息更新

当下列情形发生时，应及时进行危害因素辨识和风险评价分析。

（1）新的法律法规发布或者法律法规发生变更；

（2）操作工艺发生变化；

（3）新建、改建、扩建、技改项目；

（4）事故事件发生后；

（5）组织机构发生大的调整。

7 工作程序和要求

7.1 企业危害因素辨识和风险评价工作的主管部门，每年应定期制定“危害因素辨识及风险评价计划”，经主要负责人或分管负责人批准后下发执行。各级组织（公司、部室、车间、工段/班组）均应成立风险评价小组，并对“危害因素辨识及风险评价计划”进行分解落实，直至班组、岗位，作为开展危害因素辨识及风险评价工作的依据。

7.2 各单位按照计划，依据适用的辨识评价方法对本单位危害因素进行辨识评价后，填写相应的《作业活动清单》《设备设施清单》《工作危害分析（JHA）评价表》《安全检查分析（SCL）评价表》，经本级风险评估小组进行汇总、评审后，逐级上报。

7.3 上级风险评价小组组织审核、修订后，将审核、修订意见反馈各下级单位。较大（B级/2级/橙色）及以上风险必须报公司批准。

7.4 各级单位要根据最终分析评价记录结果，建立风险分级管控清单（参照表4.8），由本级主要负责人或分管负责人审核批准后发布。

表4.8 风险分级管控清单

序号	风险点（作业活动或设备设施）	风险等级	管控层级	责任单位	责任人	分析来源

填表人：

7.5 各级单位要依据辨识评价结果，建立本单位的风险管控登记台账（参照表4.9），台账应结合实际定期更新（每年至少1次）。

表4.9 风险管控登记台账

<table>
<tr><td colspan="4">№：</td><td colspan="6">填表单位：</td></tr>
<tr><td rowspan="2">序号</td><td rowspan="2">识别时间</td><td rowspan="2">审定时间</td><td rowspan="2">单位或活动</td><td colspan="4">数目</td><td rowspan="2">合计</td><td rowspan="2">备注</td></tr>
<tr><td>A（1级）</td><td>B（2级）</td><td>C（3级）</td><td>D（4级）</td></tr>
<tr><td></td><td></td><td></td><td></td><td></td><td></td><td></td><td></td><td></td><td></td></tr>
</table>

注：单位或活动—危害因素所存在的单位或暂时的某项活动。

8 附件

附件1：作业条件危险性分析法（LEC）判断准则，见表4.10～表4.13。

表4.10 事故事件发生的可能性（L）

分值	事故、事件或偏差发生的可能性
10	完全可以预料

续表

分值	事故、事件或偏差发生的可能性
6	相当可能；或危害的发生不能被发现（没有监测系统）；或在现场没有采取防范、监测、保护、控制措施；或在正常情况下经常发生此类事故、事件或偏差
3	可能，但不经常；或危害的发生不容易被发现；现场没有检测系统或保护措施（如没有保护装置、没有个人防护用品等），也未做过任何监测；或未严格按操作规程执行；或在现场有控制措施，但未有效执行或控制措施不当；或危害在预期情况下发生
1	可能性小，完全意外；或危害的发生容易被发现；现场有监测系统或曾经做过监测；或过去曾经发生类似事故、事件或偏差；或在异常情况下发生过类似事故、事件或偏差
0.5	很不可能，可以设想；危害一旦发生能及时发现，并能定期进行监测
0.2	极不可能；有充分、有效的防范、控制、监测、保护措施；或员工安全卫生意识相当高，严格执行操作规程
0.1	实际不可能

表 4.11 暴露于危险环境的频繁程度（E）

分值	频繁程度	分值	频繁程度
10	连续暴露	2	每月一次暴露
6	每天工作时间内暴露	1	每年几次暴露
3	每周一次或偶然暴露	0.5	罕见的暴露

表 4.12 发生事故事件偏差产生的后果严重性（C）

分值	法律法规及其他要求	人员伤亡	财产损失	停工	公司形象
100	严重违反法律法规和标准	10 人以上死亡，或 50 人以上重伤	5000 万元以上直接经济损失	公司停产	重大国际、国内影响
40	违反法律法规和标准	3 人以上 10 人以下死亡，或 10 人以上 50 人以下重伤	1000 万元以上 5000 万元以下直接经济损失	装置停工	行业内、省内影响
15	潜在违反法规和标准	3 人以下死亡，或 10 人以下重伤	100 万元以上 1000 万元以下直接经济损失	部分装置停工	地区影响
7	不符合上级或行业的安全方针、制度、规定等	丧失劳动力、截肢、骨折、听力丧失、慢性病	10 万元以上 100 万元以下直接经济损失	部分设备停工	公司及周边范围
2	不符合公司的安全操作程序、规定	轻微受伤、间歇不舒服	1 万元以上 10 万元以下直接经济损失	1 套设备停工	引人关注，不利于基本的安全卫生要求
1	完全符合	无伤亡	1 万元以下直接经济损失	没有停工	形象没有受损

表 4.13 风险等级判定准则及控制措施（D）

风险度	等级	应采取的行动/控制措施	实施期限
＞320	A. 不可容许极其危险，重大风险	在采取措施降低危害前，不能继续作业，对改进措施进行评估	立刻
160～320	B. 高度危险，较大风险	采取紧急措施降低风险，建立运行控制程序，定期检查、测量及评估	立即或近期整改
70～160	C. 中度危险，一般风险	可考虑建立目标、建立操作规程，加强培训及沟通	2 年内治理
＜70	D. 一般危险，低风险	可考虑建立操作规程、作业指导书，但须定期检查	有条件、有经费时治理

附件 2：风险矩阵法（LS）判断准则，见表 4.14～表 4.17。

表 4.14 事故发生的可能性（L）

等级	标准
5	在现场没有采取防范、监测、保护、控制措施，或危害的发生不能被发现（没有监测系统），或在正常情况下经常发生此类事故或事件
4	危害的发生不容易被发现，现场没有检测系统，也未发生过任何监测，或在现场有控制措施，但未有效执行或控制措施不当，或危害发生或预期情况下发生
3	没有保护措施（如没有保护装置、没有个人防护用品等），或未严格按操作程序执行，或危害的发生容易被发现（现场有监测系统），或曾经做过监测，或过去曾经发生类似事故或事件
2	危害一旦发生能及时发现，并定期进行监测，或现场有防范控制措施，并能有效执行，或过去偶尔发生事故或事件
1	有充分、有效的防范、控制、监测、保护措施，或员工安全卫生意识相当高，严格执行操作规程。极不可能发生事故或事件

表 4.15 事件后果严重性（S）

等级	法律、法规及其他要求	人员	财产损失/万元	停工	企业形象
5	违反法律、法规和标准	死亡	＞50	部分装置（＞2 套）或设备	重大国际影响
4	潜在违反法规和标准	丧失劳动能力	＞25	2 套装置停工，或设备停工	行业内、省内影响
3	不符合上级公司或行业的安全方针、制度、规定等	截肢、骨折、听力丧失、慢性病	＞10	1 套装置停工或设备	地区影响
2	不符合企业的安全操作程序、规定	轻微受伤、间歇不舒服	＜10	受影响不大，几乎不停工	公司及周边范围
1	完全符合	无伤亡	无损失	没有停工	形象没有受损

表 4.16 安全风险等级判定准则及控制措施（R）

风险度	等级		应采取的行动/控制措施	实施期限
20～25	1 级	重大	在采取措施降低危害前，不能继续作业，对改进措施进行评估	立刻
15～16	2 级	较大	采取紧急措施降低风险，建立运行控制程序，定期检查、测量及评估	立即或近期整改
9～12	3 级	一般	可考虑建立目标、建立操作规程，加强培训及沟通	2 年内治理
<8	4 级	低	可考虑建立操作规程、作业指导书但须定期检查或无须采用控制措施	有条件、有经费时治理

表 4.17 风险矩阵表

可能性（L）	严重性（S）				
	1	2	3	4	5
1	1	2	3	4	5
2	2	4	6	8	10
3	3	6	9	12	15
4	4	8	12	16	20
5	5	10	15	20	25

第五章

隐患排查与治理

1 主要参照的法律法规

《危险化学品企业安全风险隐患排查治理导则》

《危险化学品企业事故隐患排查治理实施导则》

2 术语与定义

隐患排查与治理是指收集、查找并上报发现的事故隐患，积极采取措施对隐患进行整改的工作。

3 隐患排查与治理工作的基本知识

3.1 安全隐患排查的分类和频次

安全风险隐患排查形式包括日常排查、综合性排查、专业性排查、季节性排查、重点时段及节假日前排查、事故类比排查、复产复工前排查和外聘专家检查等，见表 5.1。

表 5.1 不同类别隐患排查的频次

排查类别	具体内容	频次	备注
日常排查	基层单位班组、岗位员工的交接班检查和班中巡回检查	每 2h、涉及“两重点一重大”企业间隔不大于 1h	日常排查要加强对关键装置、重点部位、关键环节、重点危险源的检查和巡查
	基层车间（装置）管理人员（主任）和各专业技术人员（工艺、设备、电气、仪表）的日常性检查	每天 2 次	
	基层车间安全风险排查	每周 1 次	
	基层单位（厂）应结合岗位责任制检查	每月 1 次	

续表

排查类别	具体内容	频次	备注
综合性排查	安全生产责任制、各项专业管理制度、安全生产管理制度和化工过程安全管理要素落实情况	基层单位至少每季度	企业为每半年
专业性排查	工艺、设备、电气、仪表、储运、消防和公用工程等专业对生产各系统进行的检查	基层单位至少每季度	企业为每半年
季节性排查	以防雷、防静电、防解冻泄漏、防解冻坍塌	春节	根据各季节特点开展的专项检查
	防雷暴、防设备容器超温超压、防台风、防洪、防暑降温	夏季	
	防雷暴、防火、防静电、防凝保温为重点	秋季	
	防火、防爆、防雪、防冻防凝、防滑、防静电为重点	冬季	
重点时段及节假日前排查	检查生产装置是否存在异常状况和事故隐患、备用设备状态、备品备件、生产及应急物资储备、保运力量安排、安全保卫、应急、消防等方面进行的检查、节假日领导值班、机电仪保运及紧急抢修力量安排、备件及各类物资储备和应急工作进行重点检查	重大活动、重点时段及节假日前排查	—
事故类比检查	对企业内或者同类企业发生安全事故后举一反三的安全检查	事故后	—
复产复工前排查	人员培训、生产工艺、设备设施的综合性隐患排查	节假日、设备大检修、生产原因等停车时间长时	—
外聘专家检查	外聘专家是指外聘专家对企业进行检查	—	—

当发生以下情形之一时，应根据情况及时组织进行相关专业性排查。

（1）公布实施有关新法律法规、标准规范或原有使用法律法规、标准规范重新修订的；

（2）组织结构和人员发生重大调整的；

（3）装置工艺、设备、电气、仪表、公用工程或操作参数发生重大改变的；

（4）外部安全生产环境发生重大变化的；

（5）发生安全事故或对安全事故、事件有新认识的；

（6）气候条件发生大的变化或预防可能发生重大自然灾害前。

3.2 安全隐患分类

根据隐患排查主要内容的划分原则，结合隐患排查实际工作情况，从现场操作方面对隐患排查的主要内容进行划分，分为基础管理和现场管理两部分，这种划分方法比较适用于企业自查自报工作的开展，如基础管理类的隐患，企业自查时主要通过在安全管理部门查阅资料的方法获得，现场管理类隐患则需要企业对作业现场进行实地检查。同时为了兼顾隐患的统计分析工作，了解隐患的分布情况，以便更有针对性地开展安全生产管理工作，制定相应的对策措施，将基础管理和现场管理又细分为24中类，见表5.2。

表5.2 隐患排查主要内容划分表

隐患大类	隐患中类	具体内容	参照法律、法规、标准、章节
1 基础管理	1.1 资质证照	主要是指生产经营单位在安全生产许可证、“三同时”、评价报告等方面存在的不符合法律法规的问题和缺陷	第1章和第2章
	1.2 安全生产管理机构及人员	主要是指生产经营单位未根据自身生产经营的特点，依据相关法律法规或标准要求，设置安全生产管理机构或者配备符合要求的专（兼）职安全生产管理人员	《安全生产法》 《危险化学品企业从业人员安全资格准入规定（试行）》（安全总管三〔2010〕186号） 《注册安全工程师管理规定》
	1.3 安全生产责任制	安全生产责任制涵盖单位主要负责人、安全生产负责人、安全生产管理人员、车间主任、班组长、岗位员工等层级的安全生产职责。其中，生产经营单位至少应包括单位主要负责人、安全生产管理人员和岗位员工三级人员的安全生产责任制	《国务院安委会办公室关于加强企业全员安全生产责任制工作的通知》（安办〔2017〕号）； 《国家安全监管总局关于印发危险化学品从业单位安全生产标准化评审标准的通知》（安监总管三〔2011〕93号）
	1.4 安全生产管理制度	生产经营单位缺少某类安全生产管理制度或是某类制度制定不完善	《危险化学品从业单位安全生产标准化评审标准》第四条； 第7章第5节
	1.5 安全操作规程	生产经营单位缺少岗位操作规程或是岗位操作规程制定不完善	《化工企业工艺安全管理实施导则》（AQ/T 3034）； 《企业安全操作规程编制指南》（DB32/T 3616—2019）； 《化工过程安全管理导则》（AQ/T 3034—2022）
	1.6 教育培训	生产经营单位教育培训包括对单位主要负责人、安全管理人员、从业人员以及特殊作业人员的教育培训（如有限空间作业），生产经营单位应根据相关法律法规，满足培训时间、培训内容的要求。生产经营单位未开展安全生产教育培训或是在培训时间、培训内容不达标的，称其为教育培训类隐患	《生产经营单位安全培训规定》（国家安监总局令第3号）； 《特种作业人员安全技术培训考核管理规定》（国家安全生产监督管理总局令第30号）； 第14章

续表

隐患大类	隐患中类	具体内容	参照法律、法规、标准、章节
1　基础管理	1.7　安全生产管理档案	安全生产记录档案主要包括：教育培训记录档案、安全检查记录档案、危险场所/设备设施安全管理记录档案；危险作业管理记录档案（如动火证审批）、劳动防护用品配备和管理记录档案、安全生产奖惩记录档案、安全生产会议记录档案、事故管理记录档案、变配电室值班记录、检查及巡查记录、职业危害申报档案、职业危害因素检测与评价档案、工伤社会保险缴费记录、安全费用台账等。 生产经营单位未建立安全生产管理档案或档案建立不完善的，属于安全生产管理档案类隐患	第 17 章
	1.8　安全生产投入	生产经营单位应结合本单位实际情况，建立安全生产资金保障制度，保证安全生产投入，生产经营单位在安全生产投入方面存在的问题和缺陷，称为安全生产投入类隐患	第 3 章
	1.9　应急管理	应急机构和队伍、应急预案和演练、应急设施设备及物资、事故救援等方面的隐患	第 13 章
	1.10　特种设备管理	特种设备属于专项管理，在安全生产事故隐患分类中，为了将专项加以区分，将专项分为基础管理和现场管理两部分。凡涉及生产经营单位在特种设备相关管理方面不符合法律法规的内容，均归于特种设备基础管理类隐患。这类隐患主要包括特种设备管理机构和人员、特种设备管理制度、特种设备事故应急救援、特种设备档案记录、特种设备的检验报告、特种设备保养记录、特种作业人员证件、特种作业人员培训等内容	《中华人民共和国特种设备安全法》 《特种设备安全监察条例》 《特种设备使用管理规则》； 第 8 章
	1.11　职业卫生基础管理	职业危害申报、变更申报、职业病防治计划及实施方案、职业卫生管理制度或操作规程、危害因素检测报告、职业危害因素监测及评价、危害告知、设备/化学品材料中文说明书、职业健康监护档案、职业卫生档案、职业卫生机构及人员、职业卫生教育培训、职业卫生应急救援预案等内容	《职业病防治法》 《工作场所有害因素职业接触限值 第1部分：化学有害因素》(GBZ 2.1)； 《工作场所有害因素职业接触限值 第2部分：物理因素》(GBZ 2.2)； 《职业健康监护技术规范》 《用人单位职业病危害告知与警示标识管理规范》
	1.12　相关方管理	生产经营项目、场所、设备发包或者出租给其他生产经营单位，涉及相关方面的管理问题，属于相关方面基础管理类隐患	承包商管理可参照第 15 章
	1.13　其他管理基础	不属于上述十二种隐患分类的安全生产基础管理类的不符合项，属于其他基础管理类隐患	

续表

隐患大类	隐患中类	具体内容	参照法律、法规、标准、章节
2 现场管理	2.1 特种设备现场管理	特种设备包括锅炉、压力容器（含气瓶）、压力管道、电梯、起重机械、客运索道、大型游乐设施和场（厂）内专用机动车辆，这类设备自身及其现场管理方面存在的缺陷，属于特种设备现场管理类隐患	《中华人民共和国特种设备安全法》 《特种设备安全监察条例》 《特种设备使用管理规则》； 第8章
	2.2 生产设备设施及工艺	生产经营单位生产设备设施及工艺方面存在的缺陷，称为生产设备设施及工艺类隐患，该类隐患中包括重大危险源使用和管理存在的问题和缺陷。此处的生产设备设施不包括特种设备、电力设备设施、消防设备设施、应急救援设施装备以及辅助动力系统涉及的设备设施	《关于加强化工过程安全管理的指导意见》（安监总管三〔2013〕88号）
	2.3 场所环境	生产经营单位场所环境类隐患主要包括厂内环境、车间作业、仓库作业、危险化学品作业场所等方面存在的问题和缺陷	—
	2.4 从业人员操作作为	从业人员违反操作规程进行作业、违反劳动纪律进行作业、负责人违反操作规程指挥从业人员进行作业。从业人员操作行为类隐患包括“三违”行为和个人防护用品佩戴两方面	—
	2.5 消防安全	消防设施配置、防火分区的划分、防火间距	《消防法》 《建筑设计防火规范》（GB 50016）； 《精细化工企业工程设计防火标准》（GB 51283）； 《石油化工企业设计防火标准（2018年版）》（GB 50160）； 《建筑防火通用规范》（GB 55037—2022）
	2.6 用电安全	生产经营单位涉及用电安全方面的问题和缺陷，称为用电安全类隐患，主要包括配电室，配电箱、柜，电气线路敷设，固定用电设备，插座，临时用电，潮湿作业场所用电，安全电压使用等内容	《供配电系统设计规范》 《爆炸危险环境电力设置设计规范》 《电气装置安装工程接地装置施工及验收规范》
	2.7 职业卫生现场安全	职业卫生专项管理中，涉及生产经营单位在职业卫生现场安全方面不符合法律法规的内容，均归于职业卫生现场安全类隐患。这类隐患主要包括禁止超标作业，检、维修要求，防护设施，公告栏，警示标识，生产布局，防护设施和个人防护用品等方面存在的问题和缺陷	《职业病防治法》 《工作场所有害因素职业接触限值 第1部分：化学有害因素》（GBZ 2.1）； 《工作场所有害因素职业接触限值 第2部分：物理因素》（GBZ 2.2）； 《职业健康监护技术规范》 《用人单位职业病危害告知与警示标识管理规范》

续表

隐患大类	隐患中类	具体内容	参照法律、法规、标准、章节
2 现场管理	2.8 特种作业现场安全	特种作业审批、危害告知、先检测后作业、危害评估、现场监督管理、通风、防护设备、呼吸防护用品、应急救援装备、临时作业等方面存在的问题和缺陷	《危险化学品企业特殊作业安全规范》（GB 30871）
	2.9 辅助动力系统	辅助动力系统主要包括压缩空气站、乙炔站、煤气站、天然气配气站、氧气站等为生产经营活动提供动力或其他辅助生产经营活动的系统。其中涉及特种设备的部分归于特种设备现场管理类隐患	—
	2.10 相关方现场管理	涉及相关方现场管理方面的缺陷和问题，属于该类隐患	承包商管理可参照第15章
	2.11 其他现场管理	不属于上述十种隐患分类的安全生产现场管理类的项，属于其他现场管理类隐患	—

3.3 隐患排查主要内容

企业应结合自身安全风险及管控水平，按照化工过程安全管理的要求，参照各专业安全风险隐患排查表，编制符合自身实际的安全风险隐患排查表，开展安全风险隐患排查工作。

排查内容包括但不限于以下方面：

（1）安全领导能力；

（2）安全生产责任制；

（3）岗位安全教育和操作技能培训；

（4）安全生产信息管理；

（5）安全风险管理；

（6）设计管理；

（7）试生产管理；

（8）装置运行安全管理；

（9）设备设施完好性；

（10）作业许可管理；

（11）承包商管理；

（12）变更管理；

（13）应急管理；

（14）安全事故事件管理。

3.3.1 安全领导能力

（1）企业安全生产目标、计划制定及落实情况。

（2）企业主要负责人安全生产责任制的履职情况，包括：

①企业主要负责人安全培训考核情况，分管生产、安全负责人专业、学历满足情况；

②企业主要负责人组织学习、贯彻落实国家安全生产法律法规，定期主持召开安全生产专题会议，研究重大问题，并督促落实情况；

③企业主要负责人和各级管理人员在岗在位、带（值）班、参加安全活动、组织开展安全风险研判与承诺公告情况。

（3）安全生产管理体系建立、运行及考核情况；“三违”（违章指挥、违章作业、违反劳动纪律）的检查处置情况。

（4）安全管理机构的设置及安全管理人员的配备、能力保障情况。

（5）安全投入保障情况，安全生产费用提取和使用情况；员工工伤保险费用缴纳及安全生产责任险投保情况。

（6）异常工况处理授权决策机制建立情况。

（7）企业聘用员工学历、能力满足安全生产要求情况。

3.3.2　安全生产责任制

（1）企业依法依规制定完善全员安全生产责任制情况；根据企业岗位的性质、特点和具体工作内容，明确各层级所有岗位从业人员的安全生产责任，体现安全生产“人人有责”的情况。

（2）全员安全生产责任制的培训、落实、考核等情况。

（3）安全生产责任制与现行法律法规的符合性情况。

3.3.3　岗位安全教育和操作技能培训

（1）企业建立安全教育培训制度的情况。

（2）企业安全管理人员参加安全培训及考核情况。

（3）企业安全教育培训制度的执行情况，主要包括：

①安全教育培训体系的建立，安全教育培训需求的调查，安全教育培训计划及培训档案的建立；

②安全教育培训计划的落实，教育培训方式及效果评估；

③从业人员安全教育培训考核上岗，特种作业人员持证上岗；

④人员、工艺技术、设备设施等发生改变时，及时对操作人员进行再培训；

⑤采用新工艺、新技术、新材料或使用新设备前，对从业人员进行专门的安全生产教育和培训；

⑥对承包商等相关方人员的入厂安全教育培训。

3.3.4　安全生产信息管理

（1）安全生产信息管理制度的建立情况。

（2）按照《化工过程安全管理导则》（AQ/T 3034）的要求收集安全生产信息情况，包括化学品危险性信息、工艺技术信息、设备设施信息、行业经验和事故教训、有关法律法规标准以及政府规范性文件要求等其他相关信息。

（3）在生产运行、安全风险分析、事故调查和编制生产管理制度、操作规程、员工安全教育培训手册、应急预案等工作中运用安全生产信息的情况。

（4）危险化学品安全技术说明书和安全标签的编制及获取情况。

（5）岗位人员对本岗位涉及的安全生产信息的了解掌握情况。

（6）法律法规标准及最新安全生产信息的获取、识别及应用情况。

3.3.5　安全风险管理

（1）安全风险管理制度的建立情况。

（2）全方位、全过程辨识生产工艺、设备设施、作业活动、作业环境、人员行为、管理体系等方面存在的安全风险情况，主要包括：

①对涉及“两重点一重大”生产、储存装置定期运用 HAZOP 方法开展安全风险辨识；

②对设备设施、作业活动、作业环境进行安全风险辨识；

③管理机构、人员构成、生产装置等发生重大变化或发生安全事故时，及时进行安全风险辨识；

④对控制安全风险的工程、技术、管理措施及其失效可能引起的后果进行风险辨识；

⑤对厂区内人员密集场所进行安全风险排查；

⑥对存在安全风险外溢的可能性进行分析及预警。

（3）安全风险分级管控情况，主要包括：

①企业可接受安全风险标准的制定；

②对辨识出的安全风险进行分级和制定管控措施的落实；

③对辨识分析发现的不可接受安全风险，制定管控方案，制定并落实消除、减小或控制安全风险的措施，明确风险防控责任岗位和人员，将风险控制在可接受范围；

④对安全风险管控措施的有效性实施监控及失效后及时处置情况；

⑤全员参与安全风险辨识与培训情况。

3.3.6　设计管理

（1）建设项目选址合理性情况；与周围敏感场所的外部安全防护距离满足性情况，包括在工厂选址、设备布局时，开展定量安全风险评估情况。

（2）开展正规设计或安全设计诊断情况；涉及“两重点一重大”的建设项目设计单位资质符合性情况。

（3）落实国家明令淘汰、禁止使用的危及生产安全的工艺、设备要求情况。

（4）总图布局、竖向设计、重要设施的平面布置、朝向、安全距离等合规性情况。

（5）涉及“两重点一重大”装置自动化控制系统的配置情况。

（6）项目安全设施“三同时”符合性情况。

（7）涉及精细化工的建设项目，在编制可行性研究报告或项目建议书前，按规定开展反应安全风险评估情况；国内首次采用的化工工艺，省级有关部门组织专家组进行安全论证情况。

（8）重大设计变更的管理情况。

3.3.7　试生产管理

（1）试生产组织机构的建立情况；建设项目各相关方的安全管理范围与职责界定情况。

（2）试生产前期工作的准备情况，主要包括：

①总体试生产方案、操作规程、应急预案等相关资料的编制、审查、批准、发布实施；

②试车物资及应急装备的准备；

③人员准备及培训；

④“三查四定”工作的开展。

（3）试生产工作的实施情况，主要包括：

①系统冲洗、吹扫、气密等工作的开展及验收；

②单机试车及联动试车工作的开展及验收；

③投料前安全条件检查确认。

3.3.8 装置运行安全管理

（1）操作规程与工艺卡片管理制度制定及执行情况，主要包括：

①操作规程与工艺卡片的编制及管理；

②操作规程内容与《化工过程安全管理导则》（AQ/T 3034）要求的符合性；

③操作规程的适应性和有效性的定期确认与审核修订；

④操作规程的发布及操作人员的方便查阅；

⑤操作规程的定期培训和考核；

⑥工艺技术、设备设施发生重大变更后对操作规程及时修订。

（2）装置运行监测预警及处置情况，主要包括：

①自动化控制系统设置及对重要工艺参数进行实时监控预警；

②可燃及有毒气体检测报警设施设置并投用；

③采用在线安全监控、自动检测或人工分析等手段，有效判断发生异常工况的根源，及时安全处置。

（3）开停车安全管理情况，主要包括：

①开停车前安全条件的检查确认；

②开停车前开展安全风险辨识分析、开停车方案的制定、安全措施的编制及落实；

③开车过程中重要步骤的签字确认，包括装置冲洗、吹扫、气密试验时安全措施的制定，引进蒸汽、氮气、易燃易爆、腐蚀性等危险介质前的流程确认，引进物料时对流量、温度、压力、液位等参数变化情况的监测与流程再确认，进退料顺序和速率的管理，可能出现泄漏等异常现象部位的监控；

④停车过程中，设备和管线低点处的安全排放操作及吹扫处理后与其他系统切断、确认工作的执行；

⑤工艺纪律、交接班制度的执行与管理情况；

⑥工艺技术变更管理情况。

（4）重大危险源安全控制设施设置及投用情况，主要包括：

①重大危险源应配备温度、压力、液位、流量等信息的不间断采集和监测系统以及可燃气体和有毒有害气体泄漏检测报警装置，并具备信息远传、记录、安全预警、信息存储

等功能；

②重大危险源的化工生产装置应装备满足安全生产要求的自动化控制系统；

③一级或者二级重大危险源，设置紧急停车系统；

④对重大危险源中的毒性气体、剧毒液体和易燃气体等重点设施，设置紧急切断装置；

⑤对涉及毒性气体、液化气体、剧毒液体的一级或者二级重大危险源，应具有独立安全仪表系统；

⑥对毒性气体的设施，设置泄漏物紧急处置装置；

⑦重大危险源中储存剧毒物质的场所或者设施，设置视频监控系统；

⑧处置监测监控报警数据时，监控系统能够自动将超限报警和处置过程信息进行记录并实现留痕。

（5）重点监管的危险化工工艺安全控制措施的设置及投用情况。

（6）剧毒、高毒危险化学品的密闭取样系统设置及投用情况。

（7）储运设施的管理情况，主要包括：

①危险化学品装卸管理制度的制订及执行；

②储运系统设施的安全设计、安全控制、应急措施的落实；

③储罐尤其是浮顶储罐安全运行；

④危险化学品仓库及储存管理。

（8）光气、液氯、液氨、液化烃、氯乙烯、硝酸铵等有毒、易燃易爆危险化学品与硝化工艺的特殊管控措施落实情况。

（9）空分系统的运行管理情况。

3.3.9　设备设施完好性

（1）设备设施管理制度的建立情况。

（2）设备设施管理制度的执行情况，主要包括：

①设备设施管理台账的建立，备品备件管理，设备操作和维护规程编制，设备维保人员的技能培训；

②电气设备设施安全操作、维护、检修工作的开展，电源系统安全可靠性分析和安全风险评估工作的开展，防爆电气设备、线路检查和维护管理；

③仪表自动化控制系统安全管理制度的执行，新（改、扩）建装置和大修装置的仪表自动化控制系统投用前及长期停用后的再次启用前的检查确认、日常维护保养，安全联锁保护系统停运、变更的专业会签和审批。

（3）设备日常管理情况，主要包括：

①设备操作规程的编制及执行；

②大机组和重点动设备运行参数的自动监测及运行状况的评估；

③关键储罐、大型容器的防腐蚀、防泄漏相关工作；

④安全附件的维护保养；

⑤日常巡回检查；

⑥异常设备设施的及时处置；

⑦备用机泵的管理。

（4）设备预防性维修工作开展情况，主要包括：

①关键设备的在线监测；

②关键设备、连续监（检）测检查仪表的定期监（检）测检查；

③静设备密封件、动设备易损件的定期监（检）测；

④压力容器、压力管道附件的定期检查（测）；

⑤对可能出现泄漏的部位、物料种类和泄漏量的统计分析情况，生产装置动静密封点的定期监（检）测及处置；

⑥对易腐蚀的管道、设备开展防腐蚀检测，监控壁厚减薄情况，及时发现并更新更换存在事故隐患的设备。

（5）安全仪表系统安全完整性等级评估工作开展情况，主要包括：

①安全仪表功能（SIF）及其相应的功能安全要求或安全完整性等级（SIL）评估；

②安全仪表系统的设计、安装、使用、管理和维护；

③检测报警仪器的定期标定。

3.3.10 作业许可管理

（1）危险作业许可制度的建立情况。

（2）实施危险作业前，安全风险分析的开展、安全条件的确认、作业人员对作业安全风险的了解和安全风险控制措施的掌握、预防和控制安全风险措施的落实情况。

（3）危险作业许可票证的审查确认及签发，特殊作业管理与《危险化学品企业特殊作业安全规范》（GB 30871）要求的符合性；检维修、施工、吊装等作业现场安全措施落实情况。

（4）现场监护人员对作业范围内的安全风险辨识、应急处置能力的掌握情况。

（5）作业过程中，管理人员现场监督检查情况。

3.3.11 承包商管理

（1）承包商管理制度的建立情况。

（2）承包商管理制度的执行情况，主要包括：

①对承包商的准入、绩效评价和退出的管理；

②承包商入厂前的教育培训、作业开始前的安全交底；

③对承包商的施工方案和应急预案的审查；

④与承包商签订安全管理协议，明确双方安全管理范围与责任；

⑤对承包商作业进行全程安全监督。

3.3.12 变更管理

（1）变更管理制度的建立情况。

（2）变更管理制度的执行情况，主要包括：

①变更申请、审批、实施、验收各环节的执行，变更前安全风险分析；

②变更带来的对生产要求的变化、安全生产信息的更新及对相关人员的培训；

③变更管理档案的建立。

3.3.13 应急管理

(1) 企业应急管理情况，主要包括：

①应急管理体系的建立；

②应急预案编制符合《生产经营单位生产安全事故应急预案编制导则》(GB/T 29639) 的要求，与周边企业和地方政府的应急预案衔接。

(2) 企业应急管理机构及人员配置，应急救援队伍建设，预案及相关制度的执行情况。

(3) 应急救援装备、物资、器材、设施配备和维护情况；消防系统运行维护情况。

(4) 应急预案的培训和演练，事故状态下的应急响应情况。

(5) 应急人员的能力建设情况。

3.3.14 安全事故事件管理

(1) 安全事故事件管理制度的建立情况。

(2) 安全事故事件管理制度执行情况，主要包括：

①开展安全事件调查、原因分析；

②整改和预防措施落实；

③员工与相关方上报安全事件的激励机制建立；

④安全事故事件分享、档案建立及管理。

(3) 吸取本企业和其他同类企业安全事故及事件教训情况。

(4) 将承包商在本企业发生的安全事故纳入本企业安全事故管理情况。

3.4 安全风险隐患闭环管理

3.4.1 安全风险隐患管控与治理

对排查发现的安全风险隐患，应当立即组织整改，并如实记录安全风险隐患排查治理情况，建立安全风险隐患排查治理台账，及时向员工通报。

对排查发现的重大事故隐患，应及时向本企业主要负责人报告；主要负责人不及时处理的，可以向主管的负有安全生产监督管理职责的部门报告。

对于不能立即完成整改的隐患，应进行安全风险分析，并应从工程控制、安全管理、个体防护、应急处置及培训教育等方面采取有效的管控措施，防止安全事故的发生。

利用信息化手段实现风险隐患排查闭环管理的全程留痕，形成排查治理全过程记录信息数据库。

3.4.2 安全风险隐患上报

企业应依法向属地应急管理部门或相关部门上报安全风险隐患管控与整改情况、存在的重大事故隐患及事故隐患排查治理长效机制的建立情况。

重大事故隐患的报告内容至少包括：

(1) 现状及其产生原因；

(2) 危害程度分析；

(3) 治理方案及治理前保证安全的管控措施。

3.4.3　特殊条款

依据《化工和危险化学品生产经营单位重大生产安全事故隐患判定标准（试行）》，企业存在重大隐患的，必须立即排除，排除前或排除过程中无法保证安全的，属地应急管理部门应依法责令暂时停产停业或者停止使用相关设施、设备。

企业存在以下情况的，属地应急管理部门将依法暂扣或吊销安全生产许可证：

（1）主要负责人、分管安全负责人和安全生产管理人员未依法取得安全合格证书。

（2）涉及危险化工工艺的特种作业人员未取得特种作业操作证、未取得高中或者相当于高中及以上学历。

（3）在役化工装置未经具有资质的单位设计且未通过安全设计诊断。

（4）外部安全防护距离不符合国家标准要求、存在重大外溢风险。

（5）涉及“两重点一重大”装置或储存设施的自动化控制设施不符合《危险化学品重大危险源监督管理暂行规定》（国家安全监管总局令第 40 号）等相关要求。

（6）化工装置、危险化学品设施“带病”运行。

4　企业隐患排查的开展

4.1　排查思路

隐患从排查治理角度可以理解为两类，一种为一旦合规后短期内不会出现的，对于这种隐患应由专业人员结合合规性评价和风险辨识定期对照法规和标准逐一核查，核查结果应做好记录，避免重复工作；一种为随时都可能出现的隐患，对于此类应重视日常检查，及时发现及时处理，同时公司应尽可能将相关要求整理成册，对员工进行培训教育，并将要求张贴在相关区域，随时提醒。

企业负有安全管理职责的人应熟知各项法规和标准的要求，并以此为基础结合企业实际整理出公司所需要遵守的管理要求，定期检查执行情况。在现场隐患排查清单制定时，还须结合企业操作规程和设备的操作及保养说明。最重要的是，企业需要将辨识出的风险及管控措施分等级地纳入日常检查中，以便使各项风险管控措施的落实情况处在管控之中。

4.2　隐患排查的档案管理

隐患排查工作所需要的档案：

（1）年度隐患排查计划，须盖章、发布、归档；

（2）检查的通知，可以邮件形式发给需要参加的人员，也可用文件形式发布；

（3）检查时的照片及检查完成后开会讨论（五定）的照片；

（4）安全检查表的记录；

（5）安全检查其他问题记录表的记录；

（6）安全检查组人员的签名；

（7）隐患整改通知单；

（8）隐患排查治理台账。

5 化工和危险化学品生产经营单位重大生产安全事故隐患判定标准及专家判定参考建议

摘自《危险化学品重点县专家指导服务手册》附件5，具体内容如下：

5.1 危险化学品生产、经营单位主要负责人和安全生产管理人员未依法经考核合格

5.1.1 董事长、总经理在任职6个月后未取得安全培训考核合格证，判为重大隐患。

5.1.2 企业安全管理人员任命文件中的人员在任职6个月后未取得安全培训考核合格证，判为重大隐患。

5.1.3 主要负责人和安全管理人员在任职6个月内已经参加培训尚未取得证书，但取得了培训机构培训考核合格证明的不判定为重大隐患。如果证明材料只显示了参加培训，而未明确是否考核合格的判定为重大隐患。

5.1.4 主要负责人和安全管理人员取得培训合格证但未每年参加再培训并考核合格，判定为重大隐患；当地政府未要求每年参加再培训的，不判定为重大隐患。

5.2 特种作业人员未持证上岗

5.2.1 按《特种作业人员安全技术培训考核管理规定》，企业应取得但未取得特种作业人员操作证，判定为重大隐患。需要关注的是：化工自动化控制仪表安装、维修、维护作业人员取证超期未复审的，视为未取证。

5.2.2 特种作业人员已经参加培训并取得了培训机构培训考核合格证明的不判定为重大隐患。

5.2.3 若当地安监部门未开展相关培训发证工作，不判定为重大隐患。

5.3 涉及“两重点一重大”的生产装置、储存设施外部安全防护距离不符合国家标准要求

5.3.1 涉及“两重点一重大”的生产装置、储存设施外部安全防护距离不满足个人可接受风险和社会可接受风险评估报告中的外部防护距离的判定为重大隐患。未做个人可接受风险和社会可接受风险评估的，作为问题提出，不判定为重大隐患。

5.3.2 涉及“两重点一重大”的生产装置、储存设施不满足《石油化工企业设计防火规范》（GB 50160—2008）、《建筑设计防火规范》（GB 50016—2014）、《建筑防火通用规范》（GB 55037—2022）等标准对生产装置、储存设施及其他建筑物外部防火距离要求的，判定为重大隐患。

5.4 涉及重点监管危险化工工艺的装置未实现自动化控制，系统未实现紧急停车功能，装备的自动化控制系统、紧急停车系统未投入使用

5.4.1 涉及重点监管危险化工工艺的装置未实现自动化控制，系统未实现紧急停车功能，判定为重大隐患。

5.4.2 装备的自动化控制系统、紧急停车系统未投入使用；现场调节阀、紧急切断阀未投用或旁路阀打开；有关联锁长时间切除（超过1个月，设备大检修期间及特殊原因除外），判定为重大隐患。

5.4.3 涉及重点监管危险化工工艺的装置未实现自动化控制，系统未实现紧急停车功能，但正在进行自动化改造的，不判定为重大隐患。

5.5 构成一级、二级重大危险源的危险化学品罐区未实现紧急切断功能；涉及毒性气体、液化气体、剧毒液体的一级、二级重大危险源的危险化学品罐区未配备独立的安全仪表系统

5.5.1 构成一级、二级重大危险源的危险化学品罐区，各储罐进、出口均应设置紧急切断阀，否则判定为重大隐患。

5.5.2 构成一级、二级重大危险源的危险化学品罐区，在罐区的总进出管道上设置了总紧急切断阀，但各储罐未分别设置的，判定为重大隐患。

5.5.3 构成一级、二级重大危险源的危险化学品罐区，在同用途的不同储罐间设置了紧急切换的方式可避免储罐出现超液位、超压等后果的，不判定为重大隐患。

5.5.4 构成一级、二级重大危险源的危险化学品罐区，储罐未实现紧急切断功能，但企业开展了 HAZOP 分析、SIL 评估，结果显示符合安全要求的，可不判定为重大隐患。

5.5.5 涉及毒性气体、液化气体、剧毒液体的一级、二级重大危险源的危险化学品罐区未配备独立的安全仪表系统，判定为重大隐患。

5.6 全压力式液化烃储罐未按国家标准设置注水措施

5.6.1 丙烯、丙烷、混合 C_4、抽余 C_4 及液化石油气的球形储罐未设注水设施的，判定为重大隐患。[要求设置注水设施的液化烃储罐主要是常温的全压力式液化烃储罐，对半冷冻压力式液化烃储罐（如乙烯）、部分遇水发生反应的液化烃（如氯甲烷）储罐可以不设置注水措施。二甲醚储罐可不设置注水措施。]

5.6.2 储罐注水措施未设置带手动功能的远程控制阀，判定为重大隐患。

5.6.3 储罐注水措施不能保障充足的注水水源、注水压力，判定为重大隐患。

5.6.4 卧式全压力储罐未设注水设施的，不判定为重大隐患。

5.7 液化烃、液氨、液氯等易燃易爆、有毒有害液化气体的充装未使用万向管道充装系统

5.8 光气、氯气等剧毒气体及硫化氢气体管道穿越除厂区（包括化工园区、工业园区）外的公共区域

5.9 地区架空电力线路（35kV 及以上）穿越生产区且不符合国家标准要求

5.10 在役化工装置未经正规设计且未进行安全设计诊断

5.10.1 在役化工装置未经正规设计且未进行安全设计诊断的，判定为重大隐患。

5.10.2 在役化工装置安全设计诊断的单位不具备相应资质和相关设计经验的，判定为重大隐患。

5.11 使用淘汰落后安全技术工艺、设备目录列出的工艺、设备

5.12 涉及可燃和有毒有害气体泄漏的场所未按国家标准设置检测报警装置，爆炸危险场所未按国家标准安装使用防爆电气设备

5.12.1 依据 GB/T 50493，企业可能泄漏可燃和有毒有害气体的主要释放源未设置检测报警器，判定为重大隐患。

5.12.2 企业设置的可燃和有毒有害气体检测报警器种类错误（如检测对象错误、可燃或有毒类型错误等），视为未设置，判定为重大隐患。

5.12.3 企业可能泄漏可燃和有毒有害气体的主要释放源设置了检测报警器，但检测报警器未处于正常工作状态（故障、未通电、数据有严重偏差等），判定为重大隐患。

5.12.4 以下情况不判定为重大隐患：

（1）可燃和有毒有害气体检测报警器缺少声光报警装置的；

（2）可燃和有毒有害气体检测报警器报警信号未发送至24h有人值守的值班室或操作室的；

（3）可燃和有毒有害气体检测报警器安装高度不符合规范要求的；

（4）可燃和有毒有害气体检测报警器报警值数值、分级等不符合要求的；

（5）可燃和有毒有害气体检测报警器报警信息未实现连续记录的；

（6）可燃和有毒有害气体检测报警器因检定临时拆除，企业已经制定了相应安全控制措施的；

（7）可燃和有毒有害气体检测报警器未定期检定，但未发现报警器有明显问题的。

5.12.5 爆炸危险场所使用非防爆电气设备的，判定为重大隐患。

5.12.6 爆炸危险场所使用的防爆电气设备防爆等级不符合要求的，判定为重大隐患。

5.12.7 爆炸危险场所使用的防爆电气设备因缺少螺栓、缺少封堵等造成防爆功能暂时缺失的，不判定为重大隐患。

5.13 控制室或机柜间面向具有火灾、爆炸危险性装置一侧不满足国家标准关于防火防爆的要求

5.13.1 控制室或机柜间处于爆炸危险区范围内的或防火间距不符合要求的，判定为重大隐患。

5.13.2 控制室或机柜间面向（与装置间无其他建筑物；包括斜面向，如控制室窗户面向正南，但西南方向有火灾、爆炸危险性装置，不考虑与装置的距离大小）具有火灾、爆炸危险性装置一侧的外墙有门窗洞口的；或无门窗洞口但墙体不属于耐火极限不低于3h的不燃烧材料实体墙的，判定为重大隐患。

5.14 化工生产装置未按国家标准要求设置双重电源供电，自动化控制系统未设置不间断电源

5.14.1 企业一级负荷未设置双重电源的，判定为重大隐患。

5.14.2 DCS等自动化系统未设置不间断电源的，判定为重大隐患。

5.15 安全阀、爆破片等安全附件未正常投用

5.15.1 安全阀，爆破片的上、下游手动截止阀关闭的，判定为重大隐患。

5.15.2 安全阀，爆破片的上、下游手动截止阀开启，但未设置铅封的，不判定为重大隐患。

5.15.3 安全阀铅封损坏、校验标识牌缺失，但能提供有效校验报告的，不判定为重

大隐患。

5.15.4　爆破片未定期更换的，不判定为重大隐患。

5.16　未建立与岗位相匹配的全员安全生产责任制或者未制定实施生产安全事故隐患排查治理制度

5.16.1　未制定安全生产责任制，判定为重大隐患。

5.16.2　安全生产责任制中，缺少企业主要负责人、管理层、安全管理机构或安全管理人员及与生产有关的重点单位（安全、生产技术、设备、生产车间等）的安全职责的，判定为重大隐患。缺少其他单位的安全职责，不判定为重大隐患。

5.16.3　企业主要负责人和安全管理机构或安全管理人员的安全职责有1～2条不符合《安全生产法》要求的，其他有关单位或人员的安全职责不全面的，或与其行政职责不相符的，不判定为重大隐患。

5.16.4　未制定安全事故隐患排查治理制度的，判定为重大隐患。

5.16.5　未开展隐患排查治理工作，判定为重大隐患。

5.16.6　安全事故隐患排查治理制度内容不完善、隐患排查治理工作中存在问题的，不判定为重大隐患。

5.17　未制定操作规程和工艺控制指标

5.17.1　企业未制定操作规程，判定为重大隐患。

5.17.2　企业未明确工艺控制指标，或工艺控制指标严重不符合实际工作的，判定为重大隐患。

5.17.3　操作规程、工艺卡片及岗位操作记录等资料中有关数据、工艺指标严重不符、偏差较大的，判定为重大隐患。

5.17.4　企业制定了操作规程和工艺控制指标，但没有发放到基层岗位，基层员工不清楚操作规程内容及工艺控制指标的，判定为重大隐患。

5.17.5　企业重大变更后未及时修改操作规程、工艺卡片的，判定为重大隐患；一般变更后未及时修改操作规程、工艺卡片的，不判定为重大隐患。

5.17.6　企业未制定操作规程管理制度、未编制工艺卡片（但明确了工艺控制指标）的，不判定为重大隐患。

5.18　未按照国家标准制定动火、进入受限空间等特殊作业管理制度，或者制度未有效执行

5.18.1　未编制特殊作业管理制度的，判定为重大隐患。

5.18.2　开展特殊作业未办理作业许可证的，判定为重大隐患。

5.18.3　开展动火（易燃易爆场所）、进入受限空间作业未进行作业分析的、未进行危险源辨识的，判定为重大隐患。

5.18.4　特殊作业现场安全管控措施严重缺失的，判定为重大隐患。

5.18.5　特殊作业审批程序错误（如动火作业先批准，后动火分析等；不是指有关时间填写错误）、弄虚作假的，判定为重大隐患。

5.18.6　特殊作业管理制度内容不完善、作业许可证内容不健全、作业许可证填写不规范等，不判定为重大隐患。

5.19　新开发的危险化学品生产工艺未经小试、中试、工业化试验直接进行工业化生产；国内首次使用的化工工艺未经过省级人民政府有关部门组织的安全可靠性论证；新建装置未制定试生产方案投料开车；精细化工企业未按规范性文件要求开展反应安全风险评估

5.20　未按国家标准分区分类储存危险化学品，超量、超品种储存危险化学品，相互禁配物质混放混存

第六章 变更管理

1 主要参照的法律法规

《化工企业变更管理实施规范》(T/CCSAS 007—2020)

《化工过程安全管理导则》(AQ/T 3034—2022)

《化工建设项目安全设计管理导则》(AQ/T 3033—2022)

2 术语与定义

2.1 变更

是指企业内任何与化工过程相关的改造、停用、拆除或非同类替换的改变，以及对经过评审方式和人员情况等进行的调整。它包括企业在工艺、设备、仪表、电气、公用工程、备件、材料、化学品、生产组织方式和人员、组织机构等方面进行的改变。

2.2 工艺技术变更

主要包括生产能力，原辅材料（包括助剂、添加剂、催化剂等）和介质（包括成分比例的变化），工艺路线、流程及操作条件，工艺操作规程或操作方法（包括物料投加顺序），工艺控制参数，仪表控制系统（包括安全报警和联锁值的改变），水、电、汽、风等公用工程等方面的改变。

2.3 设备设施变更

主要包括设备设施的更新改造，非同类型替换（包括型号、材质、安全设施、设备运行参数的变更），布局改变，备件、材料的改变，监控、测量仪表的变更，计算机及软件的变更，电气设备的变更，增加临时的电气设备等方面的改变。

2.4 管理变更

主要包括安全和生产相关的关键岗位人员、供应商和承包商、管理机构、管理职责、管理制度和标准、生产组织方式等方面的改变。

2.5 同类替换

符合原设计标准的更换。包括完全相同的更换或符合设计规范的替换，替换后不会对任何安全、环保及健康带来不利影响。

2.6 变更管理

针对化工过程中变更，运用有效的资源，进行相关的策划、计划、组织和控制等方面的活动，实现人员、工作过程、工作程序、技术、设施等方面的改变，达到控制变更风险的目的。

3 变更管理

3.1 变更管理制度

企业应建立变更管理制度，变更管理制度至少包含需要纳入变更管理的范围、变更分类分级、管理职责和程序、变更风险辨识及控制等内容。

3.2 变更的分类及要求

3.2.1 企业应根据变更的内容、期限和影响对变更进行分类分级管理。

3.2.2 基于变更的内容，企业可将变更区分为工艺技术变更、设备设施变更、管理变更。

《化工企业变更管理实施规范》和《化工过程安全管理导则》中采用了不同分类方式，在《化工企业变更管理实施规范》中按变更内容将变更分为：工艺技术变更、设备设施变更、管理变更三类；在《化工过程安全管理导则》中描述为“按专业可将变更分为总图变更、工艺技术变更、设备设施变更、仪表系统变更、公用工程变更、管理程序和制度变更、企业组织架构变更、生产组织方式变更、重要岗位的人员和职责变更、供应商变更、外部条件变更等”，分类更加详细和精确，但在《化工过程安全管理导则》中给出的表A.17《变更申请审批表》中变更类型栏，仍将变更分为了工艺技术变更、设备设施变更、管理变更三类，与《化工企业变更管理实施规范》的相同。本文中采用《化工企业变更管理实施规范》中的分类方式，将变更分为三类。

在企业具体的管理系统中，如对上述内容有其他专项管理，如报警管理、联锁管理、承包商管理、关键岗位人员变更管理、管理制度和标准发生变化等，可将该部分内容纳入具体管理内容中，管理流程也应包括风险评估、审批、实施、关闭等工作环节，且须在变更管理制度中进行说明。

3.2.3 按变更期限，可将变更区分为永久性变更、临时性变更；按照变更流程，可将变更区分为常规变更和紧急变更；按照变更带来的风险大小，可将变更区分为一般变更和重要变更，见表6.1。

表 6.1　变更事项示例表

分类依据	类别	定义	特殊要求
变更风险性影响	重要变更	可能导致生产工艺不稳定、风险等级提高，带来事故发生、出现人员伤害、造成严重环境污染，或者企业不能接受的财产损失等潜在后果的变更，可理解为“超出现有设计的变更”	在需求部门实施危害辨识和风险评估的基础上，由主管部门组织相关专家对需求单位的风险评估结果进行审核、审批。必要时履行“三同时”手续
	一般变更	影响较小，不造成工艺参数、设计参数等的改变，且不属于“同类替换”，可理解为“现有设计范围内的变更”	有需求部门提出申请，并实施危害辨识和风险评估，主管部门负责审批和验收
变更期限	永久性变更	企业实施变更后，变更对象不会恢复到变更前状态的变更	—
	临时性变更	因生产运行，安全目的或者其他原因而进行的短期改变，且达到预定期限前应恢复到变更前状态的变更	企业应确定临时期限（在《化工企业变更管理实施规范》中规定为180天），临时变更须在预定时间到期前办理变更恢复手续，若因故不能恢复，应重新办理临时变更申请，或转为永久性变更。 未经审查和批准，任何临时变更都不得超过原批准范围和期限
变更流程	紧急变更	企业在紧急状况下，为避免人员、环境、财产等受到重大损失，而实施简化变更管理手续的变更	企业应尽可能减少和避免紧急变更。如须紧急变更，现场负责人在采取必要风险管控措施后经相关负责人审批后落实。紧急变更落实后，变更负责人应及时组织对变更风险落实情况进行检查确认。企业应做好相关记录，并尽快按照按永久变更或临时变更流程补办变更手续
	常规变更	不属于紧急变更的变更	履行正常变更手续

3.3　风险分级

企业可根据变更的期限和风险大小，制定变更的分级标准，明确不同等级变更对应的审批程序。在查询各相关法规及标准后，未发现明确的变更分级标准，但一般变更分级可按分为两级或三级的方式，其中《化工企业变更管理实施规范》和《化工过程安全管理导则》中均将变更分为两级，重要变更和一般变更，此分类原则已在表 6.1 中列明，现在主要讨论一下分为三级的情况。

在一份名为《泰州市危险化学品企业变更管理实施办法（试行）》的文件中，将变更分为重大变更、较大变更和一般变更，并根据企业所处的阶段不同，将其分为两个阶段进行管理：项目建设（含试生产）阶段、装置在役阶段，并分别规定了审批要求，在其附表《危险化学品企业变更分类表》中列举了重大变更、较大变更的标准，此分级标准具有较大的参考意义。

在一份网上流传的由国家安全生产监督管理总局2017年发布的《化工过程变更管理导则》（征求意见稿）中也将变更分为三级，同时为不同等级的变更设置了流程和申请表格，其列举的分类标准如下：

（1）一级变更：需要委托设计院重新进行设计，实施之后将永久存在的工艺或设备变更；关键岗位人员因退休、转岗等，需要配备新的岗位人员顶替。

（2）二级变更：虽然需要对原设计进行改变，但不需要委托设计院重新设计的工艺或设备变更，包括：

在规定时间段内进行，且超过规定时间须恢复原状的变更，不包括48h应紧急实施的变更；关键岗位人员因休产假、病假等，较长一段时间需要人员顶岗。

（3）三级变更，紧急情况下，需要在48h内实施的工艺或设备变更；关键岗位人员同岗位的临时替岗。

如果企业使用，推荐借鉴《泰州市危险化学品企业变更管理实施办法（试行）》中的分类依据并参考其他规范的规定完善分类依据，整体变更审批流程，涉及行政手续部分推荐借鉴《泰州市危险化学品企业变更管理实施办法（试行）》，而内部评审部分则可借鉴《化工过程变更管理导则》（征求意见稿）。

而企业内部使用的表格，则可根据企业实际情况从《化工过程变更管理导则》（征求意见稿）、《化工企业变更管理实施规范》和《化工过程安全管理导则》中选择，《化工过程变更管理导则》（征求意见稿）中针对不同的变更设置了不同的审批表，《化工企业变更管理实施规范》则是针对不同变更分别推荐了不同的风险辨识和评估的方法，也给出了两种分析方式的样表，《化工过程安全管理导则》则将不同等级、种类的变更的申请和风险辨识和评估分别整合为了一张表（详见表6.3、表6.4）。

3.4 变更管理程序

变更管理程序包括变更申请、变更风险评估及制定管控措施、变更审批、变更实施和相关方培训（告知）、变更验收、资料归档、变更关闭。其相关步骤及要求详见图6.1。

3.5 同类替换

同类替换可不执行变更管理程序，表6.2为同类替换与变更范例。

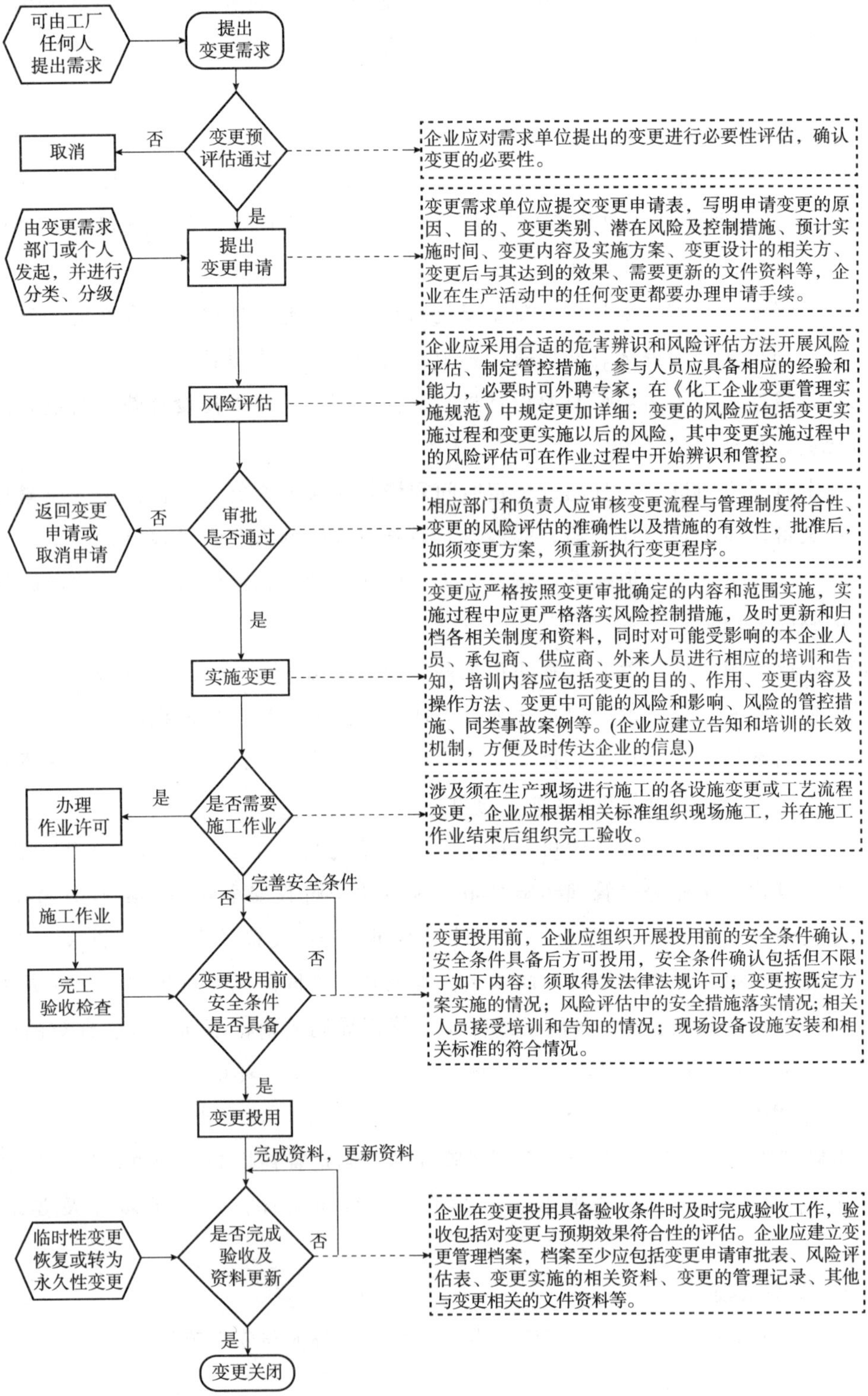

图 6.1　变更管理的流程和要求

表 6.2　同类替换与变更范例

工艺设备类型	同等替换	变更
阀门	（1）同类型：闸阀—闸阀，截止阀—截止阀等； （2）同类材料：碳钢—碳钢，不锈钢—不锈钢等； （3）同等压力等级：1.5MPa—1.5MPa，3.0MPa—3.0MPa，6.0MPa—6.0MPa 等； （4）同尺寸：*DN*100—*DN*100，*DN*150—*DN*150，*DN*250—*DN*250 等； （5）同种添料：箔衬—箔衬，石墨—石墨，石棉绳—石棉绳	（1）不同类型：闸阀—截止阀，闸阀—球阀等； （2）不同材料：碳钢—不锈钢，碳钢—铬钢等； （3）不同压力等级：3.0MPa—1.5MPa，3.0MPa—4.5MPa，3.0MPa—6.0MPa 等； （4）不同尺寸：*DN*100—*DN*150，*DN*150—*DN*200，*DN*250—*DN*300 等； （5）不同添料：石墨—非石墨，绳—衬，衬—绳等
管道与法兰	（1）同材料：同型号碳钢—同型号碳钢，同型号不锈钢—同型号不锈钢等； （2）同等压力等级：1.5MPa—1.5MPa，3.0MPa—3.0MPa，6.0MPa—6.0MPa 等； （3）同尺寸：*DN*100—*DN*100，*DN*150—*DN*150，*DN*250—*DN*250 等； （4）同类法兰密封面：凸面—凸面，对接—对接； （5）等同厚度等级：管线壁厚相同； （6）临时管线——只是用在停用的设备上做清洗用途，在设备投运前应将其拆下	（1）不同材料：碳钢－不锈钢；碳钢－铬钢等； （2）不同压力等级：3.0MPa—1.5MPa，3.0MPa—4.5MPa，3.0MPa—6.0MPa 等； （3）不同尺寸：*DN*100—*DN*150，*DN*150—*DN*200，*DN*250—*DN*300 等； （4）不同法兰密封面：凸面—对接，对接—凸面等； （5）不同厚度等级：管线壁厚不相同； （6）临时管线——用于维持运行的、内部有设备物料的管段，如内部有物料流的临时短管等
泵/压缩机	（1）相同的材料（包括内部材料）如：碳钢—碳钢，不锈钢—不锈钢等； （2）相同法兰：压力等级，尺寸，密封面； （3）相同能力：200m^3/h—200m^3/h，2000m^3/h—2000m^3/h 等； （4）相同密封：允许不同的制造商，但必须是同样的规格，同样的维护程序等； （5）同样的润滑：允许不同的制造商，但必须是同样的规格	（1）不同材料（包括内部材料）如：碳钢—不锈钢，不锈钢—碳钢等； （2）不同法兰：压力等级，尺寸，密封面； （3）不同能力：200m^3/h—300m^3/h，200m^3/h—150m^3/h 等； （4）不同密封：不同的实际规格，不同的维护程序等； （5）不同润滑：不同规格
物料/催化剂	（1）同样的催化剂：必须是完全相同，包括制造商、功能表现，以及反应过程；安全技术说明书信息保持不变； （2）同样的物料：必须是完全相同，包括制造商，有同样的功能，进行同样的反应	（1）不同的催化剂：不同的制造商，不同的功能表现，或不同的反应过程，安全技术说明书信息有任何改变的等； （2）不同物料：不同制造商，不同功能表现，或不同反应
仪表/电气	（1）同量程：0～50—0～50，200～250—200～250 等； （2）同样放大倍数：×10—×10，×50—×50 等； （3）同样单位：m^3/h—m^3/h，L/min—L/min 等； （4）同样的额定值：因进料流量、产品规格等变化，需要经常调整报警的上下限，但不超过最高和最低限值	（1）不同量程：0～50—0～100，250～300—250～500 等； （2）不同放大倍数：×10—×20，×15—×20 等； （3）不同单位：m^3/h—L/min，L/min—m^3/h 等； （4）不同额定值：改动压力、温度、流量、液位等的最高和最低限值

续表

工艺设备类型	同等替换	变更
其他	（1）除应急系统与中央控制室以外的，其他电话号码的改变； （2）更新工艺区标志牌； （3）非工艺设备的移位	（1）将原来设计中不应旁通或没有旁通程序的设备旁通； （2）可能影响工艺操作的，对计算机软件或计算机控制方案的改动； （3）改变中央控制室或紧急响应电话号码； （4）移走工艺区内的标志牌； （5）工艺设备或应急设备的移位； （6）改变工艺说明、过程说明，或企业标准； （7）临时维修（如：管卡、盘根、法兰临时泄漏修补等）； （8）临时或实验性设备； （9）设备的拆除； （10）工艺建筑内的通风设施安装，及旧通风系统的改造； （11）工艺过程引入新的或改换不同的添加剂； （12）根据工艺安全评估或其他工艺危害分析建议作的变更； （13）因工艺或设备上的改变或改造，造成设备卸压变化； （14）盛装工艺物料、催化剂、添加剂或反应物的容器（包装）的替代，例如临时桶或槽； （15）改变罐、塔等出料安全液位的设定值

3.6 安全设计变更

安全设计变更的部分按照《化工建设项目安全设计管理导则》（AQ/T 3033—2022）第 9 节规定，具体如下：

3.6.1 设计变更控制管理范围：

（1）危险性分析及风险评估完成后或设计安全审查后发生的设计变更，包括 HAZOP 分析完成后的 P&ID 图纸变更；

（2）经过主管部门审批后发生的设计文件变更；

（3）采购和施工安装过程中的设计变更；

（4）试生产过程的设计变更。

3.6.2 建设项目应建立并落实设计变更控制程序，明确下列管理要求：

（1）变更申请：任何相关方的变更都应按规定的程序提交书面变更申请；

（2）变更签署：设计变更应经过有关设计岗位人员签署；

（3）变更审批；设计变更应经过建设项目授权人员的批准方可实施。

3.6.3 重大设计变更主要包括但不限于下列内容：

（1）项目周边条件发生重大变化；

（2）建设项目地址发生变更；

（3）主要技术、工艺路线、产品方案或者装置规模发生重大变化；

（4）安全设施方案修改，包括火炬和安全泄放系统的变更；

（5）涉及重要设计文件的变更；

（6）SIF 或安全联锁的原则性修改；

（7）可能涉及安全、消防等政府审批事项的变更；

（8）可能降低建设项目安全性能的其他设计变更。

3.6.4　在实施重大设计变更前应进行变更风险评估。分析评估此变更是否可能带来新的安全风险，核实可能涉及风险的安全控制措施，包括变事是否改变、摘除、停用或旁路一个或多个安全设施或 SIF。

3.6.5　设计单位应与建设单位、施工单位等相关方建立设计变更沟通渠道，保证建设项目设计变更管理程序为各相关方所理解和接受，确保设计变更程序的有效执行。

3.6.6　建设项目安全设施设计文件经相关主管部门批复后，如有重大安全设计方案变更时，建设单位应按有关规定履行必要的变更手续。

表 6.3 为变更申请审批表，表 6.4 为风险识别表，表 6.5 为变更关闭确认表，表 6.6 为变更管理登记台账。

表 6.3　变更申请审批表

变更名称：	变更申请表编号：
变更申请单位：	变更级别：□一般变更　□重要变更
变更计划实施时间：　年　月　日	□工艺技术类　□设备设施类 □管理类
变更类别：　□永久　□临时　□紧急　　若是临时变更，计划恢复日期为	
变更缘由：	
变更计划内容、所需材料、费用及预期目标（经济性对比）： 变更计划内容： 预期效果： 需更新的文件资料：（如 PID 图、操作规程等） 可能受影响的人员：	
变更申请人	申请日期
变更实施方案是否得到审核　是□　否□ 属地负责人审批	审批日期
危害审查及风险评估（可附表） 属地负责人审批 风险是否得到有效控制　是□　否□	审批日期
分管部门经理会签	会签日期
分管副总批准	批准日期
变更投用批准（负责人签字）	投用日期
变更关闭确认（负责人签字）	确认日期

表 6.4　风险识别表

变更申请部门：

项　目			是/否影响	可能造成的危害	控制措施
技术安全	操作条件	温度			
		压力			
		组分			
		液位			
		流量			
		速度			
	安全操作范围限制	设计温度			
		设计压力			
		设计组分			
		设计液位			
		设计流量			
		超速极限			
		防冻防凝			
	设备材质				
	卸压	卸压速度			
		火炬系统			
操作性	开车				
	停车				
	异常情况的管理				
	仪表和控制系统				
	跳闸装置和警报系统				
	和其他装置/单元的联系				
	维修或者操作的空间和布局				
员工安全	个人防护用品（PPE）要求例如手套、防护服、眼镜等				
	安全淋浴站/洗眼器				
	从高处跌下				
	与电力移动设备相关的危险				
健康	接触化学品、烟气或者粉尘				
	噪音				
	有害气体				

续表

项 目			是/否影响	可能造成的危害	控制措施
环境	潜在的泄漏点/排放点				
	废物的产生和处理	固体			
		液体			
		气体			
	污染	土壤			
		水			
		排放到大气			
评估人意见：			签字：		日期：
提出部门领导意见：			签字：		日期：
相关部门领导意见：			签字：		日期：
主管部门领导意见：			签字：		日期：
公司主管领导意见：			签字：		日期：

表 6.5 变更关闭确认表

文件名称	完成确认	文件名称	完成确认
联锁因果图		危险区域分布图更新	
流程图		风险登记	
联锁描述		材料安全数据表	
装置设备维修手册		装置报警或联锁值	
装置技术手册		操作规程或手册	
设备工艺数据表（包括仪表工艺数据表）		设备资料：设备工艺数据表，设备图纸	
原材料规格数据表		仪表电气的资料	
装置应急程序		仪表规格书	
产品内部制造标准		F&G（火灾检测和可燃气体和有毒气体检测）系统的图纸和数据表	
工程标准		安全泄压（PSV）	
总图		现场应急预案	
其他			
操作人员培训是否全部完成	是 □	不需要 □	
风险评估建议整改项均已关闭	是 □	不需要 □	
投用前检查报告中的问题已关闭	是 □	不需要 □	
变更是否经过验收评估是否达到预期效果	是 □	否 □	
负责人/日期：			

表 6.6　变更管理登记台账

变更管理台账																	
序号	装置名称	变更编号	变更名称	申请人	申请时间	变更级别（一般/重要）	变更类型（工艺技术/设备设施/管理变更）	变更时限（永久/临时）	临时变更恢复日期	是否为紧急变更	风险评估形式	审批通过日期	人员培训告知日期	风险评估行动项关闭（是/否）	变更投用日期	变更验收（完全/基本/差距较大）	变更关闭日期
1																	
2																	
3																	
4																	
5																	

第七章 危险化学品管理

1 化学品分类

1.1 主要参照的法律法规

《危险化学品目录（2015版）》

《危险化学品分类信息表》（2023年4月版）

《易制毒化学品的分类和品种目录（2018版）》

《易制爆危险化学品名录（2017年版）》

《建筑设计防火规范（2018年版）》（GB 50016—2014）

《特别管控危险化学品目录》

《高毒物品目录》

《危险货物分类和品名编号》（GB 6944—2012）

《危险货物品名表》（GB 12268—2012）

1.2 术语与定义

1.2.1 危险化学品

根据法规《危险化学品目录（2015版）》及《危险化学品安全管理条例》，将危险化学品定义为："具有毒害、腐蚀、爆炸、燃烧、助燃等性质，对人体、设施、环境具有危害的剧毒化学品和其他化学品。"包括爆炸品、压缩气体和液化气体、易燃液体、易燃固体、自燃物品和遇湿易燃物品、氧化剂和有机过氧化物、有毒品和腐蚀品等。

1.2.2 易制毒化学品

易制毒化学品分为三类：第一类是可以用于制毒的主要原料，第二类、第三类是可以用于制毒的化学配剂。易制毒化学品的具体分类和品种见《易制毒化学品管理条例》附表，国家对易制毒化学品的生产、经营、购买、运输和进口、出口实行分类管理和许可制度，主管部门为禁毒大队。

1.2.3 易制爆化学品

易制爆是指化学品可以作为原料或辅料而制成爆炸品的性质。易制爆化学品通常包括：强氧化剂，可/易燃物，强还原剂，部分有机物。易制爆化学品明细见《易制爆危险化学品名录》。

1.2.4 重点监管的危险化学品

重点监管的危险化学品指列入《首批重点监管的危险化学名录》和《第二批重点监管的危险化学品名录》的危险化学品以及在温度20℃和标准大气压101.3kPa条件下属于以下类别的危险化学品：

（1）易燃气体类别1（爆炸下限≤13%或爆炸极限范围≥12%的气体）；

（2）易燃液体类别1（闭杯闪点<23℃且初沸点≤35℃的液体）；

（3）自燃液体类别1（与空气接触不到5min便燃烧的液体）；

（4）自燃固体类别1（与空气接触不到5min便燃烧的固体）；

（5）遇水放出易燃气体的物质类别1（在环境温度下与水剧烈反应所产生的气体通常显示自燃的倾向，或释放易燃气体的速度等于或大于每公斤物质在任何1min内释放10L的任何物质或混合物）；

（6）三光气等光气类化学品。

重点监管的危险化学品名录见国家安全总局发布的《首批重点监管的危险化学名录》及《第二批重点监管的危险化学品名录》。

1.2.5 剧毒化学品

具有剧烈急性毒性危害的化学品，包括人工合成的化学品及其混合物和天然毒素，还包括具有急性毒性易造成公共安全危害的化学品。

剧烈急性毒性判定界限：急性毒性类别1，即满足下列条件之一：大鼠实验，经口LD_{50}≤5mg/kg，经皮LD_{50}≤50mg/kg，吸入（4h）LC_{50}≤100ml/m^3（气体）或0.5mg/L（蒸气）或0.05mg/L（尘、雾）。经皮LD_{50}的实验数据，也可使用兔实验数据。

1.2.6 特别管控危险化学品

特别管控危险化学品是指固有危险性高、发生事故的安全风险大、事故后果严重、流通量大，需要特别管控的危险化学品。

1.3 危险化学品的分类

1.3.1 根据《危险化学品目录》分类

目前危险化学品分类依据《危险化学品目录》及《危险化学品分类信息表》进行，新版《危险化学品目录》关于危险化学品的分类采纳了我国2013年发布的《化学品分类和标签规范》（GB 30000.X）系列国家标准。该系列标准是我国执行联合国GHS法规的具体措施之一，其关于化学品危害的分类标准与联合国GHS第4修订版完全一致，将化学品的危害分为物理危险、健康危害和环境危害3大类，28个大项和81小项，具体如表7.1所示。

表 7.1 新版危化品目录中化学品危害分类一览表

编号	危险种类	危险类别	分类标准	所属类别
1	爆炸物	不稳定爆炸物、1.1、1.2、1.3、1.4	GB 30000.2	物理危险
2	易燃气体	类别 1、类别 2、化学不稳定性气体类别 A、化学不稳定性气体类别 B	GB 30000.3	
3	气溶胶（又称气雾剂）	类别 1	GB 30000.4	
4	氧化性气体	类别 1	GB 30000.5	
5	加压气体	压缩气体、液化气体、冷冻液化气体、溶解气体	GB 30000.6	
6	易燃液体	类别 1、类别 2、类别 3	GB 30000.7	
7	易燃固体	类别 1、类别 2	GB 30000.8	
8	自反应物质和混合物	A 型、B 型、C 型、D 型、E 型	GB 30000.9	
9	自燃液体	类别 1	GB 30000.10	
10	自燃固体	类别 1	GB 30000.11	
11	自热物质和混合物	类别 1、类别 2	GB 30000.12	
12	遇水放出易燃气体的物质和混合物	类别 1、类别 2、类别 3	GB 30000.13	
13	氧化性液体	类别 1、类别 2、类别 3	GB 30000.14	
14	氧化性固体	类别 1、类别 2、类别 3	GB 30000.15	
15	有机过氧化物	A 型、B 型、C 型、D 型、E 型、F 型	GB 30000.16	
16	金属腐蚀物	类别 1	GB 30000.17	
17	急性毒性	类别 1、类别 2、类别 3	GB 30000.18	健康危险
18	皮肤腐蚀/刺激	类别 1A、类别 1B、类别 1C、类别 2	GB 30000.19	
19	严重眼损伤/眼刺激	类别 1、类别 2A、类别 2B	GB 30000.20	
20	呼吸道或皮肤致敏	呼吸道致敏物 1A、呼吸道致敏物 1B、皮肤致敏物 1A、皮肤致敏物 1B	GB 30000.21	
21	生殖细胞致突变性	类别 1A、类别 1B、类别 2	GB 30000.22	
22	致癌性	类别 1A、类别 1B、类别 2	GB 30000.23	
23	生殖毒性	类别 1A、类别 1B、类别 2、附加类别	GB 30000.24	
24	特异性靶器官毒性——一次接触	类别 1、类别 2、类别 3	GB 30000.25	
25	特异性靶器官毒性—反复接触	类别 1、类别 2	GB 30000.26	
26	吸入危害	类别 1	GB 30000.27	
27	危害水生环境	急性危害：类别 1、类别 2； 长期危害：类别 1、类别 2、类别 3	GB 30000.28	环境危险
28	危害臭氧层	类别 1	GB 30000.29	

此处应与旧版《危险化学品目录》及《危险货物品名录》（GB 12268—2005）中的分类区分，尤其是后者。

旧版危险化学品主要依据《危险化学品名录》（2002）及《常用危险化学品分类及标志》（GB 13690—1992）进行了分类，分为了爆炸品、易燃液体等 8 个大类，虽然该分类从法规层面来讲已不再适用，但因其简单明了，在非正式交流中仍经常见到，故亦在此说明，具体如表 7.2 所示。

表 7.2　旧版危化品目录中化学品危害分类一览表

编号	危险类别	细分类别
1	第 1 类：爆炸品	1. 具有整体爆炸危险的物质和物品； 2. 具有燃烧危险和较小爆炸或较小抛射危险，或两者兼有、但无整体爆炸危险的物质和物品； 3. 无重大危险的爆炸物质和物品
2	第 2 类：压缩气体和液化气体	1. 易燃气体； 2. 不燃气体； 3. 有毒气体
3	第 3 类：易燃液体	1. 低闪点液体； 2. 中闪点液体； 3. 高闪点液体
4	第 4 类：易燃固体、自燃物品和遇湿易燃物品	1. 易燃固体； 2. 自燃物品； 3. 遇湿易燃物品
5	第 5 类：氧化剂和有机过氧化物	1. 氧化剂； 2. 有机过氧化物
6	第 6 类：毒害品和感染性物品	1. 毒害品
7	第 7 类：放射性物品	—
8	第 8 类：腐蚀品	1. 酸性腐蚀品； 2. 碱性腐蚀品

新版危化品目录关于化学品危害性的分类实现了与联合国 GHS 的接轨，将化学品致癌、生殖毒性、危害水生环境等潜在健康和环境危害纳入评估范畴，体现了我国政府对化学品危害管理力度的提升，也有利于我国在化学品进出口、生产、存储和使用等环节有效实施联合国 GHS 制度，切实保护人体健康和环境安全。值得注意的是目前 GHS 制度已将危险化学品扩充为 29 大项（新增退敏爆炸物），在国家工业和信息化部 2023 年 6 月 14 日发布的《化学品分类和标签规范 第 1 部分：通则》（GB 30000.1）（征求意见稿）中，新增退敏爆炸物分类，中国全部的 28 项 GHS 分类增加到 29 项分类与联合国 GHS 第八修订版接轨。

1.3.2 根据《危险货物分类及品名编号》的分类

根据《危险货物分类及品名编号》(GB 6944—2012)、《危险货物品名录》(GB 12268—2012)中的分类，危险货物分为9大类，具体如表7.3所示。

表7.3 危险货物分类

序号	危险类别	危险项别
1	第1类：爆炸品	第1.1项：有整体爆炸危险的物质和物品； 第1.2项：有进射危险，但无整体爆炸危险的物质和物品； 第1.3项：有燃烧危险并有局部爆炸危险或局部进射危险或这两种危险都有，但无整体爆炸危险的物质和物品； 第1.4项：不呈现重大危险的物质和物品； 第1.5项：有整体爆炸危险的非常不敏感物质； 第1.6项：无整体爆炸危险的极端不敏感物品
2	第2类：气体	第2.1项：易燃气体； 第2.2项：非易燃无毒气体； 第2.3项：毒性气体
3	第3类：易燃液体	
4	第4类：易燃固体，易于自燃的物质、遇水放出易燃气体的物质	第4.1项：易燃固体、自反应物质和固态退敏爆炸品； 第4.2项：易干自燃的物质； 第4.3项：遇水放出易燃气体的物质
5	第5类：氧化性物质和有机过氧化物	第5.1项：氧化性物质； 第5.2项：有机过氧化物
6	第6类：毒性物质和感染性物质	第6.1项：毒性物质； 第6.2项：感染性物质
7	第7类：放射性物质	—
8	第8类：腐蚀性物质	—
9	第9类（杂项）：危险物质和物品，包括危害环境物质	—

1.3.3 火灾危险性分类

火灾危险性的分类也是我们经常听到的一个化学品分类方式，但是严格来讲火灾危险性分类不仅仅是针对化学品，它也是化工企业需要极为关注的一个问题，对生产厂房和仓库等进行危险性分类有利于对火灾危险进行分级管控，在有效预防火灾和减少火灾损失的情况下，选用最为经济实用的消防控制措施，所以也在此进行说明。

火灾危险性的分类依据《建筑设计防火规范》(GB 50016—2014)第3.1节“火灾危险性分类”，分为生产的火灾性危险性分类和储存物品的火灾危险性分类。具体如下：

1.3.3.1 生产的火灾危险性分类

生产的火灾危险性应根据生产中使用或产生的物质性质及其数量等因素划分，可分为甲、乙、丙、丁、戊类，并应符合表7.4的规定。

表 7.4　生产的火灾危险性分类

生产的火灾危险性类别	使用或产生下列物质生产的火灾危险性特征
甲	1. 闪点小于 28℃的液体； 2. 爆炸下限小于 10%的气体； 3. 常温下能自行分解或在空气中氧化能导致迅速自燃或爆炸的物质； 4. 常温下受到水或空气中水蒸气的作用，能产生可燃气体并引起燃烧或爆炸的物质； 5. 遇酸、受热、撞击、摩擦、催化以及遇有机物或硫黄等易燃的无机物，极易引起燃烧或爆炸的强氧化剂； 6. 受撞击、摩擦或与氧化剂、有机物接触时能引起燃烧或爆炸的物质； 7. 在密闭设备内操作温度不小于物质本身自燃点的生产
乙	1. 闪点不小于 28℃但小于 60℃的液体； 2. 爆炸下限不小于 10%的气体； 3. 不属于甲类的氧化剂； 4. 不属于甲类的易燃固体； 5. 助燃气体； 6. 能与空气形成爆炸性混合物的浮游状态的粉尘、纤维、闪点不小于 60℃的液体雾滴
丙	1. 闪点不小于 60℃的液体； 2. 可燃固体
丁	1. 对不燃烧物质进行加工，并在高温或熔化状态下经常产生强辐射热、火花或火焰的生产； 2. 利用气体、液体、固体作为燃料或将气体、液体进行燃烧做其他用的各种生产； 3. 常温下使用或加工难燃烧物质的生产
戊	常温下使用或加工不燃烧物质的生产

同一座厂房或厂房的任一防火分区内有不同火灾危险性生产时，厂房或防火分区内的生产火灾危险性类别应按火灾危险性较大的部分确定；当生产过程中使用或产生易燃、可燃物的量较少，不足以构成爆炸或火灾危险时，可按实际情况确定；当符合下述条件之一时，可按火灾危险性较小的部分确定：

（1）火灾危险性较大的生产部分占本层或本防火分区建筑面积的比例小于 5%或丁、戊类厂房内的油漆工段小于 10%，且发生火灾事故时不足以蔓延至其他部位或火灾危险性较大的生产部分采取了有效的防火措施；

（2）丁、戊类厂房内的油漆工段，当采用封闭喷漆工艺，封闭喷漆空间内保持负压、油漆工段设置可燃气体探测报警系统或自动抑爆系统，且油漆工段占所在防火分区建筑面积的比例不大于 20%。

1.3.3.2　储存物品的火灾危险性

储存物品的火灾危险性应根据储存物品的性质和储存物品中的可燃物数量等因素划分，可分为甲、乙、丙、丁、戊类，并应符合表 7.5 的规定。

表 7.5 储存物品的火灾危险性分类

储存物品的火灾危险性类别	储存物品的火灾危险性特征
甲	1. 闪点小于 28℃的液体； 2. 爆炸下限小于 10%的气体，受到水或空气中水蒸气的作用能产生爆炸下限小于 10%气体的固体物质； 3. 常温下能自行分解或在空气中氧化能导致迅速自燃或爆炸的物质； 4. 常温下受到水或空气中水蒸气的作用，能产生可燃气体并引起燃烧或爆炸的物质； 5. 遇酸、受热、撞击、摩擦以及遇有机物或硫黄等易燃的无机物，极易引起燃烧或爆炸的强氧化剂； 6. 受撞击、摩擦或与氧化剂、有机物接触时能引起燃烧或爆炸的物质
乙	1. 闪点不小于 28℃但小于 60℃的液体； 2. 爆炸下限不小于 10%的气体； 3. 不属于甲类的氧化剂； 4. 不属于甲类的易燃固体； 5. 助燃气体； 6. 常温下与空气接触能缓慢氧化，积热不散引起自燃的物品
丙	1. 闪点不小于 60℃的液体； 2. 可燃固体
丁	难燃烧物品
戊	不燃烧物品

同一座仓库或仓库的任一防火分区内储存不同火灾危险性物品时，仓库或防火分区的火灾危险性应按火灾危险性最大的物品确定。

丁、戊类储存物品仓库的火灾危险性，当可燃包装重量大于物品本身重量 1/4 或可燃包装体积大于物品本身体积的 1/2 时，应按丙类确定。

1.4 不同分类的关系

1.4.1 危险化学品、危险货物、危险废弃物之间的区别

1.4.1.1 法规来源不同

危险化学品是指“具有毒害、腐蚀、爆炸、燃烧、助燃等性质，对人体、设施、环境具有危害的剧毒化学品和其他化学品”，依据《危险化学品目录（2015 版）》及《危险化学品安全管理条例》，从定义中可看出，危险化学品适用于化学品。

危险货物的定义为“凡具有爆炸、易燃、毒害、腐蚀、放射性等性质，在运输、装卸和储存保管中，容易造成人身伤亡和财产损毁而需要特别防护的货物，均属危险货物”，参照《危险货物品名表》(GB 12268—2012)，此表是由交通部提出并组织修订发布的，主要列入了运输过程中最常见的危险货物。其中《港口危险货物安全管理规定》和《道路危险货物运输管理规定》也有相关规定。从定义上来看，危险货物既适用于化学品，也适用于物品，并对所用包装有特别要求。

危险废弃物是指具有以下两种情形之一的固体废物［包括液态废物：①具有腐蚀性、

毒性、易燃性、反应性或者感染性等一种或者几种危险特性的；②不排除具有危险特性，可能对环境或者人体健康造成有害影响的需要按照危险货物进行处理的，法规来源为《国家危险废物名录》(2021 年版)。]

1.4.1.2　确认原则不同

我国危险化学品分类主要基于联合国 GHS 制度。我国对于危险化学品的分类主要依据 GB 30000 系列标准，其技术内容与联合国 GHS 第四修订版完全一致，强调生产、储存、流通、运输等多环节的危害性，将危险化学品分为 28 大项（新版 GHS 已将其分为 29 项），其中物理危害 16 项，健康危害 10 项，环境危害 2 项。通常情况下，列入《危险化学品目录（2015 版）》或满足目录中确认原则的化学品，即被认为属于危险化学品。

我国危险货物的确认原则主要依据《危险货物品名表》（GB 12268—2012）和《危险货物分类和品名编号》（GB 6944—2012），其技术内容与联合国危险货物运输建议书（TDG）保持一致。

我国危险废物类别，是在《控制危险废物越境转移及其处置巴塞尔公约》划定的类别基础上，结合我国实际情况对危险废物进行的分类。

1.4.1.3　监管部门不同

在我国，针对危险化学品主要的监管部门有应急管理部等；而危险货物的监管部门则主要为运输管理机构，如交通部，对危险废物的监管部门为生态环境部，具体见表 7.6。

表 7.6　储存物品的火灾危险性分类

监管化学品	主要监管环节	主要监管机构	主要职能	参考资料
危险化学品	经营、存储、使用	应急管理部门	1. 发放许可证； 2. 监管危险化学品的安全生产、存储、使用	《危险化学品目录》《重点监管的危险化学品名录》
危险货物	运输	运输管理部门	1. 发放《道路危险货物运输许可证》； 2. 监管危险货物运输	《危险货物品名表》
危险废物	收集、存储、运输、处置	环境保护部门	1. 颁发《危险废物收集经营许可证》； 2. 危险废弃物各环节的监管	《国家危险废物名录》
易制爆化学品	生产、经营、储存、使用、运输和处置	公安部门	各环节的治安监管	《易制爆危险化学品名录》
易制毒化学品	生产、经营、购买、运输和进口、出口实	公安部门	各环节的治安监管	《易制毒化学品的分类和品种目录》
剧毒化学品	购买和运输	公安部门	发布《剧毒化学品购买凭证》《剧毒化学品准购证》《剧毒化学品公路运输通行证》	《危险化学品目录》

对于部分货物由于其自身的特殊性，也存在被确定为危险货物却不属于危险化学品的情况，具体原因主要分为以下 3 种：

（1）该货物属于危险物品，不属于化学物质（如汽车安全气囊等）；

（2）该货物运输条件特殊（如高温运输）；

（3）该货物的危险性不在危险化学品的 29 项危害之中（如感染性物质、放射性物质）。

当然，也同时存在很大一部分物质既属于危险化学品又属于危险货物如乙醇、氢氧化钠；或既不属于危险化学品又不属于危险货物，如氯化钠、甘油。

1.4.2　几种不同化学品名录间的关系

结合知乎用户小蜗首发于知乎网 EHS 系统中的文章，危险化学品、剧毒化学品、易制毒化学品、易制爆化学品之间的关系较为复杂，不是简单的包含和被包含的关系，具体分析过程如下：

根据危险化学品的定义："具有毒害、腐蚀、爆炸、燃烧、助燃等性质，对人体、设施、环境具有危害的剧毒化学品和其他化学品"，同时根据国家安全生产监督总局等十部门公告（2015 年 5 号），原《危险化学品名录》（2002 版）、《剧毒化学品名录》（2002 版）废止，二合一归并到《危险化学品目录（2015 版）》（其中 148 种为剧毒化学品），所以化学品包含危险化学品，危险化学品包含剧毒化学品。为继续探寻其间的关系，须借助表 7.7。

表 7.7　部分化学品关系举例

序号	化学品	危险化学品	易制毒化学品	易制爆化学品
1	氯	√	×	×
2	硫酸	√	√	×
3	苯乙酸	×	√	×
4	过氧化氢	√	×	√
5	高锰酸钾	√	√	√
6	2,2-双羟甲基-1,3-丙二醇	×	×	√

对比硫酸、过氧化氢可知，危险化学品可能是易制毒化学品或易制爆化学品；对比硫酸、苯乙酸、高锰酸钾可知，易制毒化学品可能是危险化学品，也可能不是危险化学品；可能是易制爆化学品，也可能不是易制爆化学品；对比过氧化氢、高锰酸钾、2,2-双羟甲基-1,3-丙二醇可知，易制爆品可能是危险化学品，也可能不是危险化学品；可能是易制毒化学品，也可能不是易制毒化学品。

综上所述，化学品、危险化学品、剧毒化学品、易制毒化学品、易制爆化学品存在图 7.1 所示的复杂关系。

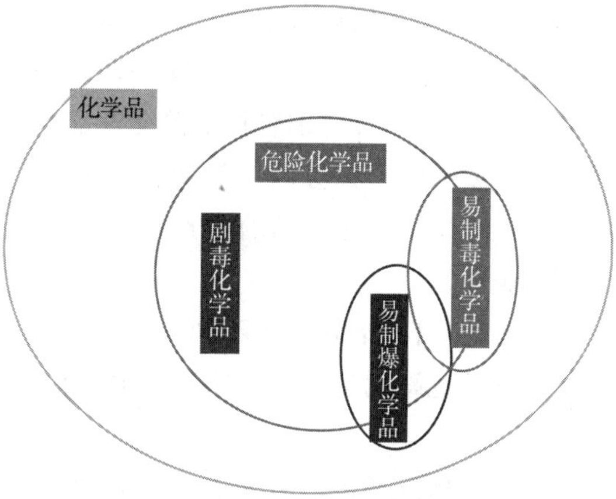

图 7.1　复杂关系图

1.4.3　危险化学品、特别管控的危险化学品和重点监管的危险化学品的区别

1.4.3.1　发布部门不同及确定方法不同

《首批重点监管的危险化学品名录》是国家安全监总局为深入贯彻落实《国务院关于进一步加强企业安全生产工作的通知》（国发〔2010〕23 号）和《国务院安委会办公室关于进一步加强危险化学品安全生产工作的指导意见》（安委办〔2008〕26 号）精神，进一步突出重点、强化监管，指导安全监管部门和危险化学品单位切实加强危险化学品安全管理工作，在综合考虑 2002 年以来国内发生的化学品事故情况、国内化学品生产情况、国内外重点监管化学品品种、化学品固有危险特性和近四十年来国内外重特大化学品事故等因素的基础上，组织对《危险化学品名录》中的 3800 余种危险化学品进行了筛选，编制了《首批重点监管的危险化学品名录》。2013 年增补发布《重点监管的危险化学品名录》（完整版）。

《特别管控的危险化学品目录（第一版）》是应急管理部、工业和信息化部、公安部、交通运输部于 2020 年 5 月 30 日发布，目的为认真贯彻落实《危险化学品安全综合治理方案》，深刻汲取事故教训，加强危险化学品全生命周期管理，强化安全风险防控，有效防范遏制重特大事故，切实保障人民群众生命和财产安全。确定名单时通过对国内外危险化学品事故的研究和分析，易燃、有毒、爆炸是造成重特大事故最为重要的危险特性。因此，确定爆炸性化学品（包括强氧化剂）、有毒化学品、易燃气体和液体，是需要特别管控的危险化学品类别。在具体名单确定时，综合考虑了化学品的固有危险性、国内外危险化学品重特大事故及后果、国内的生产使用情况、当前国内重点管理的情况等多种因素，通过对列入《危险化学品目录》的危险化学品进行筛选和综合评估确定最终名单，第一批共确定了 20 种特别管控危险化学品，其中爆炸性化学品 4 种、有毒化学品 6 种、易燃气体 5 种、易燃液体 5 种。

根据《危险化学品安全管理条例》（国务院令第 591 号），《危险化学品目录》是由原安全监管总局会同国务院工业和信息化、公安、环境保护、卫生、质量监督检验检疫、交通运输、铁路、民用航空、农业主管部门于 2015 年颁布，《危险化学品目录》是我国危险化学品安全管理的基础。《特别管控危险化学品目录（第一版）》和《重点监管的危险化学品名录》（2013 年完整版）是进一步聚焦风险，在《危险化学品目录》基础上提炼出来的。

1.4.3.2　考虑的环节不同

《特别管控危险化学品目录（第一版）》和《重点监管的危险化学品名录》（2013 年完整版）的区别在于：《特别管控危险化学品目录（第一版）》考虑了危险化学品在各个环节中风险，需要引起全社会的广泛关注；而《重点监管的危险化学品名录》（2013 年完整版）主要考虑了危险化学品的生产、储存风险，关注的领域主要集中在化工（危险化学品）行业企业。

1.4.3.3　管控措施要求不同

特别管控危险化学品的管控措施主要有五条，涉及特别管控危险化学品全过程管理的各个阶段。

一是建设信息平台，实施全生命周期信息追溯管控。为了深刻吸取天津港“8·12”特别重大火灾爆炸事故在救援过程中暴露出的各部门间信息没有互联互通，信息不能共享，不能实时掌握危险化学品的去向情况，难以实现对危险化学品全时段、全流程、全覆盖安全监管的教训，研究通过利用物联网、云计算、大数据等现代信息技术手段，打通部门间信息沟通的“鸿沟”，实现特别管控危险化学品全过程跟踪、信息监控与追溯。

二是研究规范包装管理。危险化学品包装不规范是引发危险化学品事故的重要原因，2019 年发生的多起硫酸二甲酯事故都涉及包装不规范的问题，而目前国内对道路运输危险化学品包装的监管仍存在不足之处。需通过研究加强各部门之间的协调，推动实施涉及特别管控危险化学品的危险货物的包装性能检验和包装使用鉴定。

三是严格安全准入。做好源头把控工作，严格准入条件，新建企业必须符合产业布局规划，必须符合安全生产法律法规和标准，以保障企业的安全发展、高质量发展。

四是强化运输管理。为吸取沪昆高速湖南邵阳段“7・19”特别重大道路交通危险化学品爆燃事故等运输环节重特大事故教训，强化道路运输车辆的在线监控和预警，加快推动实施道路危险货物运输电子运单管理。

五是实施储存定置化管理。通过合理规划，优化管理模式，推进储存管理的精细化，实施定置化管理，确保监管部门能够准确掌握特别管控危险化学品的储存地点和储存量，实现精准监管和事故状态下的精准救援。

重点监管的危险化学品的管理措施如下：

一是涉及重点监管的危险化学品的生产、储存装置，原则上须由具有甲级资质的化工行业设计单位进行设计。

二是地方各级安全监管部门应当将生产、储存、使用、经营重点监管的危险化学品的企业，优先纳入年度执法检查计划，实施重点监管。

三是生产、储存重点监管的危险化学品的企业，应根据本企业工艺特点，装备功能完善的自动化控制系统，严格工艺、设备管理。对使用重点监管的危险化学品数量构成重大危险源的企业的生产储存装置，应装备自动化控制系统，实现对温度、压力、液位等重要参数的实时监测。

四是生产重点监管的危险化学品的企业，应针对产品特性，按照有关规定编制完善的、可操作性强的危险化学品事故应急预案，配备必要的应急救援器材、设备，加强应急演练，提高应急处置能力。

五是各省级安全监管部门可根据本辖区危险化学品安全生产状况，补充和确定本辖区内实施重点监管的危险化学品类项及具体品种。在安全监管工作中如发现重点监管的危险化学品存在问题，请认真研究提出处理意见，并及时报告国家安全监管总局。

1.4.4　剧毒物品和高毒物品的区别

剧毒物品和高毒物品的区别见表 7.8。

表 7.8　剧毒物品和高毒物品的区别

区别	剧毒物品	高毒物品
关注的角度	安全	健康
法律依据	《危险化学品安全管理条例》	《职业病防治法》 《使用有毒物品作业场所劳动保护条例》

续表

区别	剧毒物品	高毒物品
主管机关	应急管理局、公安、生态环境局、卫生、质检、交通其中主要是安全和公安	卫健委
目录种类	《危险化学品目录》	《高毒物品目录》
法律要求	剧毒品的生产、储存、经营、购买、运输等均有特别规定，具体见《危险化学品安全管理条例》	对使用高毒物品的作业场所有特别规定，包括作业场所隔离、区域警示线、警示标识、中文警示说明、通信报警设备、职业卫生管理人员配备等，具体见《使用有毒物品作业场所劳动保护条例》

2 危险化学品的登记和鉴定

2.1 主要参照的法律法规

《危险化学品登记管理办法》

《危险化学品安全管理条例》

《化学品物理危险性鉴定与分类管理办法》

《化学品物理危险性测试导则》

《危险化学品毒性鉴定管理规范》

《化学品毒性鉴定技术规范》

《化学品测试导则》

《化学品测试方法》

2.2 术语与定义

2.2.1 危险化学品的登记

危险化学品生产企业、进口企业对生产或者进口的属于《危险化学品目录》中所列的危险化学品或经鉴定属于危险化学品（参照目录中危险化学品确认原则）的化学品进行登记并取得危险化学品登记证的工作。

2.2.2 危险化学品的鉴定

危险化学品生产企业、进口企业对生产或者进口的危险特性未明确的化学品对其物理危险性、环境危害性、毒理性进行鉴定，判断其是否属于危险化学品的工作。

2.3 危险化学品的登记

国家实行危险化学品登记制度，对符合危险化学品确定原则的化学品进行登记，但研究开发、试产试销、低量、低释放和低暴露、聚合物等危险化学品免予登记。现在危险化学品登记及登记变更等均通过国家危险化学品登记中心网站——危险化学品登记综合服务系统进行。危险化学品等级按照《危险化学品登记管理办法》执行，具体要求如下：

2.3.1 危险化学品登记实行企业申请、两级审核、统一发证、分级管理的原则。

2.3.2 应急管理局负责全国危险化学品登记的监督管理工作。

2.3.3　化学品登记中心承办全国危险化学品登记的具体工作和技术管理工作。省、自治区、直辖市人民政府设立危险化学品登记办公室或者危险化学品登记中心承办本行政区域内危险化学品登记的具体工作和技术管理工作。

2.3.4　新建的生产企业应当在竣工验收前办理危险化学品登记，进口企业应当在首次进口前办理危险化学品登记。同一企业生产、进口同一品种危险化学品的，按照生产企业进行一次登记，但应当提交进口危险化学品的有关信息。进口企业进口不同制造商的同一品种危险化学品的，按照首次进口制造商的危险化学品进行一次登记，但应当提交其他制造商的危险化学品的有关信息。生产企业、进口企业多次进口同一制造商的同一品种危险化学品的，只进行一次登记。

2.3.5　危险化学品登记应当包括下列内容：

(1) 分类和标签信息，包括危险化学品的危险性类别、象形图、警示词、危险性说明、防范说明等；

(2) 物理、化学性质，包括危险化学品的外观与性状、溶解性、熔点、沸点等物理性质，闪点、爆炸极限、自燃温度、分解温度等化学性质；

(3) 主要用途，包括企业推荐的产品合法用途、禁止或者限制的用途等；

(4) 危险特性，包括危险化学品的物理危险性、环境危害性和毒理特性；

(5) 储存、使用、运输的安全要求，其中，储存的安全要求包括对建筑条件、库房条件、安全条件、环境卫生条件、温度和湿度条件的要求，使用的安全要求包括使用时的操作条件、作业人员防护措施、使用现场危害控制措施等，运输的安全要求包括对运输或者输送方式的要求、危害信息向有关运输人员的传递手段、装卸及运输过程中的安全措施等；

(6) 出现危险情况的应急处置措施，包括危险化学品在生产、使用、储存、运输过程中发生火灾、爆炸、泄漏、中毒、窒息、灼伤等化学品事故时的应急处理方法，应急咨询服务电话等。

2.3.6　危险化学品登记按照下列程序办理：

(1) 登记企业通过危险化学品登记综合服务系统提出申请；

(2) 登记办公室在3个工作日内对登记企业提出的申请进行初步审查，符合条件的，通过登记系统通知登记企业办理登记手续；

(3) 登记企业接到登记办公室通知后，按照有关要求在登记系统中如实填写登记内容，并向登记办公室提交有关登记材料；

(4) 登记办公室在收到登记企业的登记材料之日起20个工作日内，对登记材料和登记内容逐项进行审查，必要时可进行现场核查，符合要求的，将登记材料提交给登记中心；不符合要求的，通过登记系统告知登记企业并说明理由；

(5) 登记中心在收到登记办公室提交的登记材料之日起15个工作日内，对登记材料和登记内容进行审核，符合要求的，通过登记办公室向登记企业发放危险化学品登记证；不符合要求的，通过登记系统告知登记办公室、登记企业并说明理由。

(6) 登记企业修改登记材料和整改问题所需时间，不计算在前款规定的期限内。

2.3.7　登记企业办理危险化学品登记时，应当提交下列材料，并对其内容的真实性负责：

(1) 危险化学品登记表；

(2) 生产企业的工商营业执照，进口企业的对外贸易经营者备案登记表、中华人民共和国进出口企业资质证书、中华人民共和国外商投资企业批准证书或者台港澳侨投资企业批准证书；

(3) 与其生产、进口的危险化学品相符并符合国家标准的化学品安全技术说明书、化学品安全标签；

(4) 满足《危险化学品登记管理办法》规定的应急咨询服务电话号码或者应急咨询服务委托书；

(5) 办理登记的危险化学品产品标准（采用国家标准或者行业标准的，提供所采用的标准编号）。

2.3.8　登记企业在危险化学品登记证有效期内，企业名称、注册地址、登记品种、应急咨询服务电话发生变化，或者发现其生产、进口的危险化学品有新的危险特性的，应当在15个工作日内向登记办公室提出变更申请，并按照下列程序办理登记内容变更手续：

(1) 通过登记系统填写危险化学品登记变更申请表，并向登记办公室提交涉及变更事项的证明材料1份；

(2) 登记办公室初步审查登记企业的登记变更申请，符合条件的，通知登记企业提交变更后的登记材料，并对登记材料进行审查，符合要求的，提交给登记中心；不符合要求的，通过登记系统告知登记企业并说明理由；

(3) 登记中心对登记办公室提交的登记材料进行审核，符合要求且属于危险化学品登记证载明事项的，通过登记办公室向登记企业发放登记变更后的危险化学品登记证并收回原证；符合要求但不属于危险化学品登记证载明事项的，通过登记办公室向登记企业提供书面证明文件。

2.3.9　危险化学品登记证有效期为3年。登记证有效期满后，登记企业继续从事危险化学品生产或者进口的，应当在登记证有效期届满前3个月提出复核换证申请，并按下列程序办理复核换证：

(1) 通过登记系统填写危险化学品复核换证申请表；

(2) 登记办公室审查登记企业的复核换证申请，符合条件的，通过登记系统告知登记企业提交本节2.3.7中规定的登记材料；不符合条件的，通过登记系统告知登记企业并说明理由；

(3) 按照《危险化学品登记管理办法》规定的程序办理复核换证手续。

2.3.10　危险化学品登记证分为正本、副本，正本为悬挂式，副本为折页式。正本、副本具有同等法律效力。危险化学品登记证正本、副本应当载明证书编号、企业名称、注册地址、企业性质、登记品种、有效期、发证机关、发证日期等内容。其中，企业性质应当注明危险化学品生产企业、危险化学品进口企业或者危险化学品生产企业（兼进口）。

2.3.11　登记企业应当对本企业的各类危险化学品进行普查，建立危险化学品管理档案。危险化学品管理档案应当包括危险化学品名称、数量、标识信息、危险性分类和化学品安全技术说明书、化学品安全标签等内容。

2.3.12　对危险特性尚未确定的化学品，登记企业应当按照国家关于化学品危险性鉴定的有关规定，委托具有国家规定资质的机构对其进行危险性鉴定；属于危险化学品的，应当依照《危险化学品登记管理办法》的规定进行登记。

2.3.13　危险化学品生产企业应当设立由专职人员 24h 值守的国内固定服务电话，向用户提供危险化学品事故应急咨询服务，为危险化学品事故应急救援提供技术指导和必要的协助。专职值守人员应当熟悉本企业危险化学品的危险特性和应急处置技术，准确回答有关咨询问题。危险化学品生产企业不能提供前款规定应急咨询服务的，应当委托登记机构代理应急咨询服务。危险化学品进口企业应当自行或者委托进口代理商、登记机构提供符合本条要求的应急咨询服务，并在其进口的危险化学品安全标签上标明应急咨询服务电话号码。

从事代理应急咨询服务的登记机构，应当设立由专职人员 24h 值守的国内固定服务电话，建有完善的化学品应急救援数据库，准确提供化学品泄漏、火灾、爆炸、中毒等事故应急处置有关信息和建议。

2.3.14　登记企业不得转让、冒用或者使用伪造的危险化学品登记证。

2.4　危险化学品鉴定

2.4.1　根据《危险化学品目录》判断

2.4.1.1　工业产品的 CAS 号与《危险化学品目录》所列危险化学品 CAS 号相同时（不论其中文名称是否一致），即可认为是同一危险化学品。

2.4.1.2　主要成分均为列入《危险化学品目录》的危险化学品，并且主要成分质量比或体积比之和不小于 70％的混合物（经鉴定不属于危险化学品确定原则的除外），可视其为危险化学品并按危险化学品进行管理，应急管理部门在办理相关安全行政许可时，应注明混合物的商品名称及其主要成分含量。

2.4.1.3　对于主要成分均为列入《危险化学品目录》的危险化学品，并且主要成分质量比或体积比之和小于 70％的混合物或危险特性尚未确定的化学品，生产或进口企业应根据《化学品物理危险性鉴定与分类管理办法》（国家安全监管总局令第 60 号）及其他相关规定进行鉴定分类，经过鉴定分类属于危险化学品确定原则的，应根据《危险化学品登记管理办法》（国家安全监管总局令第 53 号）进行危险化学品登记，但不需要办理相关安全行政许可手续。

2.4.2　鉴定

《危险化学品安全管理条例》第一百条规定：化学品的危险特性尚未确定的，由国务院安全生产监督管理部门（现为应急管理部门）、国务院环境管理部门（现为生态环境主管部门）、国务院卫生主管部门分别负责组织危险化学品分类鉴别机构对该化学品的物理危险性、环境危害性、毒理特性进行鉴定。

2.4.2.1　化学品物理危险性鉴定

（1）化学品物理危险性鉴定的内容包括两个方面：

一是对16类物理危险种类进行鉴定所需要测试的参数或指标，包括爆炸物、易燃气体、气溶胶（又称气雾剂）、氧化性气体、加压气体、易燃液体、易燃固体、自反应物质和混合物、自燃液体、自燃固体、自热物质和混合物、遇水放出易燃气体的物质和混合物、氧化性液体、氧化性固体、有机过氧化物、金属腐蚀物；化学品物理危险性鉴定按照《化学品物理危险性鉴定与分类管理办法》及《化学品物理危险性测试导则》进行，《化学品物理危险性测试导则》为《化学品物理危险性鉴定与分类管理办法》的配套文件，涵盖了爆炸物、自反应物质和混合物、有机过氧化物、气溶胶、易燃液体、易燃固体、自燃固体、自燃液体、自热物质、遇水放出易燃气体的物质、氧化性固体、氧化性液体、易燃气体、金属腐蚀物等化学品的59个物理危险性试验方法。

二是与物理危险性分类相关的参数或指标，例如蒸气压、熔点、沸点、状态、自燃温度等理化特性和化学稳定性及反应性等，这些参数的鉴定按照国家相关标准进行。

（2）下列化学品应当进行物理危险性鉴定与分类：

①含有一种及以上列入《危险化学品目录》的组分，但整体物理危险性尚未确定的化学品；

②未列入《危险化学品目录》，且物理危险性尚未确定的化学品；

③以科学研究或者产品开发为目的，年产量或者使用量超过1t，且物理危险性尚未确定的化学品。

2.4.2.2 化学品毒性鉴定

化学品的毒性鉴定按照《危险化学品毒性鉴定管理规范》和《化学品毒性鉴定技术规范》进行，化学品毒性鉴定一般应当经过四个阶段试验：第一阶段，急性毒性试验；第二阶段，致突变试验、亚急性毒性试验；第三阶段，亚慢性毒性试验、致畸试验、生殖毒性试验和迟发性神经毒性试验；第四阶段，慢性毒性试验、致癌试验、代谢试验和接触人群的观察。

2.4.2.3 危险化学品环境危害鉴定

危险化学品的环境危害鉴定按照《化学品测试导则》和《化学品测试方法》，主要对危险化学品的急性水性毒性、慢性水性毒性、快速生物降解性、生物富集性等方面进行鉴定。

3 化学品安全技术说明书和化学品安全标签

3.1 主要参照的法律法规

《化学品安全技术说明书 内容和项目顺序》（GB/T 16483—2008）

《危险货物包装标志》（GB 190—2009）

《化学品安全标签编写规定》（GB 15258—2009）

《化学品安全技术说明书编写指南》（GB/T 17519—2013）

《广东省应急管理厅关于开展化学品登记综合服务系统和“一企一品一码”标识化管理应用工作的通知》（粤应急函〔2021〕271号）

3.2 术语与定义

3.2.1 化学品安全技术说明书

国际上称作化学品安全信息卡，是化学品生产商和经销商按法律要求必须提供的化学品理化特性（如 pH 值，闪点，易燃度，反应活性等）、毒性、环境危害以及对使用者健康（如致癌，致畸等）可能产生危害的一份综合性文件。它包括危险化学品的燃、爆性能，毒性和环境危害，以及安全使用、泄漏应急救护处置、主要理化参数、法律法规等方面信息的综合性文件。

3.2.2 化学品安全标签

是指危险化学品在市场上流通时由生产销售单位提供的附在化学品包装上的标签，是向作业人员传递安全信息的一种载体，它用简单、易于理解的文字和图形表述有关化学品的危险特性及其安全处置的注意事项，警示作业人员进行安全操作和处置。《化学品安全标签编写规定》（GB/T 15258—2009）规定化学品安全标签应包括物质名称、编号、危险性标志、警示词、危险性概述、安全措施、灭火方法、生产厂家、地址、电话、应急咨询电话、提示参阅安全技术说明书等内容。

3.3 管理要求

3.3.1 化工技术说明书

《化学品安全技术说明书》（SDS）执行《化学品安全技术说明书 内容和项目顺序》（GB/T 16483—2008）中，相关要求如下：

3.3.1.1 SDS 是化学品生产或销售企业按法律要求向客户提供的有关化学品特征的一份综合性法律文件。它提供化学品的理化参数、燃爆性能、对健康的危害、安全使用贮存、泄漏处置、急救措施以及有关的法律法规等 16 项内容。

3.3.1.2 世界各国无论是国内贸易还是国际贸易，卖方都必须提供产品说明性的法律文件。由于各个国家，甚至美国各个州的化学品管理及贸易的法律文件不一样，有的每个月都有变动，所以如果提供的 SDS 不正确或者信息不完全，将面临法律责任追究。因此 SDS 的编写质量是衡量一个公司实力、形象以及管理水平的一个重要标志。

3.3.1.3 SDS 可由生产厂家按照相关规则自行编写。但为了保证报告的准确规范性，可向专业机构申请编制。

3.3.1.4 SDS 每 5 年更新 1 次，并由供应商对下游客户提供更新。

3.3.1.5 进出口的化学品 SDS 应有中英文或中文版的 SDS。

3.3.1.6 SDS 将按照下面 16 个部分提供化学品信息，每部分的标题、编号和前后顺序不应随意变更：①化学品及企业标识；②危险性概述；③成分/组成信息；④急救措施；⑤消防措施；⑥泄漏应急处置；⑦操作处置与储存；⑧接触控制和个人保护；⑨理化特性；⑩稳定性和反应性；⑪毒理学特性；⑫生态学特性；⑬废弃处置；⑭运输信息；⑮法规信息；⑯其他信息。

3.3.1.7 为方便 SDS 编著者识别不同化学品的 SDS，SDS 应设置 SDS 编号。

3.3.1.8 化学品安全技术说明的编写具体参照《化学品安全技术说明书编写指南》（GB/T 17519—2013）。

3.3.2 化学品安全标签

3.3.2.1 化学品运输标签

化学品运输标签执行《危险货物包装标志》(GB 190—2009)。是用来表示危险品的物理化学性质，以及危险程度的标志。它可提醒人们在运输、储存、保管、搬运等活动中引起注意。标志分为标记和标签，标记共 4 个，标签 26 个，其图形分别表示了 9 类危险货物的主要特性。如表 7.9 所示 。

表 7.9 化学品运输标签的样例

标记样例		标志样例		
标记名称	标记图形	标签名称	标签图形	对应的危险货物类项号
高温运输标记	 (符号：正红色，底色：白色)	易燃固体	 (符号：黑色，底色：白色红条)	4.1

3.3.2.2 化学品安全标签

化学品安全标签执行国家标准《化学品安全标签编写规定》(GB 15258—2009)，包含标识、象形图、信号词、危险性说明、防范说明、应急咨询电话、供应商标识、资料参阅提示语等，用以表示化学品所具有的危险性和安全注意事项，该标签由生产企业在货物出厂前粘贴、挂拴、喷印在包装或容器的明显位置，若改换包装，则由改换单位重新粘贴、挂拴、喷印。化学品安全标签样例如图 7.2 所示。

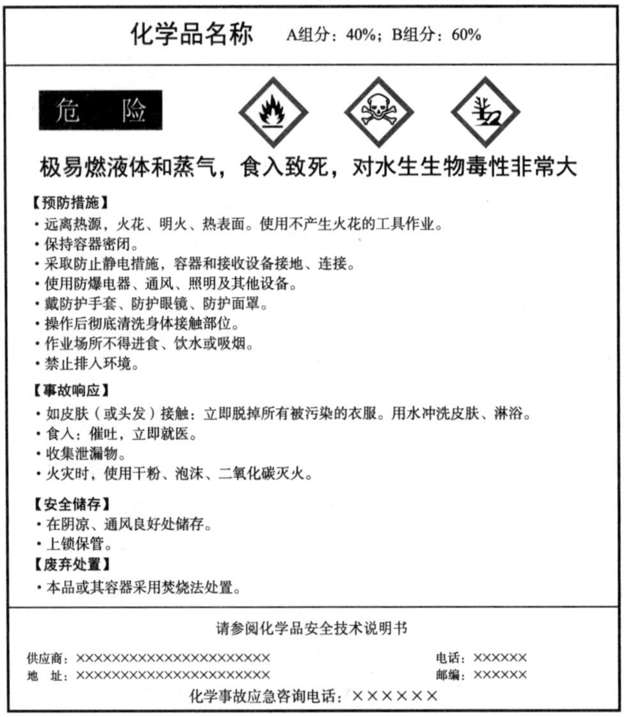
化学品名称 A组分：40%；B组分：60%

危 险

极易燃液体和蒸气，食入致死，对水生生物毒性非常大

【预防措施】
- 远离热源，火花、明火、热表面。使用不产生火花的工具作业。
- 保持容器密闭。
- 采取防止静电措施，容器和接收设备接地、连接。
- 使用防爆电器、通风、照明及其他设备。
- 戴防护手套、防护眼镜、防护面罩。
- 操作后彻底清洗身体接触部位。
- 作业场所不得进食、饮水或吸烟。
- 禁止排入环境。

【事故响应】
- 如皮肤（或头发）接触：立即脱掉所有被污染的衣服。用水冲洗皮肤、淋浴。
- 食入：催吐，立即就医。
- 收集泄漏物。
- 火灾时，使用干粉、泡沫、二氧化碳灭火。

【安全储存】
- 在阴凉、通风良好处储存。
- 上锁保管。

【废弃处置】
- 本品或其容器采用焚烧法处置。

请参阅化学品安全技术说明书

供应商：××××××××××××××××××××× 电话：××××××
地 址：××××××××××××××××××××× 邮编：××××××
化学事故应急咨询电话：××××××

图 7.2 化学品安全标签

对于小于或者等于 100ml 的化学小包装，为方便标签使用，安全标签要素可以简化，包括化学品、象形图、信号词、危险性说明、应急咨询电话、供应商名称及联系电话、资料参阅提示语即可。样例如图 7.3 所示。

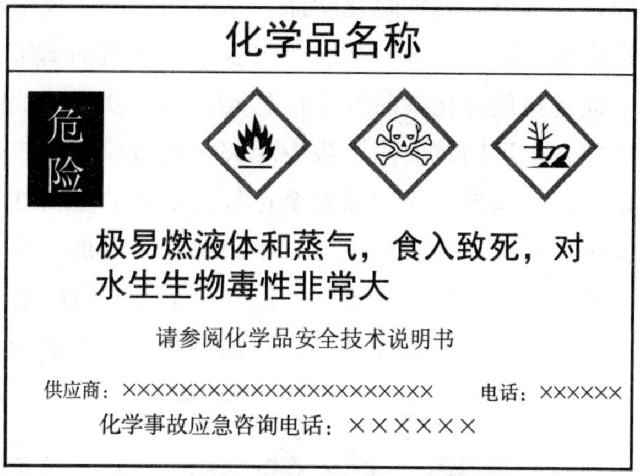

图 7.3　化学品安全标签（简化）

3.3.2.3　化学品安全标签与运输标志粘贴

（1）安全标签应粘贴、挂栓或喷印在化学品包装或容器的明显位置：

①桶、瓶形包装：位于桶、瓶侧身；

②箱装包装：位于包装断面或侧面明显处；

③袋、捆包装：位于包装明显处。

（2）当与运输标志组合使用时，运输标志可以放在安全标签的另一面，将之与其他信息分开，也可放在包装上靠近安全标志的位置，后一种情况下，若安全标签中的象形图与运输标志重复，安全标签中的象形图应删掉。

（3）对组合容器，要求内包装加贴（挂）安全标签，外包装上加贴运输象形图，如果不需要运输标志可以加贴安全标签

（4）盛装危险化学品的容器或包装，在经过处理并确认其危险性完全消除之后，方可撕下安全标签，否则不能撕下相应的标签。

单一容器安全标签粘贴样例如图 7.4 所示。

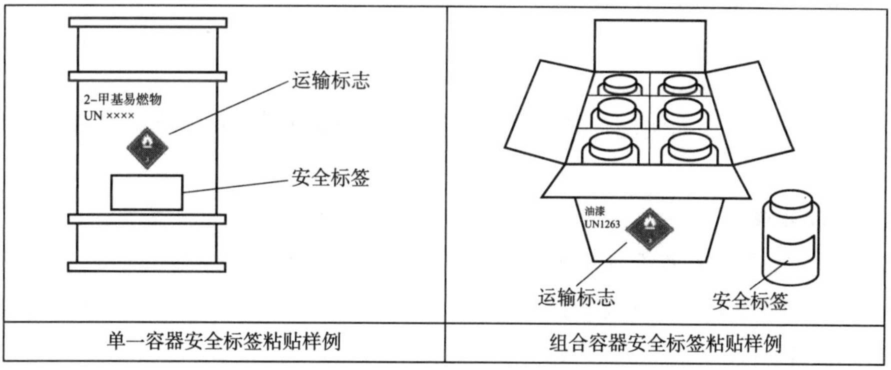

图 7.4　单一和组合容器安全标签粘贴样例图

3.3.3　一企一品一码

2021 年 7 月广东省应急管理厅发布《广东省应急管理厅关于开展化学品登记综合服务系统和“一企一品一码”标识化管理应用工作的通知》（粤应急函〔2021〕271 号）的通知，根据应急管理部的部署率先在广东省开展“一企一品一码”工作，要求相关企业在经广东省建议预警系统与应急管理部危险化学品登记系统融合后的系统中进行化学品登记信

息填报，登记后的危险化学品，系统会自动生成危险化学品安全信息码（二维码，企业可根据需要，编辑二维码加载的内容，生成新的二维码）。

通过扫危险化学品安全信息码，可以获得该危险化学品的安全信息标签及 SDS，方便在其储存、运输、使用过程中相关人员可以通过扫码方式快速获得危险化学品的信息。安全信息码宜设置于化学品安全标签右下角的空白处。同一企业同一产品的化学品安全上的二维码应固定在同一位置。二维码符号印制的质量等级至少应满足《二维条码符号印制质量的检验》（GB/T 23704—2017）规定 2.0 级的要求。

化学品安全标签和“一企一品一码”融合的示例如图 7.5 所示。

正常化学品安全标签

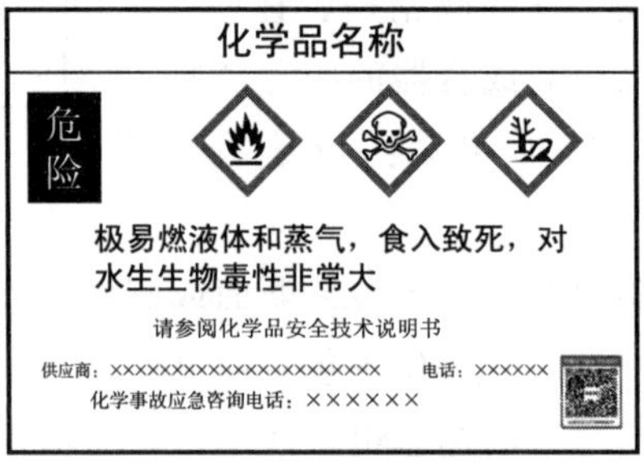

简化化学品安全标签

图 7.5 化学品安全标签示例图

4 风险研判和承诺公告

4.1 主要参照的法律法规

《应急管理部关于全面实施危险化学品企业安全风险研判与承诺公告制度的通知》（应急〔2018〕74 号）

4.2 管理要求

危险化学品生产、贮存企业应当建立安全风险研判与承诺公告制度，确认本单位存在的安全风险，实施安全风险分级管控，采取相应的安全管控措施，并向社会公开承诺和公告。具体要求如下：

4.2.1 适用范围

风险研判和承诺公告制度适用于危险化学品生产、经营（带有储存设施）企业及取得危险化学品安全使用许可证的企业。

4.2.2 基本要求

4.2.2.1 建立安全风险研判制度，完善责任体系，明确企业主要负责人、分管负责人、各职能部门、各车间（分厂）、各班组岗位的工作职责，强化目标管理和履职考核。

4.2.2.2 按照“疑险从有、疑险必研，有险要判、有险必控”的原则，建立覆盖企业全员、全过程的安全风险研判工作流程。

4.2.2.3 在每日开展班组交接班、车间生产调度会、厂级生产调度会布置生产工作任务的同时，要同步研判各项工作的安全风险，落实安全风险管控措施。

4.2.3 研判重点内容

4.2.3.1 生产装置的安全运行状态。生产装置的温度、压力、组分、液位、流量等主要工艺参数是否处于指标范围；压力容器、压力管道等特种设备是否处于安全运行状态；各类设备设施的静动密封是否完好无泄漏；超限报警、紧急切断、联锁等各类安全设施配备是否完好投用，并可靠运行。

4.2.3.2 危险化学品罐区、仓库等重大危险源的安全运行状态。储罐、管道、机泵、阀门及仪表系统是否完好无泄漏；储罐的液位、温度、压力是否超限运行；内浮顶储罐运行中浮盘是否可能落底；油气罐区手动切水、切罐、装卸车时是否确保人员在岗；可燃及有毒气体报警和联锁是否处于可靠运行状态。仓库是否按照国家标准分区分类储存危险化学品，是否超量、超品种储存，相互禁配物质是否混放混存。

4.2.3.3 高危生产活动及作业的安全风险可控状态。装置开停车是否制定开停车方案，试生产是否制定试生产方案并经专家论证；各项特殊作业、检维修作业、承包商作业是否健全和完善相关管理制度，作业过程是否进行安全风险辨识，严格程序确认和作业许可审批，加强现场监督，危险化学品罐区动火作业是否做到升级管理等；各项变更的审批程序是否符合规定。

4.2.3.4 按照安全风险辨识结果，重大风险、较大风险是否落实管控及降低风险措施；重大隐患是否落实治理措施。

4.2.4 安全风险报告和承诺

4.2.4.1 按照“一级向一级负责，一级让一级放心，一级向一级报告”的原则，企业各岗位、班组、车间、部门要每天做好职责范围内安全风险管控和隐患排查，自下而上层层研判、层层记录、层层报告、层层签字承诺，压实企业全员、全过程、全天候、全方位安全风险的研判和管控责任。

4.2.4.2 在布置安全风险研判和管控工作任务时，既要向下级交任务、交工作、交目标，又要同步交思路、交方法、交安全要求。

4.2.4.3 对下级安全风险报告和承诺，上级要组织力量进行评估，确保各项安全风险防控措施落实到位。

4.2.4.4 主要负责人要结合本企业实际，全面掌握安全生产各项工作情况，亲自调度，确保生产经营活动的安全风险处于可控状态。

4.2.4.5 在生产装置、罐区、仓库安全运行，高危生产活动及作业的风险可控、重大隐患落实治理措施的前提下，特殊作业、检维修作业、承包商作业等主要安全风险可控的前提下，以本企业董事长或总经理等主要负责人的名义每天签署安全承诺，在工厂主门外公告，并上传至属地安全监管部门网站。企业董事长或总经理外出时，应委托一名企业负责人代履行安全承诺工作。

4.2.5 安全承诺公告

4.2.5.1 主要内容

(1) 企业状态：主要公告企业当天的生产运行状态和可能引发安全风险的主要活动。如有几套生产装置，其中几套运行，几套停产；厂区内是否存在特殊作业及种类、次数；是否存在检维修及承包商作业；是否处于开停车、试生产阶段等。

(2) 企业安全承诺：企业在进行全面安全风险研判的基础上，落实相关的安全风险管控措施，由企业主要负责人承诺当日所有装置、罐区是否处于安全运行状态，安全风险是否得到有效管控。

4.2.5.2 公告时间

每天上午10时更新，至次日上午10时。

4.2.5.3 公告地点

属地安全监管部门网站；企业主门岗显著位置设置的显示屏企业设置的显示屏，要求文字图像显示清晰，安装位置符合防火防爆规定，保证人员、车辆安全通行。

4.2.5.4 企业存在下列情形之一的，不得向社会发布安全承诺公告：

(1) 没有建立完善的安全风险研判与承诺公告管理制度，相关职责没有层层落实的；

(2) 重大隐患没有制定治理措施的；

(3) 动火等特殊作业管理措施不符合有关标准要求的，当天对重点装置、罐区以及动火等特殊作业没有进行安全风险研判和采取有效控制措施的；

(4) 特殊时段没有带班值班企业负责人的。

安全承诺公告牌示例如表7.10所示。

表7.10 安全承诺公告牌（示例）

****** 有限公司	
企业状态	生产装置 ** 套，其中： 运行 ** 套，停产 ** 套，检修 ** 套 特殊，一级、二级动火作业各 ** 处 进入受限空间作业 * 处 是否处于试生产（是） 是否处于开停车状态（是） 罐区、仓库等重大危险源是否处于安全状态（是）
企业承诺	今天我公司已进行安全风险研判，各项安全风险防控措施已落实到位，我承送所有生产装置处于安全运行状态，罐区、仓库等重大危险源安全风险得到有效管控 主要负责人：××× ××××年××月××日

5 安全管理制度

5.1 主要参照的法律法规

《危险化学品从业单位安全生产标准化通用规范》（AQ 3031—2008）

《危险化学品经营许可证管理办法》

《危险化学品生产企业安全生产许可证实施办法》

《危险化学品安全使用许可证实施办法》

《关于加强化工过程安全管理的指导意见》（安监总管三〔2013〕88 号）

5.2　生产、储存、使用企业所需管理制度

在《危险化学品从业单位安全生产标准化通用规范》第 5.3.3 节及第 5.3.4 节中规定了危险化学品企业应制定健全的安全生产规章制度，至少建立 33 项安全管理制度。在《危险化学品经营许可证管理办法》规定，经营企业应制定 11 项安全管理制度。在《危险化学品生产企业安全生产许可证实施办法》《危险化学品安全使用许可证实施办法》中同样规定危险化学品生产企业应当根据化工工艺、装置、设施等实际情况，制定完善 20 项安全生产规章制度，具体对比如表 7.11 所示，为方便对比，部分制度被拆分。

表 7.11　各类企业制度要求对比

序号	制度名称	标准化 评审标准要求	生产企业	使用企业	经营企业
1	安全生产责任制	√	√	√	√
2	识别获取使用的安全生产法律法规、标准和其他要求	√			
3	化学品购销管理制度				√
4	安全生产会议管理	√	√	√	
5	安全生产（费用）投入管理制度	√	√	√	√
6	安全生产奖惩管理	√	√	√	√
7	管理制度评审和修订	√			
8	安全培训教育	√	√	√	√
9	特种作业人员管理	√	√	√	
10	管理部门、基层班组安全活动管理	√			
11	安全风险辨识、评估管控管理制度	√	√	√	√
12	隐患排查治理	√	√	√	√
13	重大危险源评估及安全管理	√	√	√	
14	变更管理	√	√	√	
15	事故、事件管理	√	√	√	√
16	防火、防爆、防中毒、防泄漏管理，包括禁烟管理	√	√	√	
17	消防管理	√			
18	仓库、罐区安全管理	√			
19	关键装置、重点部位安全管理	√			
20	生产设施管理，包括安全设施、特种设备等管理	√			
21	监视和测量设备管理	√			
22	八大特殊作业管理	√	√	√	
23	危险化学品安全管理，包括剧毒化学品、易制毒易制爆化学品管理，危险化学品的储存、出入库、运输、装卸等环节	√	√	√	√

续表

序号	制度名称	标准化 评审标准要求	生产企业	使用企业	经营企业
24	检维修管理	√	√	√	√
25	生产设施拆除和报废管理	√			
26	承包商管理	√	√	√	
27	供应商管理	√			
28	职业卫生管理，包括防尘、防毒管理	√	√	√	√
29	劳动保护用品（具）和保健品管理	√	√	√	
30	作业场所危险因素检测管理	√			
31	应急救援管理	√	√	√	
32	安全检查管理	√	√	√	√
33	工艺安全管理		√	√	
34	电气管理		√	√	
35	公用工程管理		√	√	
36	设备管理		√	√	
37	领导干部带班制度		√	√	
38	标准化自评管理制度	√			
39	安全操作规程及操作规程修订制度	√	√	√	√

其中第 39 项岗位操作规程应依据企业的岗位设置情况编制，编制的操作规程应满足国家安全监督总局关于加强化工过程安全管理的指导意见（安监总管三〔2013〕88 号）第八条及《化工过程安全管理导则》第 4.9 节之规定，也可在满足上述要求的前提下参照山东省发布的《危险化学品岗位安全生产操作规程编写导则》（DB 37/T 2401—2022）进行编制。

经对比可知，《危险化学品从业单位安全生产标准化通用规范》中关于安全管理制度的描述最为详细，所以各类危险化学品企业应在满足各适应法规的前提下，根据公司实际情况并结合《危险化学品从业单位安全生产标准化通用规范》完善管理制度。

6 危险化学品从业人员资格

6.1 主要参照的法律法规

《危化品企业重点人员安全资质达标导则（试行）》（简称《达标导则》

《危险化学品安全专项整治三年行动实施方案》

6.2 术语与定义

6.2.1 主要负责人

根据全国人大常委会法工委与应急管理部共同编写的《中华人民共和国安全生产法释义》一书对此问题有所解释。生产经营单位的主要负责人，对企业而言，不同组织形式的企业有所不同。《中共中央国务院关于推进安全生产领域改革发展的意见》规定，生产经营单位的法定代表人和实际控制人同为安全生产的第一责任人。对于有限责任公司和股份有限公司，主要负责人应当是公司董事长和经理（总经理、首席执行官或其他实际履行经理职责的企业负责人）；对于非公司制的企业，主要负责人为企业的厂长、经理、矿长等企业行政“一把手”。

6.2.2 危险化学品企业

本章节的危险化学品企业是指依法需取得应急管理部门许可的危险化学品生产企业、经营企业、使用危险化学品从事生产的化工企业，涉及重点监管的危险化工工艺、重大危险源的精细化工企业和化学合成类药品生产企业。

6.2.3 专职安全管理人员

有正式任命，专门从事本企业安全管理工作，一般不得兼任或兼职其他工作。

6.2.4 高风险岗位操作人员

涉及重大危险源、重点监管化工工艺的生产装置和储存设施的操作人员。

6.3 各从业人员资质要求

6.3.1 主要负责人

根据《危险化学品安全专项整治三年行动实施方案》，自2020年5月起，对涉及“两重点一重大”生产装置和储存设施的企业，新入职的主要负责人和主管生产、设备、技术、安全的负责人及安全生产管理人员必须具备化学、化工、安全等相关专业大专及以上学历或化工类中级及以上职称。

6.3.2 安全管理机构

涉及重点监管危险化学品、重点监管危险化工工艺、重大危险源生产装置和储存设施的危险化学品企业，应设置相对独立的安全管理机构；其他危险化学品企业需配备专职安全生产管理人员。

6.3.3 专职安全管理人员

6.3.3.1 专职安全生产管理人员需正式任命，专门从事本企业安全管理工作，一般不得兼任或兼职其他工作。

6.3.3.2 有生产实体或者储存设施构成重大危险源的危险化学品企业，满足下列条件的专职安全生产管理人员须达到规定数量：

（1）具有化工安全相关专业大专及以上学历，或化工相关专业中级及以上专业技术职称，或化工安全相关工种技师及以上技能等级，或化工安全类注册安全工程师资格；

（2）具有3年以上化工行业从业经历；

（3）新入职6个月内接受不少于48学时的安全培训，取得相关安全生产知识和管理能力考核合格证书，每年再培训不少于16学时。

其他危险化学品企业专职安全生产管理人员满足条件（3）即可。

6.3.3.3 有生产实体或储存设施构成重大危险源的危险化学品企业，具备条件的专职安全生产管理人员须达到以下数量：

（1）从业人员不足50人的，至少1名；

（2）从业人员50人及以上不足100人的，至少2名；

（3）从业人员超过100人的，不低于从业人员总数2%。

6.3.3.4 《达标导则》印发前（2021-04-20前）已在当前企业任职的专职安全生产管理人员，具有化工安全相关专业中职中专或其他专业大专及以上学历、取得相关安全生产知识和管理能力考核合格证书10年以上的，可视为达到安全资质条件。

6.3.3.5 《达标导则》印发前（2021-04-20前）已取得相关安全生产知识和管理能力考核合格证书，但达不到安全资质条件的专职安全生产管理人员，若满足以下条件，2023年12月31日前可继续任职：

（1）已报名参加有关专业学历提升；

（2）每年接受再培训基础上，按要求接受一定课时的化工安全专业基础培训，并经考试合格。

6.3.4 注册安全工程师

6.3.4.1 危险化学品企业从业人员在300人以上的，专职安全生产管理人员中化工安全类注册安全工程师的比例不得低于15%，且至少应当配备1名。

6.3.4.2 根据部分地区应急管理局的答复意见，这里的“化工安全类注册安全工程师资格”是应结合《危险化学品安全专项整治三年行动实施方案》中相关表述进行理解：涉及“两重点一重大”的化工企业安管员应满足“中级化工注安师”资质，其余化工企业安管员应满足“初级化工注安师”资质。

6.3.5 高风险岗位操作人员

6.3.5.1 新入职的涉及重大危险源、重点监管化工工艺的生产装置、储存设施操作人员必须具备高中及以上学历或化工类中等及以上职业教育水平；

6.3.5.2 新入职的涉及爆炸危险性化学品的生产装置和储存设施的操作人员必须具备化工类大专及以上学历；

6.3.5.3 高风险岗位操作人员不得一人多岗。

6.3.5.4 《达标导则》印发前（2021-04-20前）已在当前企业任职的高风险岗位操作人员，具有10年以上有关岗位从业经历的（需取证的已持证），可视为达到有关岗位安全资质条件。

6.3.5.5 本《达标导则》印发前（2021-04-20前）在当前岗位任职6个月以上，但达不到安全资质条件的高风险操作岗位人员，若满足以下条件，2023年12月31日前可继续任职：

（1）按规定需持证上岗的已取证；

（2）已报名参加有关专业学历提升；

（3）每年接受再培训基础上，按要求接受一定课时的化工安全技术技能基础培训，并经考试合格。

6.3.5.6 危险化学品企业需与专职安全管理人员、高风险岗位操作人员和注册安全工程师建立正式劳动合同和社保关系，并严禁其在其他企业兼职。

根据《达标导则》附则内容，导则有效期为3年，即2021年4月20日至2024年4月

19 日；危险化学品企业其他人员安全资质条件按有关规定执行，各省级应急管理部门可根据区域实际制定达标整改过渡期的政策。故目前的达标要求不是最后要求，至于各项过渡期政策，可以咨询当地应急管理局。

6.3.6 化学、化工、安全相关专业对照表

根据《危险化学品企业从业人员安全资格准入规定（试行）》（征求意见稿）第二十四条规定及附件，化学、化工、安全相关专业对照见表 7.12（因正式发布的文件中删除了该表，故本表仅供参考）。

表 7.12 化学、化工、安全相关专业对照表

学历或职称	相关专业名称
研究生	化学/化学工程与技术/安全科学与工程等相关专业以及省级应急管理部门认可的其他专业
本科	化学工程与工艺/制药工程/能源化学工程/化学工程与工业生物工程/化工安全工程/化学/应用化学/化学生物学/分子科学与工程/能源化学/涂料工程/精细化工/材料化学/油气储运工程/高分子材料与工程/储能科学与工程/安全工程/应急技术与管理等专业以及省级应急管理部门认可的其他专业
高等职业教育（专科）	石油炼制技术/石油化工技术/化工生物技术/药品生物技术/应用化工技术高分子合成技术/精细化工技术/海洋化工技术/化工装备技术/化工自动化技术/涂装防护技术/煤化工技术//材料工程技术/高分子材料工程技术/复合材料工程技术/光伏材料制备技术/硅材料制备技术/橡胶工程技术/化工设备与机械/制药设备应用技术/药品生产技术/油气储运技术/油田化学应用技术/安全健康与环保/化工安全技术/救援技术/安全技术与管理工程/安全评价与监理/安全生产监测监控/消防工程技术等专业以及省级应急管理部门认可的其他专业
中等职业教育	化学工艺/工业分析与检验/石油炼制/化工机械与设备/化工仪表及自动化/精细化工/生物化工/高分子材料加工工艺/橡胶工艺/林产化工/核化学化工/化工安全技术/安全技术管理/应急管理与减灾技术等以及省级应急管理部门认可的其他专业
化工类中级职称	是指中级注册化工工程师职业资格和有机化工、无机化工、化学工程、化工分析、安全工程等专业工程师及以上职称

以上专业名称引自《学位授予和人才培养学科目录》《普通高等学校本科专业目录（2020 年版）》《普通高等学校高等职业教育（科）专业目录》。

7 自动控制系统和安全仪表系统

7.1 主要参照的法律法规

《危险化学品重大危险源监督管理暂行规定》

《关于开展提升危险化学品领域本质安全水平专项行动的通知》（安监总管三〔2012〕87 号）

《国家安全监管总局关于加强化工安全仪表系统管理的指导意见》

7.2 相关要求

危险化学品的生产、储存企业应当根据国家标准或者行业标准的规定，装备自动控制

系统和安全仪表系统，建立安全监测预警系统，实现信息化安全监测、监控和预警，并与政府有关部门安全监测预警系统逐步实现互联互通。此规定可细分为三个方面，阐述如下：

7.2.1　自动控制系统

根据《关于开展提升危险化学品领域本质安全水平专项行动的通知》（安监总管三〔2012〕87号）及《危险化学品重大危险源监督管理暂行规定》的规定：

7.2.1.1　涉及“两重点一重大”生产储存装置全面使用自动化控制系统。新建化工生产装置必须装备自动化控制系统，高度危险和大型生产装置要装备紧急停车系统。

7.2.1.2　重大危险源配备温度、压力、液位、流量、组分等信息的不间断采集和监测系统以及可燃气体和有毒有害气体泄漏检测报警装置，并具备信息远传、连续记录、事故预警、信息存储等功能；一级或者二级重大危险源，具备紧急停车功能。记录的电子数据的保存时间不少于30天。

7.2.1.3　对重大危险源中的毒性气体、剧毒液体和易燃气体等重点设施，设置紧急切断装置；毒性气体的设施，设置泄漏物紧急处置装置。

7.2.1.4　重大危险源中储存剧毒物质的场所或者设施，设置视频监控系统；安全监测监控系统符合国家标准或者行业标准的规定。

7.2.2　安全仪表系统

根据《国家安全监管总局关于加强化工安全仪表系统管理的指导意见》。

7.2.2.1　从2016年1月1日起，大型和外商独资合资等具备条件的化工企业新建涉及“两重点一重大”的化工装置和危险化学品储存设施，要按照指导意见的要求设计符合相关标准规定的安全仪表系统。

7.2.2.2　从2018年1月1日起，所有新建涉及“两重点一重大”的化工装置和危险化学品储存设施要设计符合要求的安全仪表系统。其他新建化工装置、危险化学品储存设施安全仪表系统，从2020年1月1日起，应执行功能安全相关标准要求，设计符合要求的安全仪表系统。

7.2.2.3　涉及“两重点一重大”在役生产装置或设施的化工企业和危险化学品储存单位，要在全面开展过程危险分析（如危险与可操作性分析）基础上，通过风险分析确定安全仪表功能及其风险降低要求，并尽快评估现有安全仪表功能是否满足风险降低要求。

7.2.2.4　企业应在评估基础上，制定安全仪表系统管理方案和定期检验测试计划。对于不满足要求的安全仪表功能，要制定相关维护方案和整改计划，2019年底前完成安全仪表系统评估和完善工作。其他化工装置、危险化学品储存设施，要参照意见要求实施。

根据《危险化学品重大危险源监督管理暂行规定》，涉及毒性气体、液化气体、剧毒液体的一级或者二级重大危险源，配备独立的安全仪表系统（SIS）。

7.2.3　与政府有关部门安全监测预警系统对接

此要求可参考属地的危险化学品安全生产风险监测预警系统相关要求，如广东省企业可参照广东省危险化学品安全生产风险监测预警系统运行机制（试行）。

注：本节仅汇总了相关文件对自动化控制及安全仪表系统的要求，要了解其具体内容可阅读：《电气/电子/可编程电子安全相关系统的功能安全》（GB/T 20438）、《过程工业领域安全仪表系统的功能安全》（GB/T 21109）和《石油化工安全仪表系统设计规范》（GB/T 50770）等规范。

8　易制毒化学品

8.1　主要参照的法律法规

《易制毒化学品管理条例》

《易制毒化学品的分类和品种目录》（2018 版）

《药品类易制毒化学品管理办法》（卫生部 72 号令）

《药品类易制毒化学品品种目录》

8.2　术语与定义

属于《易制毒化学品的分类和品种目录》的化学品，是指可以用于非法生产、制造或合成毒品的原料、配剂等化学物品，包括用于制造毒品的原料前体、试剂、溶剂及稀释剂、添加剂等。易制毒化学品本身不是毒品，但其具有双重性，既是一般医药、化工的工业原料，又是生产、制造或合成毒品必不可少的化学品。

易制毒化学品分为三类：第一类是可以用于制毒的主要原料，第二类、第三类是可以用于制毒的化学配剂。

8.3　易制毒化学品须严格管控的原因

易制毒化学品的管理是从源头上对毒品的生产进行的管理，易制毒化学品本身不是毒品，但是尤其在毒品生产中起着不可或缺的作用，是生产合成毒品的重要原料和辅料，因此经常被犯罪分子用来生毒品，所以对这些物品进行管控，使其不流入毒品的犯罪分子手中，实际上也就等于控制和限制了毒品的生产。

易制毒化学品目录及分类见表 7.13。

表 7.13　易制毒危险化学品分类及目录

序号	名称	CAS 号	版本	危化品号
第一类				
1	1-苯基-2-丙酮	103—79—7	445 号令版	
2	3,4-亚甲基二氧苯基-2-丙酮	4676—39—5	445 号令版	
3	胡椒醛	120—57—0	445 号令版	
4	黄樟素	94—59—7	445 号令版	

续表

序号	名称	CAS 号	版本	危化品号
5	黄樟油	8006－80－2	445 号令版	
6	异黄樟素	120－58－1	445 号令版	
7	*N*-乙酰邻氨基苯酸	89－52－1	445 号令版	
8	邻氨基苯甲酸	118－92－3	445 号令版	
9	麦角酸*	82－58－6	445 号令版	
10	麦角胺*	113－15－5	445 号令版	
11	麦角新碱*	60－79－7	445 号令版	
12	麻黄素、伪麻黄素、消旋麻黄素、去甲麻黄素、甲基麻黄素、麻黄浸膏、麻黄浸膏粉等麻黄素类物质*	299－42－3	445 号令版	
12	羟亚胺及其盐类（如盐酸羟亚胺等）	90717－16－1	2008 年 8 月 1 日收录	
13	邻氯苯基环戊酮	6740－85－8	2012 年 9 月 15 日收录	
14	1-苯基-2-溴-1-丙酮	23022－83－5	2014 年 4 月 10 日收录	
15	3-氧-2-苯基丁腈	5558－29－2	2014 年 4 月 10 日收录	
16	*N*-苯乙基-4-哌啶酮	39742－60－4	2017 年 11 月 6 日收录	
17	4-苯胺基-*N*-苯乙基哌啶	21409－26－7	2017 年 11 月 6 日收录	
18	*N*-甲基-1-苯基-1-氯-2-丙胺	25394－24－5	2017 年 11 月 6 日收录	
		第二类		
1	苯乙酸	103－82－2	445 号令版	
2	醋酸酐	108－24－7	445 号令版	2634
3	三氯甲烷	67－66－3	445 号令版	1852
4	乙醚	60－29－7	445 号令版	2625
5	哌啶	110－89－4	445 号令版	1601
6	溴素	7726－95－6	2017 年 11 月 6 日收录	2361
7	1-苯基-1-丙酮	93－55－0	2017 年 11 月 6 日收录	
8	α-苯乙酰乙酸甲酯	16648－44－5	2021 年 5 月 18 日收录	
9	α-乙酰乙酰苯胺	4433－77－6	2021 年 5 月 18 日收录	
10	3,4-亚甲基二氧苯基-2-丙酮缩水甘油酸	2167189－50－4	2021 年 5 月 18 日收录	
11	3,4-亚甲基二氧苯基-2-丙酮缩水甘油酯	13605－48－6	2021 年 5 月 18 日收录	
		第三类		
1	甲苯	108－88－3	445 号令版	1014
2	丙酮	67－64－1	445 号令版	137
3	甲基乙基酮	78－93－3	445 号令版	236

续表

序号	名称	CAS号	版本	危化品号
4	高锰酸钾	7722—64—7	445号令版	813
5	硫酸	7664—93—9	445号令版	1302
6	盐酸	7647—01—0	445号令版	2507
7	苯乙腈	140—29—4	2021年5月18日收录	94
8	γ-丁内酯	96—48—0	2021年5月18日收录	新增

注：1. 第一类、第二类所列物质可能存在的盐类，也纳入管制；

2. 带有*标记的品种为第一类中的药品类易制毒化学品，第一类中的药品类易制毒化学品包括原料药及其单方制剂；

3. 高锰酸钾既属于易制毒化学品也属于易制爆化学品。

8.4　管理要求

8.4.1　生产、经营、购买、运输

易制毒化学品的生产、经营、购买、运输进出口等主要按照《易制毒化学品管理条例》的要求进行，见表7.14～表7.16。而属于药品类的易制毒化学品卫生部发布了更加具体的管理办法《药品类易制毒化学品管理办法》（卫生部72号令），药品类易制毒化学品还应遵照此进行管理。

表7.14　易制毒化学品生产需要的条件

生产种类	具备条件	审批部门	取得证件	是否可以经营
第一类易制毒化学品（药品）	（1）属依法登记的化工产品生产企业或者药品生产企业； （2）有符合国家标准的生产设备、仓储设施和污染物处理设施； （3）有严格的安全生产管理制度和环境突发事件应急预案； （4）企业法定代表人和技术、管理人员具有安全生产和易制毒化学品的有关知识，无毒品犯罪记录； （5）法律、法规、规章规定的其他条件。 （6）当在仓储场所等重点区域设置电视监控设施以及与公安机关联网的报警装置（药品类需要）	所在地省、自治区、直辖市食品药品监督管理部门	签发新的生产许可证或在原有的生产许可证上标注，然后到工商行政管理部门办理经营范围变更登记	在厂区内可以可直接销售。 厂外设立销售网点经销第一类易制毒化学品的，应当依照规定取得经营许可。 药品类易制毒化学品单方制剂和小包装麻黄素，纳入麻醉药品销售渠道经营，仅能由麻醉药品全国性批发企业和区域性批发企业经销，不得零售
第一类易制毒化学品（非药品）		省、自治区、直辖市人民政府安全生产监督管理部门		
第二、三类易制毒化学品	应当自生产之日起30日内，将生产的品种、数量等情况，向相应主管部门备案	市级人民政府安全生产监督管理部门备案	备案	

表 7.15　易制毒化学品经营需要的条件

<table>
<tr><th>生产种类</th><th>具备条件</th><th>审批部门</th><th>取得证件</th><th>备注</th></tr>
<tr><td>第一类易制毒化学品（药品）</td><td rowspan="2">（1）属依法登记的化工产品经营企业或者药品经营企业；
（2）有符合国家规定的经营场所，需要储存、保管易制毒化学品的，还应当有符合国家技术标准的仓储设施；
（3）有易制毒化学品的经营管理制度和健全的销售网络；
（4）企业法定代表人和销售、管理人员具有易制毒化学品的有关知识，无毒品犯罪记录；
（5）法律、法规、规章规定的其他条件</td><td>所在地省、自治区、直辖市食品药品监督管理部门</td><td rowspan="2">签发新的经营许可证或在原有的经营许可证标注，然后到工商行政管理部门办理经营范围变更登记</td><td>第一类中的药品类易制毒化学品药品单方制剂，由麻醉药品定点经营企业经销，且不得零售</td></tr>
<tr><td>第一类易制毒化学品（非药品）</td><td>省、自治区、直辖市人民政府安全生产监督管理部门</td><td>—</td></tr>
<tr><td>第二类易制毒化学品</td><td>应当自经营之日起 30 日内，将经营的品种、数量等情况，向相应主管部门备案</td><td>市级人民政府安全生产监督管理部门</td><td>备案</td><td>—</td></tr>
<tr><td>第三类易制毒化学品</td><td>应当自经营之日起 30 日内，将经营的品种、数量等情况，向相应主管部门备案</td><td>县级人民政府安全生产监督管理部门</td><td>备案</td><td>—</td></tr>
</table>

表 7.16　易制毒化学品购买需要的条件

<table>
<tr><th>购买种类</th><th>具备条件</th><th>审批部门</th><th>取得证件</th><th>备注</th><th>经营单位</th></tr>
<tr><td>第一类易制毒化学品（非药品）</td><td rowspan="2">（1）经营企业提交企业营业执照和合法使用需要证明；
（2）其他组织提交登记证书（成立批准文件）和合法使用需要证明</td><td>所在地的省、自治区、直辖市人民政府食品药品监督管理部门</td><td rowspan="2">购买证明</td><td rowspan="4">（1）持有麻醉药品、第一类精神药品购买印鉴卡的医疗机构购买第一类中的药品类易制毒化学品的，无须申请第一类易制毒化学品购买许可证。
（2）个人不得购买第一类、第二类易制毒化学品。
（3）个人自用购买少量高锰酸钾的，无须备案。
（4）第一类易制毒化学品的使用单位，应当建立使用台账，并保存 2 年备查</td><td rowspan="4">（1）经营单位应当建立易制毒化学品销售台账，如实记录销售的品种、数量、日期、购买方等情况。销售台账和证明材料复印件应当保存 2 年备查；
（2）第一类易制毒化学品的销售情况，应当自销售之日起 5 日内报当地公安机关备案；
（3）第二类、第三类易制毒化学品的销售情况，应当自销售之日起 30 日内报当地公安机关备案</td></tr>
<tr><td>一类易制毒化学品（药品）</td><td>所在地的省、自治区、直辖市人民政府公安机关</td></tr>
<tr><td>第二类易制毒化学品</td><td rowspan="2">购买前将所需购买的品种、数量，向所在地的县级人民政府公安机关备案</td><td>县级人民政府公安机关</td><td>备案</td></tr>
<tr><td>第三类易制毒化学品</td><td>县级人民政府公安机关</td><td>备案</td></tr>
</table>

表 7.17 易制毒化学品运输需要的条件

<table>
<tr><th>运输种类</th><th>具备条件</th><th>审批部门</th><th>取得证件</th><th>备注</th></tr>
<tr><td>第一类易制毒化学品</td><td rowspan="3">(1) 易制毒化学品的购销合同；
(2) 货主是企业的，应当提交营业执照；货主是其他组织的，应当提交登记证书(成立批准文件)；货主是个人的，应当提交其个人的身份证明；
(3) 经办人还应当提交本人的身份证明</td><td>跨社设区的市级行政区域（直辖市为跨市界）或者在国务院公安部门确定的禁毒形势严峻的重点地区跨县级行政区域由运出地的设区的市级人民政府公安机关审批</td><td>易制毒化学品一次运输许可证</td><td rowspan="3">(1) 运输供教学、科研使用的100克以下的麻黄素样品和供医疗机构制剂配方使用的小包装麻黄素以及医疗机构或者麻醉药品经营企业购买麻黄素片剂6万片以下、注射剂1.5万支以下，货主或者承运人持有依法取得的购买许可证明或者麻醉药品调拨单的，无须申请易制毒化学品运输许可；
(2) 因治疗疾病需要，患者、患者近亲属或者患者委托的人凭医疗机构出具的医疗诊断书和本人的身份证明，可以随身携带第一类中的药品类易制毒化学品药品制剂，但是不得超过医用单张处方的最大剂量</td></tr>
<tr><td>第二类易制毒化学品</td><td>运出地的县级人民政府公安机关审批</td><td>3个月有效的运输许可证；6个月内运输安全状况良好的，发给12个月有效的运输许可证</td></tr>
<tr><td>第三类易制毒化学品</td><td>运出地县级人民政府公安机关</td><td>备案证明</td></tr>
</table>

8.4.2 存储及使用

易制毒化学品的存储和使用并没有像剧毒化学品和易制爆化学品那样有详细的规定，但在《药品类易制毒化学品管理办法》（卫生部72号令）中对药品类易制毒的存储和使用提出了要求：

8.4.2.1 药品类易制毒化学品生产企业、经营企业和使用药品类易制毒化学品的药品生产企业，应当设置专库或者在药品仓库中设立独立的专库（柜）储存药品类易制毒化学品。

8.4.2.2 麻醉药品全国性批发企业、区域性批发企业可在其麻醉药品和第一类精神药品专库中设专区存放药品类易制毒化学品。

8.4.2.3 教学科研单位应当设立专柜储存药品类易制毒化学品。

8.4.2.4 专库应当设有防盗设施，专柜应当使用保险柜；专库和专柜应当实行双人双锁管理。

8.4.2.5 药品类易制毒化学品生产企业、经营企业和使用药品类易制毒化学品的药品生产企业，其关键生产岗位、储存场所应当设置电视监控设施，安装报警装置并与公安机关联网。

8.4.2.6 药品类易制毒化学品生产企业、经营企业和使用药品类易制毒化学品的药品生产企业，应当建立药品类易制毒化学品专用账册。专用账册保存期限应当自药品类易制毒化学品有效期期满之日起不少于2年。

8.4.2.7 药品类易制毒化学品生产企业自营出口药品类易制毒化学品的，必须在专用账册中载明，并留存出口许可及相应证明材料备查。

8.4.2.8　药品类易制毒化学品入库应当双人验收，出库应当双人复核，做到账物相符。

8.4.2.9　发生药品类易制毒化学品被盗、被抢、丢失或者其他流入非法渠道情形的，案发单位应当立即报告当地公安机关和县级以上地方食品药品监督管理部门。接到报案的食品药品监督管理部门应当逐级上报，并配合公安机关查处。

但这些不能算是针对所有易制毒化学品的，所以很多企业对于易制毒化学品的使用管理参照了剧毒化学品的管理中“五双”的要求，在存储管理上参照了《易制爆危险化学品储存场所治安防范要求》具体详见第九节的内容。

9　易制爆化学品

9.1　主要参照的法律法规

《易制爆危险化学品治安管理办法》

《易制爆危险化学品名录》

《易制爆危险化学品储存场所治安防范要求》(GA 1511—2018)

9.2　术语与定义

9.2.1　易制爆化学品

是指化学品可以作为原料或辅料而制成爆炸品的性质。易制爆化学品通常包括：强氧化剂，可/易燃物，强还原剂，部分有机物。易制爆化学品明细见《易制爆危险化学品名录》。

9.2.2　易制爆化学品从业单位

是指生产、经营、储存、使用、运输及处置易制爆危险化学品的单位。

9.2.3　储存场所

储存易制爆危险化学品的仓库、场地、储存室或储存柜。

9.2.4　保管员

易制爆危险化学品从业单位专职或者兼职负责易制爆危险化学品保管和流向登记的工作人员。

9.2.5　保卫值班室

治安保卫人员用于履行看护、防卫职责的房间。

9.3　管理要求

9.3.1　通用要求

9.3.1.1　易制爆危险化学品从业单位应当建立易制爆危险化学品信息系统，并实现与公安机关的信息系统互联互通。公安机关和易制爆危险化学品从业单位应当对易制爆危险化学品实行电子追踪标识管理，监控记录易制爆危险化学品流向、流量。

9.3.2　购买

9.3.2.1　依法取得危险化学品安全生产许可证、危险化学品安全使用许可证、危险化学品经营许可证的企业，凭相应的许可证件购买易制爆危险化学品。

9.3.2.2　民用爆炸物品生产企业凭民用爆炸物品生产许可证购买易制爆危险化学品。

9.3.2.3　其他单位购买易制爆危险化学品的，应当向销售单位出具以下材料：

(1)《工商营业执照》《事业单位法人证书》等合法证明复印件、经办人身份证明复印件；

(2) 易制爆危险化学品合法用途说明，说明应当包含具体用途、品种、数量等内容。

9.3.2.4　严禁个人购买易制爆危险化学品。

9.3.2.5　危险化学品生产企业、经营企业销售易制爆危险化学品，应当如实记录购买单位的名称、地址、经办人姓名、身份证号码以及所购买的易制爆危险化学品的品种、数量、用途。销售记录以及相关许可证件复印件或者证明文件、经办人的身份证明复印件的保存期限不得少于 1 年。

9.3.2.6　易制爆危险化学品销售、购买单位应当在销售、购买后 5 日内，通过易制爆危险化学品信息系统，将所销售、购买的易制爆危险化学品的品种、数量以及流向信息报所在地县级公安机关备案。

9.3.2.7　易制爆危险化学品生产、进口和分装单位应当按照国家有关标准和规范要求，对易制爆危险化学品作出电子追踪标识，识读电子追踪标识可显示相应易制爆危险化学品品种、数量以及流向信息。

经查询，未发现国家层面发布的关于电子追踪标识相关标准，但北京市市场监督管理局于 2021－12－28 日发布了《剧毒、易制爆危险化学品电子追踪管理规范》(DB11/T 1904—2021)，可作为参照。

9.4　治安防范

易制爆危险化学品储存场所应当按照国家有关标准和规范要求，设置相应的人力防范、实体防范、技术防范等治安防范设施，防止易制爆危险化学品丢失、被盗、被抢。

9.4.1　人才防范要求

易制爆危险化学品从业单位应当设置治安保卫机构，建立健全治安保卫制度，配备专职治安保卫人员负责易制爆危险化学品治安保卫工作，并将治安保卫机构的设置和人员的配备情况报所在地县级公安机关备案。治安保卫人员应当符合国家有关标准和规范要求，经培训后上岗。

该条具体要求按照《易制爆危险化学品储存场所治安防范要求》(GA 1511—2018) 第 6 章 人力防范要求执行，具体如下：

9.4.1.1　易制爆危险化学品从业单位应设置治安保卫机构，配备专职治安保卫人员负责易制爆危险化学品治安保卫工作。

9.4.1.2　易制爆危险化学品从业单位应设置保管员，如实登记易制爆危险化学品的销售、购买、出入库、领取、使用、归还、处置等信息，并按规定将相关信息录入流向管理信息系统。

9.4.1.3　易制爆危险化学品从业单位应将治安保卫机构、治安保卫人员、保管员的设置情况报县级公安机关备案。

9.4.1.4 治安保卫人员、保管员应符合下列条件并经培训后上岗：

(1) 年龄18～60周岁之间；

(2) 具有完全民事行为能力，身体健康，无强制戒毒、刑事处罚的记录；

(3) 具有初中以上文化程度，能掌握岗位所需要的知识和技能。

9.4.1.5 小剂量存放场所以外的储存场所的保卫值班室应由治安保卫人员24h值守。值守人员每2h对储存场所进行巡查，巡查时应携带自卫器具。保卫值班室应配备通信工具并保持24h畅通。

9.4.1.6 保管员应每天核对易制爆危险化学品存放情况，登记资料至少保存1年，发现易制爆危险化学品的包装、标签、标识等不符合安全要求的，应及时整改；发现账物不符的，应及时查找，查找不到下落的，应立即报告行业主管部门和所在地公安机关。

9.4.1.7 易制爆危险化学品从业单位应定期对治安保卫人员、保管员开展以防盗抢、防丢失为主要内容的培训教育，每月至少召开一次安全会议并有记录。

9.4.1.8 易制爆危险化学品从业单位应建立易制爆危险化学品防盗、防抢、防破坏及技术防范系统发生故障等状态下的应急处置预案，并每年开展一次针对性的应急演练。

9.4.1.9 易制爆危险化学品从业单位应加强对治安防范工作的检查、考核和奖惩，及时发现、整改治安隐患，并保存检查、整改记录。

9.4.2 技术及实体防范措施

9.4.2.1 易制爆危险化学品储存场所的技术及实体防范措施具体要求按照《易制爆危险化学品储存场所治安防范要求》(GA 1511—2018)第7节和第8节，其中大部分要求可汇总如表7.18所示。

表7.18 易制爆危险化学品储存场所应配置的安全防范设施明细表

序号	防护区域和部位		安全防范设施	
1	封闭式储存场所	周界	实体防范系统	围墙或栅栏
			电子巡查装置	电子巡查装置
2			视频监控系统	监视和回放图像应能清晰显示储存场所周边的现场情况
3		出入口	实体防范系统	防火门，疏散方向开启
4			入侵报警系统	入侵报警装置
			电子巡查装置	电子巡查装置
5			视频监控系统	监视和回放图像应能清晰辨别进出场所人员的面部特征和物品出入场所交接情况
6			出入口控制系统	出入口控制装置
7		窗口、通风口	实体防范系统	实体或电子防护措施

续表

序号	防护区域和部位		安全防范设施	
8	半封闭式储存场所	周界	实体防范系统	围墙或栅栏，顶部设防攀爬设施，离地面高度≥2m
			电子巡查装置	电子巡查装置
9			视频监控系统	监视和回放图像应能清晰显示储存场所周边的现场情况
10		出入口	实体防范系统	防火门，疏散方向开启
11			入侵报警系统	入侵报警装置
			电子巡查装置	电子巡查装置
12			视频监控系统	监视和回放图像应能清晰辨别进出场所人员的面部特征和物品出入场所交接情况
13			出入口控制系统	出入口控制装置
14	露天式储存场所	周界	实体防范系统	栅栏，顶部设防攀爬设施，离地面高度≥2.5m
			电子巡查装置	电子巡查装置
15			视频监控系统	监视和回放图像应能清晰显示储存场所周边的现场情况
16		出入口	实体防范系统	栅栏门
			电子巡查装置	电子巡查装置
17			入侵报警系统	入侵报警装置
18			出入口控制系统	出入口控制装置
19			视频监控系统	监视和回放图像应能清晰辨别进出场所人员的面部特征和物品出入场所交接情况
20		大型槽罐	实体防范系统	防破坏设施
21		物品堆放区域或大型槽罐放置区域	视频监控系统	监视和回放图像应能清晰显示人员的活动情况
22	小剂量存放场所	储存室出入口	实体防范系统	符合GB 17565—2007要求的防盗安全门，其防盗安全级别应为乙级（含）以上
23			视频监控系统	监视和回放图像应能清晰辨别进出场所人员的面部特征
24		储存柜区域	实体防范系统	满足双人双锁要求及装有符合GA/T 73—2015相关规定的机械防盗锁的防盗保险柜
25			视频监控系统	监视和回放图像应能清晰显示物品存取情况和人员活动情况

续表

<table>
<tr><th>序号</th><th colspan="2">防护区域和部位</th><th colspan="2">安全防范设施</th></tr>
<tr><td>27</td><td rowspan="3">保卫值班室</td><td>出入口</td><td rowspan="2">实体防范系统</td><td>符合 GB 17565—2007 要求的防盗安全门，其防盗安全级别应为乙级（含）以上</td></tr>
<tr><td>28</td><td>窗口、通风口</td><td>实体或电子防护措施</td></tr>
<tr><td>29</td><td>内部</td><td>视频监控系统</td><td>监视和回放图像应能清晰显示人员值守及活动情况</td></tr>
<tr><td>30</td><td rowspan="2">监控中心，单独设置或设置在保卫值班室内</td><td>出入口</td><td>出入口控制系统</td><td>出入口控制装置</td></tr>
<tr><td>31</td><td>内部</td><td>视频监控系统</td><td>视频监控装置</td></tr>
<tr><td>32</td><td colspan="2">封闭式、半封闭式、露天式储存场所的周界、出入口等区域或部位</td><td>电子巡查系统</td><td>电子巡查装置</td></tr>
</table>

9.4.2.2 储存场所使用的钢筋栅栏应采用直径大于等于 12mm 的实心钢筋；钢管栅栏应采用直径大于等于 20mm，壁厚大于等于 2mm 的钢管；钢板栅栏应采用单根横截面大于等于 8mm×20mm 的钢筋（钢管、钢板）。相邻钢筋（钢管、钢板）间隔应小于等于 100mm，高度每超过 800mm 的应在中点处再加一道横向钢筋（钢管、钢板）。窗口、通风口的防盗栅栏应采用直径大于等于 12mm 的膨胀螺栓固定，安装应牢固可靠。储存场所周界设置的栅栏应与地面牢固固定。

9.4.2.3 具有易爆特性的易制爆化学品储存场所，其视频监控装置的防爆特性、电缆的防爆防护措施应符合 GB 50058 的相关规定。

9.4.2.4 入侵和紧急报警系统

(1) 入侵和紧急报警系统应与视频监控系统联动，封闭式、半封闭式、露天式储存场所出入口的入侵报警信号与联动视频图像应发送到安防监控中心；

(2) 安防监控中心应与行业监管部门、公安部门和报警运营服务机构远程联网或预留接口；

(3) 入侵和紧急报警系统布防、撤防、故障和报警信息存储时间应大于等于 90 天；

(4) 入侵和紧急报警系统其他要求应符合 GB/T 32581 的相关规定。

9.4.2.5 视频监控系统

(1) 视频监控系统本地监视、存储和回放的视频图像分辨率应大于等于 1280×720，图像帧率应大于等于 25fps；

(2) 视频图像存储时间应大于等于 30 天；

(3) 视频监控系统的其他要求应符合 GB 50395 的相关规定。

9.4.2.6 出入口控制系统

(1) 出入口控制系统应能对强行破坏、非法进入的行为或不正确的识读发出报警信号，报警信号应与相关出入口的视频图像联动。储存场所出入口的报警信号与联动视频图像应发送到安防监控中心。

（2）出入口控制系统信息存储时间应大于等于 180 天。

（3）出入口控制系统的其他要求应符合 GB 50396 的相关规定。

9.4.2.7 电子巡查系统

（1）电子巡查系统的巡查路线、巡查时间应能根据安全管理需要进行设定和修改。

（2）巡查记录保存时间应大于等于 90 天。

（3）电子巡查系统的其他要求应符合 GA/T 644 的相关规定。

9.4.2.8 系统应能对系统内具有计时功能的设备进行校时，设备的时钟与北京时间误差应小于等于 10s。

9.4.2.9 系统应有备用电源，应保证主电源断电后入侵报警系统正常工作大于等于 8h，视频监控系统关键设备正常工作大于等于 1h，出入口控制系统正常工作大于等于 48h。

9.4.2.10 小剂量存放场所以外的储存场所的安全防范系统建设完成后，应进行检验和验收，易制爆危险化学品储存场所（储存室、储存柜除外）治安防范状况应当纳入单位安全评价的内容，经安全评价合格后方可使用。

9.4.2.11 易制爆危险化学品从业单位应加强对安全防范系统和设施的维护、保养，出现故障应在 48h 内恢复功能，维修期间应启动应急预案，且应在 24h 内报所属行业主管部门，超过 48h 不能恢复功能的，应报告所在地公安机关。安全防范系统运行与维护应符合 GB 50348 和 GA/T 1081 的相关规定。

9.4.3 易制爆危险化学品从业单位应当建立易制爆危险化学品出入库检查、登记制度，定期核对易制爆危险化学品存放情况。易制爆危险化学品丢失、被盗、被抢的，应当立即报告公安机关。

9.4.4 构成重大危险源的易制爆危险化学品，应当在专用仓库内单独存放，并实行双人收发、双人保管制度。

易制爆化学品名录见表 7.19。

表 7.19 易制爆危险化学品名录（2017 年版）

序号	品名	别名	CAS 号	主要的燃爆危险性分类
1 酸类				
1.1	硝酸		7697－37－2	氧化性液体，类别 3
1.2	发烟硝酸		52583－42－3	氧化性液体，类别 1
1.3	高氯酸（浓度＞72％）	过氯酸	7601－90－3	氧化性液体，类别 1
	高氯酸（浓度 50％～72％）			氧化性液体，类别 1
	高氯酸（浓度≤50％）			氧化性液体，类别 2
2 硝酸盐类				
2.1	硝酸钠		7631－99－4	氧化性固体，类别 3
2.2	硝酸钾		7757－79－1	氧化性固体，类别 3

续表

序号	品名	别名	CAS号	主要的燃爆危险性分类
2.3	硝酸铯		7789-18-6	氧化性固体，类别3
2.4	硝酸镁		10377-60-3	氧化性固体，类别3
2.5	硝酸钙		10124-37-5	氧化性固体，类别3
2.6	硝酸锶		10042-76-9	氧化性固体，类别3
2.7	硝酸钡		10022-31-8	氧化性固体，类别2
2.8	硝酸镍	二硝酸镍	13138-45-9	氧化性固体，类别2
2.9	硝酸银		7761-88-8	氧化性固体，类别2
2.10	硝酸锌		7779-88-6	氧化性固体，类别2
2.11	硝酸铅		10099-74-8	氧化性固体，类别2
3 氯酸盐类				
3.1	氯酸钠		7775-09-9	氧化性固体，类别1
	氯酸钠溶液			氧化性液体，类别3*
3.2	氯酸钾		3811-04-9	氧化性固体，类别1
	氯酸钾溶液			氧化性液体，类别3*
3.3	氯酸铵		10192-29-7	爆炸物，不稳定爆炸物
4 高氯酸盐类				
4.1	高氯酸锂	过氯酸锂	7791-03-9	氧化性固体，类别2
4.2	高氯酸钠	过氯酸钠	7601-89-0	氧化性固体，类别1
4.3	高氯酸钾	过氯酸钾	7778-74-7	氧化性固体，类别1
4.4	高氯酸铵	过氯酸铵	7790-98-9	爆炸物，1.1项 氧化性固体，类别1
5 重铬酸盐类				
5.1	重铬酸锂		13843-81-7	氧化性固体，类别2
5.2	重铬酸钠	红矾钠	10588-01-9	氧化性固体，类别2
5.3	重铬酸钾	红矾钾	7778-50-9	氧化性固体，类别2
5.4	重铬酸铵	红矾铵	7789-09-5	氧化性固体，类别2*
6 过氧化物和超氧化物类				
6.1	过氧化氢溶液 （含量>8%）	双氧水	7722-84-1	（1）含量≥60% 氧化性液体，类别1； （2）20%≤含量<60% 氧化性液体，类别2； （3）8%<含量<20% 氧化性液体，类别3

续表

序号	品名	别名	CAS 号	主要的燃爆危险性分类
6.2	过氧化锂	二氧化锂	12031-80-0	氧化性固体，类别 2
6.3	过氧化钠	双氧化钠、二氧化钠	1313-60-6	氧化性固体，类别 1
6.4	过氧化钾	二氧化钾	17014-71-0	氧化性固体，类别 1
6.5	过氧化镁	二氧化镁	1335-26-8	氧化性液体，类别 2
6.6	过氧化钙	二氧化钙	1305-79-9	氧化性固体，类别 2
6.7	过氧化锶	二氧化锶	1314-18-7	氧化性固体，类别 2
6.8	过氧化钡	二氧化钡	1304-29-6	氧化性固体，类别 2
6.9	过氧化锌	二氧化锌	1314-22-3	氧化性固体，类别 2
6.10	过氧化脲	过氧化氢、尿素、过氧化脲	124-43-6	氧化性固体，类别 3
6.11	过乙酸（含量≤16%，含水≥39%，含乙酸≥15%，含过氧化氢≤24%，含有稳定剂）	过醋酸、过氧乙酸、乙酰过氧化氢	79-21-0	有机过氧化物 F 型
	过乙酸（含量≤43%，含水≥5%，含乙酸≥35%，含过氧化氢≤6%，含有稳定剂）			易燃液体，类别 3 有机过氧化物，D 型
6.12	过氧化二异丙苯（52%<含量≤100%）	二枯基过氧化物、硫化剂 DCP	80-43-3	有机过氧化物，F 型
6.13	过氧化氢苯甲酰	过苯甲酸	93-59-4	有机过氧化物，C 型
6.14	超氧化钠		12034-12-7	氧化性固体，类别 1
6.15	超氧化钾		12030-88-5	氧化性固体，类别 1
7 易燃物还原剂类				
7.1	锂	金属锂	7439-93-2	遇水放出易燃气体的物质和混合物，类别 1
7.2	钠	金属钠	7440-23-5	遇水放出易燃气体的物质和混合物，类别 1
7.3	钾	金属钾	7440-09-7	遇水放出易燃气体的物质和混合物，类别 1
7.4	镁		7439-95-4	（1）粉末：自热物质和混合物，类别 1；遇水放出易燃气体的物质和混合物，类别 2； （2）丸状、旋屑或带状：易燃固体，类别 2

续表

序号	品名	别名	CAS号	主要的燃爆危险性分类
7.5	镁铝粉	镁铝合金粉		(1) 遇水放出易燃气体的物质和混合物，类别2；(2) 自热物质和混合物，类别1
7.6	铝粉		7429-90-5	(1) 有涂层：易燃固体，类别1；(2) 无涂层：遇水放出易燃气体的物质和混合物，类别2
7.7	硅铝		57485-31-1	遇水放出易燃气体的物质和混合物，类别3
	硅铝粉			
7.8	硫磺	硫	7704-34-9	易燃固体，类别2
7.9	锌尘		7440-66-6	(1) 自热物质和混合物，类别1；(2) 遇水放出易燃气体的物质和混合物，类别1
	锌粉			(1) 自热物质和混合物，类别1；(2) 遇水放出易燃气体的物质和混合物，类别1
	锌灰			遇水放出易燃气体的物质和混合物，类别3
7.10	金属锆		7440-67-7	易燃固体，类别2
	金属锆粉	锆粉		(1) 自燃固体，类别1；(2) 遇水放出易燃气体的物质和混合物，类别1
7.11	六亚甲基四胺	六甲撑四胺、乌洛托品	100-97-0	易燃固体，类别2
7.12	1，2-乙二胺	1，2-二氨基乙烷、乙酸二胺	107-15-3	易燃液体，类别3
7.13	一甲胺（无水）	氨基甲烷、甲胺	74-89-5	易燃气体，类别1
	一甲胺溶液	氨基甲烷溶液、甲胺溶液		易燃液体，类别1
7.14	硼氢化锂	氢硼化锂	16949-15-8	遇水放出易燃气体的物质和混合物，类别1
7.15	硼氢化钠	氢硼化钠	16940-66-2	遇水放出易燃气体的物质和混合物，类别1
7.16	硼氢化钾	氢硼化钾	13762-51-1	遇水放出易燃气体的物质和混合物，类别1

续表

序号	品名	别名	CAS号	主要的燃爆危险性分类
		8 硝基化合物类		
8.1	硝基甲烷		75-52-5	易燃液体，类别3
8.2	硝基乙烷		79-24-3	易燃液体，类别3
8.3	2，4-二硝基甲苯		121-14-2	
8.4	2，6-二硝基甲苯		606-20-2	
8.5	1，5—二硝基萘		605-71-0	易燃固体，类别1
8.6	1，8-二硝基萘		602-38-0	易燃固体，类别1
8.7	二硝基苯酚（干的或含水＜15%）		25550-58-7	爆炸物，1.1项
	二硝基苯酚溶液			
8.8	2，4-二硝基苯酚（含水≥15%）	1-羟基-2，4-二硝基苯	51-28-5	易燃固体，类别1
8.9	2，5-二硝基苯酚（含水≥15%）		329-71-5	易燃固体，类别1
8.10	2，6-二硝基苯酚（含水≥15%）		573-56-8	易燃固体，类别1
8.11	2，4-二硝基苯酚钠		1011-73-0	爆炸物，1.3项
		9 其他		
9.1	硝化纤维素［干的或含水（或乙醇）＜25%］	硝化棉	9004-70-0	爆炸物，1.1项
	硝化纤维素（含氮≤12.6%，含乙醇≥25%）			易燃固体，类别1
	硝化纤维素（含氮≤12.6%）			易燃固体，类别1
	硝化纤维素（含水≥25%）			易燃固体，类别1
	硝化纤维素（含乙醇≥25%）			爆炸物，1.3项
	硝化纤维素（未改性的，或增塑的，含增塑剂＜18%）			爆炸物，1.1项
	硝化纤维素溶液（含氮量≤12.6%，含硝化纤维素≤55%）	硝化棉溶液		易燃液体，类别2
9.2	4，6-二硝基-2-氨基苯酚钠	苦氨酸钠	831-52-7	爆炸物，1.3项
9.3	高锰酸钾	过锰酸钾、灰锰氧	7722-64-7	氧化性固体，类别2

续表

序号	品名	别名	CAS 号	主要的燃爆危险性分类
9.4	高锰酸钠	过锰酸钠	10101-50-5	氧化性固体，类别 2
9.5	硝酸胍	硝酸亚氨脲	506-93-4	氧化性固体，类别 3
9.6	水合肼	水合联氨	10217-52-4	
9.7	2，2-双（羟甲基）1，3-丙二醇	季戊四醇、四羟甲基甲烷	115-77-5	

注：①各栏目的含义：

“序号”：《易制爆危险化学品名录》（2017 年版）中化学品的顺序号；

“品名”：根据《化学命名原则》（1980）确定的名称；

“别名”：除“品名”以外的其他名称，包括通用名、俗名等；

“CAS 号”：Chemical Abstract Service 的缩写，是美国化学文摘社对化学品的唯一登记号，是检索化学物质有关信息资料最常用的编号；

“主要的燃爆危险性分类”：根据《化学品分类和标签规范》系列标准（GB 30000.2—2013～GB 30000.29—2013）等国家标准，对某种化学品燃烧爆炸危险性进行的分类。

②除列明的条目外，无机盐类同时包括无水和含有结晶水的化合物。

③混合物之外无含量说明的条目，是指该条目的工业产品或者纯度高于工业产品的化学品。

④标记“*”的类别，是指在有充分依据的条件下，该化学品可以采用更严格的类别。

10 监控化学品管理

10.1 主要参考的法律法规

《中华人民共和国监控化学品管理条例》（国务院令第 190 号）

《中华人民共和国监控化学品管理条例》实施细则（工业和信息化部令第 48 号）

《各类监控化学品目录》（工业和信息化部令第 52 号）

《列入第三类监控化学品的新增品种清单》（国家石油和化学工业局令第 1 号）

10.2 术语与定义

10.2.1 化学武器

化学武器是指利用化学物质的毒性以杀伤有生力量的各种武器和器材的总称，包括装有各种化学毒剂的化学炮弹、导弹、化学地雷、飞机布洒器、毒烟施放器以及二元化学炮弹等。

10.2.2 监控化学品

监控化学品是指以下化学品：

第一类：可作为化学武器的化学品；

第二类：可生产化学武器前体的化学品；

第三类：可作为生产化学武器主要原料的化学品；

第四类：除炸药外和纯碳氢化合物外的特定有机化学品。

前款各类监控化学品的名录由国务院化学工业主管部门提出，报国务院批准后公布，详见《各类监控化学品目录》（工业和信息化部令第 52 号）和《列入第三类监控化学品的新增品种清单》(国家石油和化学工业局令第 1 号)。

10.2.3　监控化学品生产技术

生产监控化学品的各种技术手段。

10.2.4　监控化学品专用设备

采用各种监控化学品生产技术，生产监控化学品过程中所需要的产品合成、分离、提纯、热传导和自控仪表等专用设备。

10.2.5　国际视察

是指禁止化学武器组织根据《禁止化学武器公约》的规定，派遣视察组对我国监控化学品相关设施进行的现场视察，包括初始视察和例行视察等。

10.3　管理要求

10.3.1　缔约国义务

化学武器具有强大的杀伤性和危害性，化学武器制造成本较低，前体、原料和设备容易获得，制造技术简单，被称为“穷人的原子弹”，容易被滥用。因为其给人类社会带来的巨大灾难，国际社会一直为禁止化学武器而努力，先后签署多部条约，但屡禁不止，直至《关于禁止发展、生产、储存和使用该化学武器及销毁此种武器的条约》(简称“公约”)诞生，旨在严格和有效的国际监督下，前面禁止发展、生产、获取、储存、保有、转让和使用化学武器，中国为该公约的缔约国。公约规定的缔约国的义务见表 7.20。

表 7.20　公约规定的缔约国义务

义务	内容
一般义务	承诺绝不发展、生产、储存和使用化学武器，绝不为使用化学武器进行任何军事准备，绝不以任何方式协助、鼓励或诱使任何一方从事本公约禁止一缔约国从事的任何活动，不把控爆剂用作战争手段
	承诺按照公约规定销毁其所拥有或占有的或位于其管辖或控制下的任何地方的化学武器
	承诺按照本公约规定销毁遗留在另一缔约国领土上的所有化学武器
	承诺按照本公约的规定销毁其所拥有或占有的或位于其管辖或控制下的任何地方的任何化学武器生产设施
国家执行措施	建立国家履约机构
	建立国家立法以确保公约有效执行
	同其他缔约国合作并提供适当形式的协助
宣布	缔约国应向禁化武组织提交初始宣布、预计活动年度宣布、过去活动年度宣布以及补充、变更宣布
国际视察	接受禁化武组织对相关设施的现场视察
防扩散	对公约附表化学品及其技术设备的进出口进行管制，以防止向非缔约国及非政府组织扩散
援助和防护	承诺促进并应有权参加尽可能充分地交换与化学武器防护手段有关的设备、材料以及科学和技术资料

10.3.2　国内监控化学品相关业务所需证书和手续

为保障监控化学品有效管理，中国颁布了《中华人民共和国监控化学品管理条例》及其实施细则，以及《各类监控化学品名录》等一系列法律法规，形成了一套对监控化学品的生产、经营、使用、存储及进出口等的有效管理体系，对我国监控化学品的管理提出要求和指导，国内监控化学品相关业务所需证书和手续见表7.21。

表7.21 监控化学品相关业务所需证书和手续

业务	种类	要求
生产	第一类监控化学品	国务院化学工业主管部门指定的小型设施中生产
	第二类、第三类监控化学品及第四类中含磷硫氟的监控化学品	监控化学品生产许可证
经营	第二类监控化学品	第二类监控化学品经营许可证书
使用	第一类监控化学品	向工业和信息化部提出申请
进出口管理	第一类监控化学品和第二类、第三类监控化学品及其生产技术和专用设备	委托被指定单位代理

10.3.3 生产

10.3.3.1 第一类监控化学品

国家严格控制第一类监控化学品的生产。为科研、医疗、制造药物或者防护目的的需要生产第一类监控化学品的，应当报国务院化学工业主管部门批准，并在国务院化学工业主管部门指定的小型设施中生产。严禁在未经工业和信息化部指定的设施中生产第一类监控化学品。

10.3.3.2 第二类、第三类监控化学品及第四类中含磷硫氟的监控化学品

（1）新建、扩建或者改建申请

用于生产第二类、第三类监控化学品和第四类监控化学品中含磷、硫、氟的特定有机化学品的设施，应当填写《监控化学品生产设施新（扩、改）》并附上申请表中要求提供的相关材料，向所在地省、自治区、直辖市工业和信息化主管部门提出申请，经省、自治区、直辖市工业和信息化主管部门应当自收到全部申请资料之日起20个工作日内审查完毕并签署意见，报工业和信息化部批准，工业和信息化部于20个工作日内作出决定，予以批准的，颁发批准文件；不予批准的，书面通知申请人并说明理由。

（2）竣工验收

工程竣工后，应当自竣工之日起40个工作日内向所在地省、自治区、直辖市工业及信息化主管部门申请竣工验收，验收合格出具审查意见书并报国务院化学工业主管部门批准后，按照《中华人民共和国监控化学品管理条例》实施细则第十条要求申领监控化学品生产许可证。

有以下情形之一的，所在省、自治区、直辖市工业和信息化主管部门应当出具不予通过验收的审查意见：

①第二类、第三类监控化学品和第四类监控化学品中含磷、硫、氟的特定有机化学品的生产设施的标定生产能力达到或者超过设计生产能力150%的；

②隐瞒有关情况或者提供虚假文件资料申请竣工验收，情节严重的；

③工业和信息化部规定的其他情形。

不予通过竣工验收的，申请人应当在6个月内完成整改，再次申请竣工验收。

（3）生产特别许可证

国家对第二类、第三类监控化学品和第四类监控化学品中含磷、硫、氟的特定有机化学品的生产，实行特别许可制度。

申请监控化学品生产特别许可的，应当具备下列条件，并填写《监控化学品生产特别许可申请表》并附上申请表中要求提供的相关材料，向所在地省、自治区、直辖市工业和信息化主管部门提出申请：

①申请人为法人或者非法人组织；

②有生产监控化学品所需的资金和场所；

③具有与生产监控化学品相适应的技术条件、生产设施，符合当地环境保护及安全生产监督管理部门的要求；

④有与生产监控化学品相适应的专业技术人员和管理制度；

⑤具备履行《禁止化学武器公约》的能力；

⑥五年内无违法生产、经营、使用监控化学品的记录。

省、自治区、直辖市工业和信息化主管部门应当组织专家，按照《监控化学品生产特别许可现场考核表》的要求对申请人进行现场考核，并于收到全部申请材料之日起 20 个工作日内，将考核意见和全部申请材料报工业和信息化部。工业和信息化部收到省、自治区、直辖市工业和信息化主管部门报送的材料后，应当对申请材料是否符合本条中规定的条件进行审查，并自收到材料之日起 20 个工作日内作出决定。予以批准的，颁发生产特别许可证书；不予批准的，书面通知申请人并说明理由。

监控化学品生产特别许可证书有效期为 5 年。生产特别许可证书有效期届满需要继续生产监控化学品的，应当提前 6 个月通过所在地的省、自治区、直辖市工业和信息化主管部门向工业和信息化部申请延续，经审查符合本条中规定的条件的，应当在有效期届满前准予延续。因企业名称等变更需要更换监控化学品生产特别许可证书的，应当通过所在地的省、自治区、直辖市工业和信息化主管部门，将其生产特别许可证书及变更后的营业执照复印件报工业和信息化部。经审查符合规定条件的，应当准予更换监控化学品生产特别许可证书。

生产第二类监控化学品的，不得向未取得第二类监控化学品经营许可证书、使用许可证书的单位或者个人销售第二类监控化学品。

10.3.4　经营

10.3.4.1　国家对第二类监控化学品的经营实行许可制度

10.3.4.2　申请第二类监控化学品经营许可的，应具备以下条件：

（1）申请人为法人或非法人组织；

（2）对第二类监控化学品的采购、运输和储存具有全过程管理能力；

（3）有符合安全要求的经营设施和熟悉产品性能的技术人员；

（4）有健全的监控化学品经营管理制度；

（5）有熟悉监控化学品数据统计和履行《禁止化学武器公约》所需的管理人员和管理制度；

(6) 五年内无违法生产、经营、使用监控化学品的记录。

10.3.4.3 申请第二类监控化学品经营许可证，应填写《第二类监控化学品申请表》；并附上申请表中要求提供的相关资料，并向所在地的省、自治区、直辖市工业提出申请，所在地的省、自治区、直辖市工业和信息化主管部门应对申请资料进行检查并现场核验，于收到申请资料20个工作日内作出决定。予以批准的，颁发第二类监控化学品经营许可证书，不予批准，书面通知申请人并说明理由。

10.3.4.4 经营第二类监控化学品的，不得向未取得第二类监控化学品经营许可证书、使用许可证书的单位或者个人销售第二类监控化学品，不得向未取得第二类监控化学品生产许可证书、经营许可证书的单位和个人购买第二类监控化学品。

购买第二类监控化学品的，应当查验销售人的第二类监控化学品生产特别许可证、经营许可证书并留存复印件。销售第二类监控化学品的，应当查验购买人的第二类监控化学品经营许可证、使用许可证并留存复印件。

10.3.4.5 经营第二类监控化学品的，应当保存购买、储存、销售原始记录和统计台账，保存期限不得少于3年，第二类监控化学品的经营者应当在每年1月和7月分别向所在地省、自治区、直辖市工业和信息化主管部门报送前6个月的销售记录。

10.3.5 使用

10.3.5.1 第一类监控化学品

为科研、医疗、制造药物或者防护目的需要使用第一类监控化学品的，应当填写《第一类监控化学品使用申请表》并附上申请表中要求提供的相关材料，向工业和信息化部提出申请。工业和信息化部予以批准的，颁发批准文件。申请人应当凭批准文件与工业和信息化部指定的生产单位签订合同，并将合同副本报送工业和信息化部备案。

10.3.5.2 第二类监控化学品

(1) 申请第二类监控化学品使用许可的，应当具备以下条件：

①申请人为法人或者非法人组织；

②对第二类监控化学品的采购、运输、储存和使用具有全过程管理能力；

③有健全的监控化学品使用管理制度；

④具备履行《禁止化学武器公约》的能力；

⑤五年内无违法生产、经营、使用监控化学品的记录。

(2) 申请第二类监控化学品使用许可的，应当填写《第二类监控化学品使用申请表》并附上申请表中要求提供的相关材料，向所在地省、自治区、直辖市工业和信息化主管部门提出申请，并根据年使用量一并提交相关资料。省、自治区、直辖市工业和信息化主管部门应当对申请材料进行审查并进行现场核验，并于收到全部申请材料之日起20个工作日内作出决定。予以批准的，颁发第二类监控化学品使用许可证书；不予批准的，书面通知申请人并说明理由。

(3) 取得第二类监控化学品使用许可的，应当凭第二类监控化学品使用许可证书向取得第二类监控化学品生产特别许可证书、经营许可证书的单位或者个人购买第二类监控化学品。

(4) 第二类监控化学品经营许可证书、使用许可证书有效期为5年，许可证书的样式由工业和信息化部统一规定。许可证书有效期届满需要继续经营、使用监控化学品的，应当提前6个月向所在地省、自治区、直辖市工业和信息化主管部门申请延续。经审查符合《中华人民共和国监控化学品管理条例》实施细则规定的条件的，应当在有效期届满前准予延续。

10.3.6 进出口管理

10.3.6.1 国家对第一类监控化学品和第二类、第三类监控化学品及其生产技术和专用设备的进出口，实行许可制度。

第一类监控化学品和第二类、第三类监控化学品及其生产技术和专用设备的进出口业务，按《中华人民共和国监控化学品管理条例》规定由被指定单位经营，见表7.22。需要进口或出口第一类监控化学品和第二类、第三类监控化学品及其生产技术、专用设备的，应当委托被指定单位代理进口或者出口。除被指定单位外，任何单位和个人均不得从事这类进出口业务。

表7.22 指定单位可经营的进出口业务

业务类型	业务范围	指定单位
进口、出口	可代理进口和出口全部种类的监控化学品及其生产技术和专用设备	中化国际（控股）股份有限公司；中昊国际贸易有限公司
出口	企业自产氯化苦	大连达凯染料化工进出口有限公司
进口及国内销售	氯化亚砜、甲基二乙醇胺、三乙醇胺	杭州华润实业有限公司
	甲基二乙醇胺、三乙醇胺	福州特威化工有限公司
	氯化亚砜、三乙醇胺	江苏舜天股份有限公司

注：对于列入第三类监控化学品新增品种的监控化学品的出口或进口，无指定限制专营公司。

10.3.6.2 国家严格控制第一类监控化学品的进口和出口。非为科研、医疗、制造药物或者防护目的，不得进口第一类监控化学品。

接受委托进口第一类监控化学品的被指定单位，应当向国务院化学工业主管部门提出申请，并提交产品最终用途的说明和证明；经国务院化学工业主管部门审查签署意见后，报国务院审查批准。被指定单位凭国务院的批准文件向国务院对外经济贸易主管部门申请领取进口许可证。

接受委托出口第一类监控化学品的被指定单位，应当向国务院化学工业主管部门提出申请，并提交进口国政府或者政府委托机构出具的所进口的化学品仅用于科研、医疗、制造药物或者防护目的和不转口第三国的保证书；经国务院化学工业主管部门审查签署意见后，报国务院审查批准。被指定单位凭国务院的批准文件向国务院对外经济贸易主管部门申请领取出口许可证。

10.3.6.3 接受委托出口第二类、第三类监控化学品及其生产技术、专用设备的被指定单位，应当向国务院化学工业主管部门提出申请，并提交进口国政府或者政府委托机构出具的所进口的化学品、生产技术、专用设备不用于生产化学武器和不转口第三国的保证书；经国务院化学工业主管部门审查批准后，被指定单位凭国务院化学工业主管部门的批准文件向国务院对外经济贸易主管部门申请领取出口许可证。

10.3.6.4　进出口申请的条件

(1) 符合《中华人民共和国监控化学品管理条例》及其实施细则有关规定；

(2) 国家严格控制第一类监控化学品的进口和出口，只能从《禁止化学武器公约》缔约国进口第一类监控化学品或向《禁止化学武器公约》缔约国出口第一类监控化学品，禁止第一类监控化学品的转口；

(3) 禁止向《禁止化学武器公约》非缔约国出口第二类监控化学品；

(4) 对列入《各类监控化学品名录》（化学工业部令第 11 号）的第一类、第二类和第三类监控化学品及其生产技术、专用设备的进出口业务，采取指定公司制度，出口的监控化学品，必须来自经过许可的监控化学品生产企业；

(5) 对《列入第三类监控化学品的新增品种清单》（国家石油和化学工业局令第 1 号）的监控化学品的进出口业务，不采用指定公司制度；

(6) 对于出口申请，需提供进口国政府或政府委托机构出具的所进口的监控化学品不用于生产化学武器和不转口第三国的保证书等最终用途证明文件；

(7) 对于进口申请，需提供由省级履行《禁止化学武器公约》主管部门盖章的《进口监控化学品经营申请表》或《进口监控化学品用户申请表》。

(8) 禁止性要求：禁止向朝鲜出口第一类、第二类和第三类监控化学品，禁止向《禁止化学武器公约》非缔约国出口第一类和第二类监控化学品，禁止从《禁止化学武器公约》非缔约国进口第一类监控化学品。

10.3.6.5　进口申请资料

(1)《监控化学品出口申请表》；

(2) 有效出口合同原件；

(3) 最终用户提供的最终用途保证书，进口国政府或政府委托机构出具的所进口的监控化学品不用于生产化学武器和不转口第三国的保证书，并注明所需化学品的名称、数量、最终用途以及最终使用者的名称和地址；

(4) 国外客户资料（客户名称、经营范围、地址、电话及传真号码）；

(5) 出口申请报告；

(6) 上批同类产品出口许可证、报关单复印件，并退回因故未能出口的许可证原件；

(7) 第一次申请许可的单位应附本公司简介、营业执照复印件、进出口企业经营登记表复印件。

10.3.6.6　进口申请流程

第一类监控化学品及其生产技术、专用设备进出口审核：由申请出口经营公司提交申请文件至工业和信息化部，工业和信息化部应当自受理企业申报材料之日起 20 个工作日内完成审核，并报国务院批准；

第二、三类监控化学品及其生产技术、专用设备出口申请：由申请出口经营公司提交申请文件至工业和信息化部，工业和信息化部应当自受理企业申报材料之日起20个工作日内（不含外交部防扩散审查所需时间）完成审核并作出决定，签发《监控化学品出口核准单》。

10.3.6.7　出口申请资料

（1）《监控化学品出口申请表》；

（2）有效出口合同原件；

（3）最终用户提供的最终用途保证书，进口国政府或政府委托机构出具的所进口的监控化学品不用于生产化学武器和不转口第三国的保证书，并注明所需化学品的名称、数量、最终用途以及最终使用者的名称和地址；国外客户资料（客户名称、经营范围、地址、电话及传真号码）；

（4）出口申请报告；

（5）上批同类产品出口许可证、报关单复印件，并退回因故未能出口的许可证原件；

（6）第一次申请许可的单位应附本公司简介、营业执照复印件、进出口企业经营登记表复印件。

10.3.6.8　出口办理流程

第一类监控化学品及其生产技术、专用设备进出口审核：由申请出口经营公司提交申请文件至工业和信息化部，工业和信息化部应当自受理企业申报材料之日起20个工作日内完成审核，并报国务院批准；

第二、三类监控化学品及其生产技术、专用设备出口申请：由申请出口经营公司提交申请文件至工业和信息化部，工业和信息化部应当自受理企业申报材料之日起20个工作日内（不含外交部防扩散审查所需时间）完成审核并作出决定，签发《监控化学品出口核准单》。

监控化学品进出口流程见图7.6。

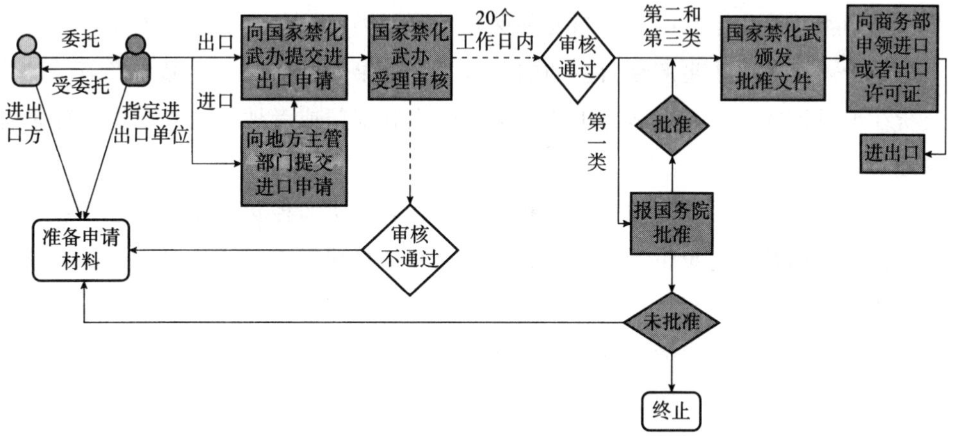

图7.6　监控化学品进出口流程

10.3.7　数据申报和保存

10.3.7.1　在中华人民共和国境内从事监控化学品生产、使用或者进出口活动的，应当通过数据申报系统定期填报《全国监控化学品统计报表》，配合工业和信息化主管部门完成《禁止化学武器公约》规定的国家宣布工作。工业和信息化部组织建设监控化学品数据申报系统。

10.3.7.2　生产、使用第一类监控化学品的，应当向工业和信息化部报送《全国监控化学品统计报表》。

10.3.7.3　第二类、第三类、第四类监控化学品的数据申报实行属地管理、逐级审核上报。省、自治区、直辖市工业和信息化主管部门应当组织、汇总、核实宣布数据，并在规定时间内报工业和信息化部。

跨省、自治区、直辖市生产、使用监控化学品的单位的二级单位，应当在厂区所在地申报《全国监控化学品统计报表》。

10.3.7.4　生产第二类、第三类监控化学品或者使用第二类监控化学品的，应当按时申报关于年度宣布和预计宣布的《全国监控化学品统计报表》，年度统计报表的报送时间为每年2月1日前，预计统计报送时间为每年9月10日前。预计宣布统计报表提交后，预计生产、使用活动超出原宣布计划的，应当在有关活动开始前不少于20个工作日申报关于变更宣布的《全国监控化学品统计报表》。

生产、使用第二类监控化学品的，应当妥善保存与第二类监控化学品的生产、使用有关的记录，保存期限不得少于3年。生产第三类监控化学品的，应当妥善保存与第三类监控化学品有关的生产记录，保存期限不得少于1年。终止生产经营活动的，应当将与监控化学品生产、使用有关的记录移交所在地设区的市级以上地方工业和信息化主管部门或者地方人民政府确定的监控化学品管理部门存档。

10.3.7.5　生产第四类监控化学品的，应当按时申报关于年度宣布的《全国监控化学品统计报表》。

生产第四类监控化学品的，应当妥善保存与第四类监控化学品有关的生产记录，保存期限不得少于1年。终止生产经营活动的，应当将与第四类监控化学品生产有关的生产记录移交所在地设区的市级以上地方工业和信息化主管部门或者地方人民政府确定的监控化学品管理部门存档。

10.3.7.6　从事第一类监控化学品和第二类、第三类监控化学品及其生产技术和专用设备进出口业务的被指定单位，应当按时向工业和信息化部申报年度第一类、第二类和第三类监控化学品进出口数据，并妥善保存与监控化学品进出口活动有关的记录，保存期限不得少于3年。终止进出口活动的，应当将与监控化学品进出口有关的记录移交工业和信息化部存档。

10.3.7.7　从事监控化学品生产、使用或者进出口活动的，应当根据《全国监控化学品统计报表》所列的填报说明和要求按时、准确进行申报，不得拒报、虚报、漏报或者瞒报，不得擅自变更申报范围和内容。

参与监控化学品数据申报的工作人员，应当对监控化学品的数据资料采取妥善的保护措施，为填报单位保守商业和技术秘密。

10.3.7.8 生产、经营或者使用第二类监控化学品以及生产第三类监控化学品的，终止生产经营活动时应当制定监控化学品生产装置、库存和相关数据的处置方案。处置方案应当报送所在地省、自治区、直辖市工业和信息化主管部门。

监控化学品国家宣布类型及时限见表7.23（企业宣布时间要求以各地工信局发布的年度宣传工作通知为准，比国家宣布时间要早），宣布核实阈值见表7.24。

表7.23 国家宣布类型及时限

宣布种类	化学武器及相关设施	老化武和遗弃化武	第一类监控化学品	第二类监控化学品	第三类监控化学品	其他化学生产设施
初始宣布	公约对该缔约国生效后30天					
过去活动年度宣布	年度销毁期结束60天	发现后180天	上一日历年结束后90天			
预计活动年度宣布	年度销毁期开始前60天	不适用	下一日历年开始前90天	下一日历年开始前60天		不适用
预计活动变更宣布	不适用	不适用	不适用	补充计划活动开始前5天		不适用

表7.24 监控化学品宣布核实阈值

类别	描述	数量	宣布阈值	核查值
第一类	可作为化学武器的化学品	14类	监控阈值10kg/年	
第二类	可作为生产化学武器前提的化学品	有毒化学品3种	100kg（带*物品为1kg）	1t（带*物品为10kg）
		前体11种	1t	10t
第三类	可作为生产化学武器主要原料的化学品	有毒化学品4种	30t	200t
		前体13种	30t	200t
	监控化学品新增产品	共10类	属澳大利亚《公约》管制化学品，禁化武公约组织对第三类监控化学品的新增品种不要求宣布，也不进行现场核实。但我国已将其纳入了《监管化学品管理条例》管理，为此，在生产、使用、运输、储存等方面必须加强对此10类化学品的监管	
第四类	除炸药和纯碳氢化合物外的特定有机化学品	数量极多	含P、S、F任一元素的≥30t，不含P、S、F元素的其他产品≥200t	200t

10.3.8 国际视察及国内监督检查

10.3.8.1 生产监控化学品以及使用第二类监控化学品的，其监控化学品达到或者超过《禁止化学武器公约》规定的核查阈值的，应当履行接受国际视察的义务，做好接受禁止化学武器组织国际视察的各项准备工作。

接受国际视察的义务包括：

（1）根据《禁止化学武器公约》，提供国际视察所需的数据资料，及时回答视察组的问询；

（2）确保视察组顺利查看视察任务授权范围内的设施或者区域，配合视察组进行取样和分析；

（3）提供视察组及陪同人员所需的工作场所、通信手段和必要的工作条件；

（4）《禁止化学武器公约》规定的其他义务。

10.3.8.2　接受国际视察的监控化学品相关设施所在地工业和信息化主管部门或者地方人民政府确定的监控化学品管理部门应当组织协调本行政区域内相关部门，在交通、安全、卫生等方面给予必要保障，确保国际视察顺利进行。

10.3.8.3　各级工业和信息化主管部门或者地方人民政府确定的监控化学品管理部门，依法对从事监控化学品生产、经营、使用以及进出口单位的监控化学品有关情况进行监督检查。

10.3.8.4　被监督检查单位应当配合、接受监督检查，不得拒绝或者阻碍检查人员依法执行职务，不得隐瞒或者拒绝提供相关信息。禁化武组织视察时限见图 7.7。

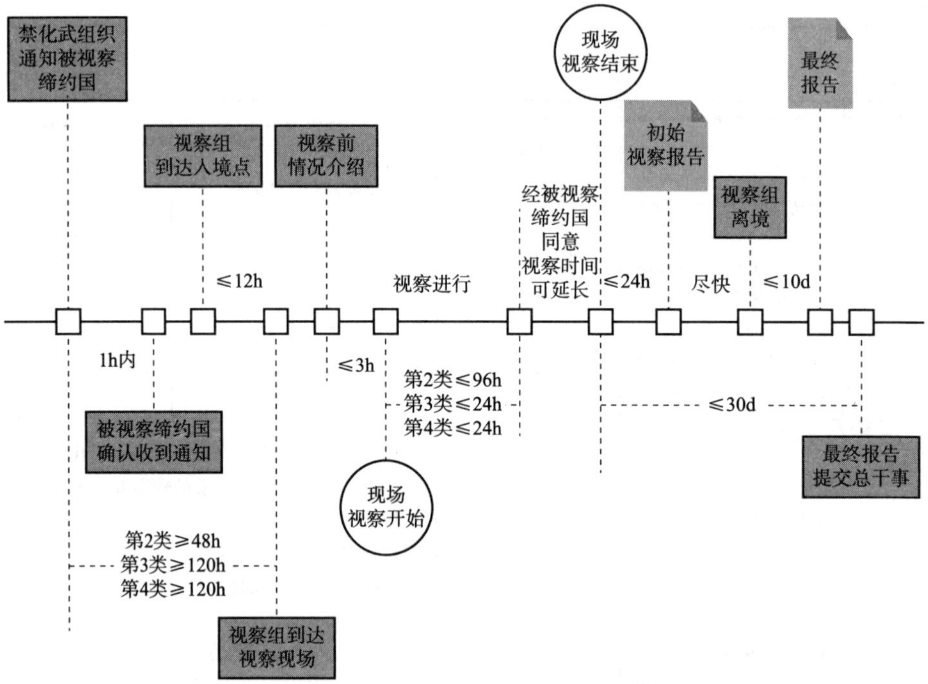

图 7.7　禁化武组织视察时限图

10.3.9　转让

公约规定，缔约国须承诺任何情况下决不直接或间接向任何一方转让化学武器。第一类监控化学品的转让只能用于研究、医疗、药物或防护性目的，第一类和第二类监控化学品只能转让给公约缔约国，附表化学品均不得再转让给第三国。缔约国需每年宣布所有附表化学品的进口量和出口量的全国合计数据，并列明每一有关国家的进口量和出口量。

10.3.10　特别规定

《各类监控化学品名录》和《列入第三类监控化学品的新增品种清单》中的监控化学品低于一定浓度阈值时，可以豁免数据申报和进出口许可。相关浓度阈值由工业和信息化部根据实际情况制定和调整。经查该豁免浓度标准仍在制定中。

11　危险化学品储存管理

11.1　主要参照的法律法规

《危险化学品仓库储存通则》（GB 15603—2022）

《危险化学品经营企业安全技术基本要求》（GB 18265—2019）

《建筑设计防火规范》（GB 50016—2014）

《建筑防火通用规范》（GB 55037—2022）

《危险化学品生产装置和储存设施外部安全防护距离确定方法》（GB/T 37243—2019）

《危险化学品中间仓库安全管理规范》（DB 4403/T 80—2020）

11.2　术语与定义

11.2.1　危险化学品储存单位

是指危险化学品生产、储存、使用、经营企业中利用危险化学品仓库对危险化学品进行储存管理的企业法人及相关部门。

11.2.2　禁忌物品

指容易相互发生化学反应或灭火方法不同的物品。

11.2.3　分离储存

在不同建筑物内或同一建筑不同房间的储存方式。

11.2.4　隔开储存

在同一房间或同一区域内，不同的物品之间分开一定的距离，非禁忌物品间用通道保持空间的储存方式。

11.2.5　隔离存储

同一建筑或同一区域内，用隔板或墙，将不同禁忌物品分离开的存储方式。

11.2.6　危险化学品中间仓库

为满足日常连续生产需求，生产经营单位在厂房内存放危险化学品（作为原材料、半成品和辅助材料）的场所。

11.3　危险化学品仓库管理要求

11.3.1　仓库火灾危险性分类

储存物品的火灾危险性应根据储存物品的性质和储存物品中的可燃物数量等因素划分，可分为甲、乙、丙、丁、戊类，并应符合表7.25的规定。

表 7.25　储存物品的火灾危险性分类

储存物品的火灾危险性类别	储存物品的火灾危险性特征	举例
甲	1. 闪点小于 28℃的液体	己烷、戊烷、环戊烷、石脑油、二硫化碳、苯、甲苯、甲醇、乙醇、乙醚、蚁酸甲醋、醋酸甲醋、硝酸乙酯、汽油、丙酮、丙烯、酒精度为 38 度及以上的白酒
	2. 爆炸下限小于 10%的气体，受到水或者空气中水蒸气的作用能产生爆炸下限小于 10%气体的固体物质	乙炔、氢、甲烷、环氧乙烷、水煤气、液化石油气、乙烯、丙烯、丁二烯、硫化氢、氯乙烯、电石、碳化铝
	3. 常温下能自行分解或在空气中氧化能导致迅速自燃或爆炸的物质	硝化棉、硝化纤维胶片、喷漆棉、火胶棉、赛璐珞棉、黄磷
	4. 常温下受到水或空气中水蒸气的作用，能产生可燃气体并引起燃烧或爆炸的物质	金属钾、钠、锂、钙、锶、氢化钾、氢化钠、四氢化钾铝
	5. 遇酸、受热、撞击、摩擦以及遇有机物或硫磺等易燃的无机物，极易引起燃烧或者爆炸的强养护剂	氯酸钾、氯酸钠、过氧化钾、过氧化钠、硝酸铵
	6. 受撞击、摩擦或与氧化剂、有机物接触时能引起燃烧或爆炸的物质	赤磷、五硫化二磷、三硫化二磷
乙	1. 闪点不小于 28℃但小于 60℃	煤油、松节油，丁烯醇、异戊醇、丁醚、醋酸丁醋、硝酸戊醋、乙酰丙酮、环己胺、溶剂油、冰醋酸、樟脑油、蚁酸
	2. 爆炸下限不小于 10%的气体	氨气、一氧化碳
	3. 不属于甲类的氧化剂	硝酸铜、铬酸、亚硝酸钾、重铬酸钠、铬酸钾、硝酸、硝酸汞、硝酸钴、发烟硫酸、漂白粉
	4. 不属于甲类的易燃固体	硫黄、镁粉、铝粉、赛璐珞板（片）、樟脑、萘、生松香、硝化纤维漆布、硝化纤维色片
	5. 助燃气体	氧气、氟气、液氯
	6. 常温下与空气接触能缓慢氧化，积热不散引起自燃的物品	漆布及其制品、油布及其制品、油纸及其制品、油绸及其制品
丙	闪点不小于 60℃的液体	动物油、植物油、沥青、蜡、润滑油、机油、重油、闪点大于等于 60℃的柴油、糖醛、白兰地成品库
	可燃固体	化学、人造纤维及其织物、纸张、棉、毛、丝、麻及其织物、谷物、面粉、粒径大于或等于 2mm 的工业成型硫黄、天然橡胶及其制品、竹、木及其制品、中药材、电视机、收录机等电子产品、计算机房已录数据的磁盘储存间、冷库中的鱼、肉间

续表

储存物品的火灾危险性类别	储存物品的火灾危险性特征	举例
丁	难燃烧物品	自熄性塑料及其制品、酚醛泡沫塑料及其制品、水泥刨花板
戊	不燃烧物品	钢材、铝材、玻璃及其制品、搪瓷制品、陶瓷制品、不燃气体、玻璃棉、岩棉陶瓷棉、硅酸铝纤维、矿棉、石膏及其无纸制品、水泥、石、膨胀珍珠岩

11.3.1.1 同一座仓库或仓库的任一防火分区内储存不同火灾危险性物品时，仓库或防火分区的火灾危险性应按火灾危险性最大的物品确定。当数种火灾危险性不同的物品存放在一起时，建筑的耐火等级、允许层数和允许面积均要求按最危险者的要求确定。

此外，甲、乙类物品和一般物品以及容易相互发生化学反应或者灭火方法不同的物品，必须分拣、分库储存，并在醒目处标明储存物品的名称，性质和灭火方法。因此，为了有利于安全和便于管理，同一座仓库或其中同一个防火分区内，要尽量储存一种物品。如有困难须将数种物品存放在一座仓库或同一个防火分区内时，存储过程中要采取分区域布置，但性质相互抵触或灭火方法不同的物品不允许存放在一起。

11.3.1.2 丁、戊类储存物品仓库的火灾危险性，当可燃包装重量大于物品本身重量1/4或可燃包装体积大于物品本身体积的1/2时，应按丙类确定。

11.3.2 仓库允许层数和面积

除另有规定外，仓库的层数和面积应符合表7.26的规定。

表7.26 仓库的层数和面积

储存物品的火灾危险性类别		仓库的耐火等级	最多允许层数	每座仓库的最大允许占地面积/m^2 每个防火分区的最大允许建筑面积/m^2						
				单层仓库		多层仓库		高层仓库		地下或半地下仓库（包括地下或半地下室）
				每座仓库	防火分区	每座仓库	防火分区	每座仓库	防火分区	
甲	3、4项 1、2、5、6项	一级 一、二级	1 1	180 750	60 250	—	—	—	—	除特殊工艺要求外，不应置于地下、半地下
乙	1、3、4项	一、二级 三级	3 1	2000 500	500 250	900 —	300 —	— —	— —	
	2、5、6项	一、二级 三级	5 1	2800 900	700 300	1500 —	500 —	— —	— —	

续表

储存物品的火灾危险性类别		仓库的耐火等级	最多允许层数	每座仓库的最大允许占地面积/m^2 每个防火分区的最大允许建筑面积/m^2						
				单层仓库		多层仓库		高层仓库		地下或半地下仓库（包括地下或半地下室）
				每座仓库	防火分区	每座仓库	防火分区	每座仓库	防火分区	
丙	1项	一、二级	5	4000	1000	2800	700	—	—	150
		三级	1	1200	400	—	—	—	—	—
	2项	一、二级	不限	6000	1500	4800	1200	4000	1000	300
		三级	3	2100	700	1200	400	—	—	—
丁		一、二级	不限	不限	3000	不限	1500	4800	1200	500
		三级	3	3000	1000	1500	500	—	—	—
		四级	1	2100	700	—	—	—	—	—
戊		一、二级	不限	不限	不限	不限	2000	6000	1500	100
		三级	3	3000	1000	2100	700	—	—	—
		四级	1	2100	700	—	—	—	—	—

注：①仓库内的防火分区之间应采用防火墙分隔，甲、乙类库房内的防火分区之间或库房之间应采用无任何门窗洞口的防火墙分隔；地下或半地下仓库（包括地下或半地下室）的最大允许占地面积，不应大于相应类别地上仓库的最大允许占地面积。

②一、二级耐火等级的煤均化库，每个防火分区的最大允许建筑面积不应大于12000m^2。

③独立建造的硝酸铵仓库、电石仓库、聚乙烯等高分子制品仓库、尿素仓库、配煤仓库、造纸厂的独立成品仓库，当建筑的耐火等级不低于二级时，每座仓库的最大允许占地面积和每个防火分区的最大允许建筑面积可按本表的规定增加1.0倍。

④“—”表示不允许。

11.3.3　基本要求

11.3.3.1　危险化学品仓库的规划、选址、建设应符合《建筑设计防火规范》（GB 50016）和《建筑防火通用规范》（GB 55037—2022）的要求，危险化学品生产企业或经营性的危险化学品仓库还应分别符合《石油化工企业设计防火标准》（GB 50160）、《危险化学品经营企业安全技术基本要求》（GB 18265）的要求。

11.3.3.2　危险化学品库房应防潮、平整、坚实、易于清扫。可能释放可燃性气体或者蒸汽，在空气中能形成粉尘、纤维等爆炸性混合物的危险化学品仓库应采用不发火的地面。储存腐蚀性危险化学品的地面、踢脚应采用防腐材料。

11.3.3.3　甲、乙类仓库和储存丙类可燃液体的仓库应为单、多层建筑。

11.3.3.4　仓库内不应设置员工宿舍及与库房运行、管理无直接关系的其他用房。甲、乙类仓库内不应设置办公室、休息室等辅助用房，不应与办公室、休息室等辅助用房及其他场所贴邻。丙、丁类仓库内的办公室、休息室等辅助用房，应采用防火门、防火窗、耐火极限不低于2.00h的防火隔墙和耐火极限不低于1.00h的楼板与其他部位分隔，并应设置独立的安全出口。

11.3.3.5　设置在厂房内的甲、乙、丙类中间仓库，应采用防火墙和耐火极限不低于1.50h的不燃性楼板与其他部位分隔，丁、戊类中间仓库应采用耐火极限不低于2.00h的防火隔墙和1.00h的楼板与其他部位分隔；甲、乙类中间仓库应靠外墙布置，其储量不宜超过1昼夜的需要量；有条件时，中间仓库还要尽量设置直通室外的出口。

在《建筑设计防火规范》中对于甲、乙类物品中间仓库一昼夜的量有如下的解读：由于工厂规模、产品不同，一昼夜需用量的绝对值有大有小，难以规定一个具体的限量数据，此处规定中间仓库的储量要尽量控制在一昼夜的需用量内。当需用量较少的厂房，如有的手表厂用于清洗的汽油，每昼夜需用量只有20kg，可适当调整到存放1～2昼夜的用量；如1昼夜需用量较大，则要严格控制为1昼夜用量。

11.3.3.6　应建立危险化学品存储信息管理系统，按照储存量大小进行分层次要求，实时记录作业基础数据，包括但不限于：

（1）危险化学品出入库记录，包括但不限于：时间、品名、数量；

（2）识别化学品安全技术说明书中要求的灭火介质，应急、消防要求以及危险特性，理化性质，搬运、储存注意事项和禁忌等，以及可能涉及安全相容矩阵表；

（3）库存危险化学品品种、数量、库存分布、包装形式等信息；

（4）库存危险化学品禁忌配存情况；

（5）库存危险化学品安全和应急措施。

11.3.3.7　危险化学品储存信息数据应进行异地实时备份，数据保存期限不少于1年。

11.3.3.8　危险化学品信息系统应具有接入所在地相关监管部门业务信息系统的接口。

11.3.3.9　应建立危险化学品存储信息管理系统，按照储存量大小进行分层次要求，实时记录作业基础数据，包括但不限于：

（1）危险化学品出入库记录，包括但不限于：时间、品名、数量；

（2）识别化学品安全技术说明书中要求的灭火介质，应急、消防要求以及危险特性，理化性质，搬运、储存注意事项和禁忌等，以及可能涉及安全相容矩阵表；

（3）库存危险化学品品种、数量、库存分布、包装形式等信息；

（4）库存危险化学品禁忌配存情况；

（5）库存危险化学品安全和应急措施。

11.3.3.10　危险化学品储存信息数据应进行异地实时备份，数据保存期限不少于1年。

11.3.3.11　危险化学品信息系统应具有接入所在地相关监管部门业务信息系统的接口。

11.3.4　存储要求

11.3.4.1　危险化学品仓库应采用隔离储存、隔开储存、分离储存的方式对危险化学品进行储存。

11.3.4.2　应选择符合危险化学品的特性、防火要求及化学品安全技术说明书中储存要求的仓储设施进行储存。

11.3.4.3　应根据危险化学品仓库的设计和经营许可要求，严格控制危险化学品的储存品种、数量。

11.3.4.4　危险化学品储存应满足危险化学品分类、包装、储存方式及消防要求。

11.3.4.5　危险化学品的储存配存，应符合附表中表 7.27 及其化学品安全技术说明书的要求。

11.3.4.6　爆炸物宜按不同品种单独存放。当受条件限制，不同品种爆炸物需同库存放时，应确保爆炸物之间不是禁忌物品且包装完整无损。爆炸性库房安全间距除符合 GB 50016 的要求外，还应该按照 GB/T 37243 的规定，采用事故后果法计算外部防护距离，事故后果法采用最严重事故情景计算外部安全防护距离。

11.3.4.7　储存有毒气体或易燃气体，且其构成危险化学品重大危险源的仓库，其外部安全防护距离应满足 GB 50016 要求外，还应按 GB/T 37243 的规定，采用定量风险评价法计算外部安全防护距离。定量风险评价法计算时应采用可能储存的危险化学品最大量计算外部安全防护距离。

11.3.4.8　甲类厂房与人员密集场所的防火间距不应小于 50m，与明火或散发火花地点的防火间距不应小于 30m。甲类仓库与高层民用建筑和设置人员密集场所的民用建筑的防火间距不应小于 50m，甲类仓库之间的防火间距不应小于 20m。

11.3.4.9　剧毒化学品，易燃气体、氧化性气体、急性毒性气体、遇水放出易燃气体的物质和混合物、氯酸盐、高锰酸盐、亚硝酸盐、过氧化钠、过氧化氢、溴素应分离储存。

11.3.4.10　剧毒化学品、监控化学品、易制毒化学品、易制爆危险化学品，应按规定将储存地点、储存数量、流向及管理人员的情况报相关部门备案，剧毒化学品以及构成重大危险源的危险化学品，应在专用仓库内单独存放，并实行双人收发、双人保管制度。

11.3.4.11　有机过氧化物应储存在危险化学品库房特定区域内，避免阳光直射，并应满足不同品种的存储温度、湿度要求。

11.3.4.12　遇水放出易燃气体的物质和混合物应密闭储存在设有防水防雨、防潮措施的危险化学品库房中的干燥区域内。

11.3.4.13　自热物质和混合物的储存温度应满足不同品种的存储温度、湿度要求，并避免阳光直射。

11.3.4.14　自反应物质和混合物应储存在危险化学品库房特定区域内，避免阳光直射并保持良好通风，且应满足不同品种的存储温度、湿度要求。自反应物质及其混合物只能在原装容器中存放。

11.3.5　装卸搬运

11.3.5.1　应按照化学品安全技术说明书及装卸要求进行作业。

11.3.5.2　应做到轻拿轻放，不应拖拉、翻滚、撞击、摩擦、摔扔、挤压等。

11.3.5.3　应使用防爆叉车搬运装卸爆炸物及其他易发生燃烧爆炸的危险化学品。

11.3.5.4　气体钢瓶的搬运应符合 GB/T 34525 第 7.1 节的规定，具体如下：

(1) 近距离搬运气瓶，凹形底气瓶及带圆型底座气瓶可采用徒手倾斜滚动的方式搬运，方形底座气瓶应使用稳妥、省力的专用小车搬运。距离较远或路面不平时，应使用特制机械、工具搬运，并用铁链等妥善加以固定。不应用肩扛、背驮、怀抱、臂挟、托举或二人抬运的方式搬运。

（2）不同性质的气瓶同时搬运时，其配装应按 JT 617 规定的危险货物配装表的要求执行。

（3）不应使用翻斗车或铲车搬运气瓶，叉车搬运时应将气瓶装入集装格或集装篮内。

（4）气瓶搬运中如须吊装时，不应使用电磁起重设备。用机械起重设备吊运散装气瓶时，应将气瓶装入集装格或集装篮中，并妥善加以固定。不应使用链绳、钢丝绳捆绑或悬吊瓶帽等方式吊运气瓶。

（5）在运途中发现气瓶漏气、燃烧等险情时，搬运人员应针对险情原因，进行紧急有效的处理。

（6）气瓶搬运到目的地后，放置气瓶的地面应平整，放置时气瓶应稳妥可靠，防止倾倒或滚动。

11.3.5.5　气体钢瓶的装卸应符合 GB/T 34525 第 7.2 节的规定，具体如下：

（1）装卸气瓶应轻装轻卸，避免气瓶相互碰撞或与其他坚硬的物体碰撞，不应用拉、滚、滑、控、碰等方式装卸气瓶。

（2）用人工将气瓶间高处举放或须把气瓶从高处放落地面时，应两人同时操作，并要求提升与降落的动作协调一致，轻举轻放，不应在举放时拉、扔或在放落时滑、摔。

（3）装卸、搬运维统气瓶时，应有保护措施，防止气瓶复合层磨损、划伤，还应避免气瓶受潮。

（4）装卸气瓶时应配备好瓶帽，注意保护气瓶阀门，防止撞坏。

（5）卸车时，要在气瓶落地点铺上铅垫或橡皮垫，应逐个卸车，不应多个气瓶连续溜放。

（6）装卸作业时，不应将阀门对准人身，气瓶应直立转动，不准脱手滚瓶或传接，气瓶直立放置时应稳妥牢靠。

（7）装卸有毒气体时，应预先采取相应的防毒措施。

（8）装卸氧气及氧化性气罐时，工作服、手套和装卸工具、机具上不应沾有油脂。

11.3.6　堆码

11.3.6.1　危险化学品堆码应整齐、牢固、无倒置；不应遮挡消防设备、安全设施、安全标志和通道。

11.3.6.2　除 200 L 及以上的钢桶、气体钢瓶外，其他包装的危险化学品不应直接与地面接触，垫底高度不小于 10 cm。

11.3.6.3　堆码应符合包装标志要求；包装无堆码标志的危险化学品堆码高度应不超过 3 m（不含托盘等的高度）。

11.3.6.4　采用货架存放时，应置于托盘上并采取固定措施。

11.3.6.5　仓库堆垛间距应满足以下要求：

（1）主通道≥200cm；

（2）墙距≥50cm；

（3）柱距≥30cm；

（4）垛距≥100cm（每个堆垛的面积不应大于150m^2）；

（5）灯距≥50cm。

11.3.7　入库作业

11.3.7.1　入库前应做好储存位置、搬运工具、加固材料、防护装备、交接清单的准备。

11.3.7.2　应对运输车辆（厢）、装载状况（含施封）进行检查。

11.3.7.3　应对入库危险化学品的品名、规格、数量与入库信息或单据的一致性进行查验。

11.3.7.4　入库物品的包装应完好，标志、安全标签应规范、清晰。

11.3.7.5　入库物品应附有中文化学品安全技术说明书和安全标签。

11.3.7.6　入库数量应以实际验收为准。

11.3.7.7　验收完毕应作好记录并归档，单据保存期限不少于1年。

11.3.8　在库管理

11.3.8.1　应定期进行盘点，并记录。发现账货不符，应及时进行处理。

11.3.8.2　应定期对物品堆码状态、包装及仓库进行检查，并记录。应对检查发现的问题及时进行处理。

11.3.8.3　应根据储存的危险化学品特性和气候条件，确定每日观测库内温湿度次数，并记录。

11.3.8.4　应根据储存的危险化学品特性，正确调节控制库内温湿度。

11.3.8.5　盘点、检查、观测记录应保存不少于1年。

11.3.8.6　部分危险化学品安全储存的温、湿度条件见表7.28（此表为《危险化学品储存通则》征求意见稿中的表格，但正式发布版中删除了此表，使用时请注意）。

11.3.9　出库作业

11.3.9.1　应在出库作业前，进行账货核对。

11.3.9.2　应核对出库单据的有效性。发现问题立即与相关方协调处理。

11.3.9.3　应查验提货车辆及驾驶、押运人员的资质，并记录。不符合要求的不应受理出库业务。

11.3.9.4　应做好出库前安全检查，确保包装及标签、标志正确完好、货物捆扎安全牢固。

11.3.9.5　出库单据保存期应不少于1年。

11.3.10　个体防护

11.3.10.1　危险化学品储存单位应建立完善的个体防护制度，应配置安全有效的个体防护装备，并符合GB 39800.1和GB 39800.2的要求。

11.3.10.2　从业人员应经过专业防护知识培训，根据作业对象的危险特性应正确穿戴相应的防护装备作业。

11.3.11　安全管理

11.3.11.1　制度管理

(1) 应建立设施、设备、器具检查和维护制度以及仓储日常操作、控制指标等运行制度。

(2) 应与社区及周边企事业单位建立应急联动机制。

(3) 应建立风险评估制度，并定期进行风险评估。

(4) 应建立覆盖全员的应急响应程序。编制危险化学品事故应急预案，至少每半年进行一次演练。

(5) 除以上要求外，可参照本书第 7 章第 5 节进行制度编制。

11.3.11.2　库区安全

(1) 储存危险化学品的仓库和作业场所应设置明显的安全标志，并符合 GB 2894、AQ 3047 的规定。

(2) 库区内严禁吸烟和使用明火。

(3) 应对进入库区的人员进行登记及安全告知。

(4) 应对进入库区的车辆登记管理，并采取防火措施。

(5) 危险化学品仓库的应急救援物资配备，可参照本书第十三章的内容并应符合 GB 30077 的要求。

(6) 部分危险化学品灭火方式见表 7.29（此表为《危险化学品储存通则》征求意见稿中的表格，但正式发布版中删除了此表，使用时请注意）。

11.3.11.3　作业安全

(1) 危险化学品储存作业前，应先对仓库通风。

(2) 进入储存爆炸物及其他对静电、火花敏感的危险化学品仓库时，应穿防静电工作服，不应穿钉鞋。应在进入仓库前消除人体静电，须注意区分防爆静电消除器和非防爆经典消除器的设置环境；应使用具备防爆功能的通信工具。不应使用易产生静电和火花的作业机具。

(3) 储存仓库内禁止进行开桶、分装、改装作业。

(4) 不应在恶劣天气进行装卸作业。

11.3.12　人员与培训

11.3.12.1　应建立全员培训体系，对从业人员进行法规、标准、岗位技能、安全、个体防护、应急处置等培训、考核合格后上岗作业：对有资质要求的岗位，应配备依法取得相应资质的人员。

11.3.12.2　危险化学品仓库管理人员应具备危险化学品储存管理范围相关的安全知识和管理能力。

11.3.12.3　危险化学品仓库从业人员应能理解化学品安全技术说明书的内容并掌握风险防范措施，掌握岗位操作技能。

11.4　附表

表 7.27　危险化学品储存禁忌表

危险化学品和危害种类		爆炸物	易燃气体气溶胶	氧化性气体	加压气体（不燃）	易燃液体	易燃固体	自反应物质和混合物	自燃液体、固体	自热物质和混合物	遇水放出易燃气体的物质和混合物	氧化性液体、固体		有机过氧化物	金属腐蚀物 皮肤腐蚀/刺激，类别 1 严重眼损伤/眼刺激，类别 1								急性毒性			
												无机	有机		酸性无机	酸性有机	碱性无机	碱性有机	剧毒无机	剧毒有机	其他无机	其他有机				
爆炸物		×																								
易燃气体、气溶胶		×	○																							
氧化性气体		×	×	○																						
加压气体（不燃、非助燃）		×	○	○	○																					
易燃液体		×	×	×	×	○																				
易燃固体		×	×	×	×	消	○																			
自反应物质和混合物		×	×	×	×	×	×	○																		
自燃液体、自燃固体		×	×	×	×	×	×	×	○																	
自热物质和混合物		×	×	×	×	×	×	×	×	○																
遇水放出易燃气体的物质和混合物		×	×	×	×	×	×	×	×	×	○															
氧化性液体、固体	无机	×	×	×	分	×	×	×	×	×	×	○														
	有机	×	×	×	消	×	×	×	×	×	×	×	○													
有机过氧化物		×	×	×	×	×	×	×	×	×	×	×	×	○												

续表

危险化学品和危害种类		爆炸物	易燃气体气溶胶	氧化性气体	加压气体（不燃）	易燃液体	易燃固体	自反应物质和混合物	自燃液体、固体	自热物质和混合物	遇水放出易燃气体的物质和混合物	氧化性液体、固体		有机过氧化物	金属腐蚀物 皮肤腐蚀/刺激，类别1 严重眼损伤/眼刺激，类别1				急性毒性			
												无机	有机		酸性无机	酸性有机	碱性无机	碱性有机	剧毒无机	剧毒有机	其他无机	其他有机
金属腐蚀物 皮肤腐蚀/刺激，类别1 严重眼损伤/眼刺激，类别1	酸性无机	×	×	×	×	×	×	×	×	×	×	×	×	×	○							
	酸性有机	×	×	×	×	消	×	×	×	×	×	×	×	×	×	○						
	碱性无机	×	×	×	分	消	分	×	×	分	×	分	消	×	×	×	○					
	碱性有机	×	×	×	×	消	消	×	×	×	×	×	×	×	×	×	○	○				
急性毒性	剧毒无机	×	×	×	×	×	×	×	×	×	×	×	×	×	×	×	×	×	○			
	剧毒有机	×	×	×	×	×	×	×	×	×	×	×	×	×	×	×	×	×	○	○		
	其他无机	×	×	×	分	消	分	×	×	分	×	分	×	×	×	×	×	×	×	×	○	
	其他有机	×	×	×	×	分	消	×	×	×	×	×	×	×	×	×	×	×	×	×	○	○

“○”框中，具体化学品能否混存，参考其安全技术说明书。混存物品，堆垛与堆垛之间，应留有1m以上的距离，并要求包装容器完整，不使两种物品发生接触。

“×”框中，除符合本章11.3.4.9规定外，应隔开储存。

“分”框中，堆垛与堆垛之间应留有2m以上的距离。

“消”框中，禁忌物应隔开储存。

当危险化学品具有两种以上危险性时，应按照最严格的禁配要求进行配存。

表中未涉及的健康危害和环境危害类别，具体配存要求参见其化学品安全技术说明书。

爆炸物具体储存要求按照GB 18265执行。

注1：“○”表示原则上可以混存。

注2：“×”表示互为禁忌物品。

注3：“分”指按化学品的危险性分类进行隔离储存。

注4；“消”指两种物品性能并不相互抵触，但消防施救方法不同。

表 7.28 部分危险化学品安全储存温湿度条件

类别	品名	温度/℃	相对湿度/%
爆炸品	黑火药、化合物	≤32	≤75
	水作稳定剂的	≥1	<80
压缩气体和液化气体	易燃、不燃、有毒	≤30	≤80
易燃液体	低闪点	≤28	—
	中、高闪点	≤35	—
易燃固体	易燃固体	≤35	≤80
	硝酸纤维素酯	≤25	≤80
	安全火柴	≤35	≤75
	红磷、硫化磷、铝粉	≤35	<75
自然物品	黄磷	>1	—
	羟基金属化合物	≤30	≤75
	含油制品	≤32	≤80
遇湿易燃物品	遇湿易燃物品	≤32	≤70
氧化剂和有机过氧化物	氧化剂和有机过氧化物	≤30	≤75
	过氧化钠、镁、钙等	≤30	≤75
	硝酸锌、钙、镁等	≤28	≤75
	硝酸铵、亚硝酸钠	≤30	≤75
	盐的水溶液	>1	—
	结晶硝酸锰	<25	≤75
	过氧化苯甲酰	2～25	—
	过氧化丁酮等有机氧化剂	≤25	≤75
毒害品	固体	≤35	≤75
	液体	≤32	≤75
酸性腐蚀品	发烟硫酸、亚硫酸	0～30	≤75
	硝酸、盐酸及氢卤酸、氟硅（硼）酸、硫化硫、磷酸等	≤30	≤75
	硫酰氯、氯化亚砜、氧氯化磷、氯磺酸、溴乙酰、三氯化磷等多卤化物	≤30	≤70
	发烟硝酸	≤25	≤75
	溴素、溴水	0～28	—
	甲酸、乙酸、乙酸酐等有机酸类	≤32	≤80
碱性腐蚀品	氢氧化钾（钠）、硫化钾（钠）	≤30	≤70
其他腐蚀品	甲醛溶液	10～30	—

表 7.29 部分危险化学品灭火方法

类别	品名	灭火方法	备注
爆炸物	黑火药	雾状水、泡沫、二氧化碳	禁用砂土
	化合物	雾状水、水、泡沫、二氧化碳	
压缩气体和液化气体	压缩气体和液化气体	大量水、雾状水、泡沫、二氧化碳、干粉	冷却钢瓶
易燃液体	中、低、高闪点	泡沫、干粉、二氧化碳、砂土	
	甲醇、乙醇、丙酮	抗溶性泡沫、二氧化碳、干粉、砂土	
易燃固体	易燃固体	水、泡沫、砂土	
	发乳剂	水、干粉、二氧化碳、泡沫	禁用酸碱泡沫
	硫化磷	干粉、二氧化碳、砂土	禁用水
自燃物品	自燃物品	水、雾状水、泡沫、湿砂土、二氧化碳	
	烃基金属化合物	干粉、砂土、二氧化碳	禁用水
遇湿易燃物品	遇湿易燃物品	干粉、干砂、石灰粉、二氧化碳	禁用水
	钾、钠	干粉、干砂、石灰粉	禁用水、二氧化碳、四氯化碳
氧化剂和有机过氧化物	氧化剂和有机过氧化物	雾状水、泡沫、干粉、二氧化碳	
	过氧化钠、钾、镁、钙等	干粉、砂土	禁用水
无机剧毒性物品	亚硒酸盐、亚硒酸酐、硒及其化合物	水、砂土、二氧化碳	
	硒粉	砂土、干粉、二氧化碳	禁用水
	氯化汞	水、砂土、二氧化碳	
	氰化物、氰熔体、淬火盐	水、砂土、二氧化碳	禁用酸碱泡沫
	氢氰酸溶液	二氧化碳、干粉、泡沫	
有机剧毒性物品	氟磷酸异丙酯、对氧磷、对硫磷等	水、砂土、二氧化碳	
	四乙基铅	干砂、泡沫、二氧化碳	
	马钱子碱	水、二氧化碳、干粉、砂土	
	硫酸二甲酯	干砂、泡沫、二氧化碳、雾状水	
无机毒害性物品	氧化汞、汞及其化合物、碲及其化合物	砂土、水、二氧化碳、泡沫	
有机毒害性物品	氰化二氯甲烷、其他含氰化合物	二氧化碳、雾状水、砂土	
	苯的氯化物（多氯代物）	砂土、泡沫、二氧化碳、雾状水	
	氯酸酯类	泡沫、二氧化碳、水	
	烷基（烯烃）的溴代物、其他醛、醇、酮、酯、苯等的溴化物	砂土、泡沫	
	各种有机物的钡盐、对硝基苯氯（溴）甲烷	砂土、泡沫、雾状水	
	砷的有机化合物、草酸、草酸盐类	泡沫、水、二氧化碳、	
	胺的有机化合物、苯胺的各种有机化合物、盐酸苯二胺（邻、间、对）	砂土、泡沫、雾状水	

续表

类别	品名	灭火方法	备注
有机毒害性物品	二胺基甲苯、乙萘胺、二硝基二苯胺、苯肼及其化合物、苯酚的有机化合物、硝基的苯酚钠盐、硝基苯酚、苯的氯化物	砂土、泡沫、二氧化碳、雾状水	
	糠醛、硝基萘	砂土、泡沫、二氧化碳、雾状水	
	滴滴涕原粉、毒杀酚原粉、666 原粉	砂土、泡沫	
	氯丹、敌百虫、马拉松、烟雾剂、安妥、苯巴比妥钠盐、阿米妥尔及其钠盐、赛力散原粉、1-萘甲氰、炭疽芽孢苗、鸟来因、粗蒽、依米丁及其盐类、苦杏仁酸、戊巴比妥及其钠盐	砂土、泡沫、水	
酸性腐蚀物品	发烟硝酸、硝酸	砂土、二氧化碳、雾状水	禁用高压水
	发烟硫酸、硫酸	干砂、二氧化碳	禁用水
	盐酸	砂土、干粉、雾状水、二氧化碳	禁用高压水
	磷酸、氢氟酸、氢溴酸、溴素、氢碘酸、氟硅酸、氟硼酸	砂土、二氧化碳、雾状水	禁用高压水
	高氯酸、高磺酸	干砂、二氧化碳	
	氯化硫	干砂、二氧化碳、雾状水	禁用高压水
	磺酰氯、氯化亚砜	干砂、干粉	禁用水
	氯化铬酰、三氯化磷、三溴化磷	干粉、干砂、二氧化碳	禁用水
	五氯化磷、五溴化磷	干粉、干砂	禁用水
	四氯化硅、三氯化铝、四氯化钛、五氯化锑、五氯化磷	干砂、干粉	禁用水、二氧化碳、泡沫
	甲酸	二氧化碳、雾状水、泡沫、干粉	禁用高压水
	溴乙酰	干粉、干砂、泡沫、二氧化碳	禁用高压水
	苯磺酰氯	干粉、干砂、二氧化碳	禁用水
	乙酸、乙酸酐	砂土、二氧化碳、雾状水、泡沫	禁用高压水
	氯乙酸、三氯乙酸、丙烯酸	砂土、二氧化碳、雾状水、泡沫	禁用高压水
碱性腐蚀物品	氢氧化钠、氢氧化钾、氢氧化锂	砂土、雾状水	禁用高压水
	硫化钠、硫化钾、硫化钡	砂土、二氧化碳	禁用水或酸、碱式灭火剂
	水合肼	干粉、二氧化碳、雾状水、泡沫	
	氨水	水、雾状水、砂土	
	次氯酸钙	水、砂土、泡沫	
其他腐蚀物品	甲醛	水、二氧化碳、泡沫	
	苯酚鈉	水、泡沫、干粉、二氧化碳	
	蒽	干粉、二氧化碳、砂土	

第八章 特种设备管理

1 主要参照的法律法规

《中华人民共和国特种设备安全法》
《特种设备安全监察条例》（国务院令第 549 号）
《特种设备安全技术规范制定导则》（TSG 01）
《特种设备使用管理规则》（TSG 08—2017）
《特种设备使用单位落实使用安全主体责任监督管理规定》（市场监督管理总局令第 74 号）

2 术语与定义

2.1 特种设备

特种设备，是指对人身和财产安全有较大危险性的锅炉、压力容器（含气瓶）、压力管道、电梯、起重机械、客运索道、大型游乐设施、场（厂）内专用机动车辆，属于《特种设备目录》（质检总局 2014 年第 114 号）。

2.2 锅炉

锅炉是指利用各种燃料、电或者其他能源，将所盛装的液体加热到一定的参数，并通过对外输出介质提供热能的设备，其范围规定为设计正常水位容积大于或者等于 30L，且额定蒸汽压力大于或者等于 0.1MPa（表压）的承压蒸汽锅炉，出口水压大于或者等于 0.1MPa（表压），且额定功率大于或者等于 0.1MW 的承压热水锅炉：额定功率大于或者等于 0.1MW 的有机载体锅炉。

2.3 压力容器

是指盛装气体或者液体，承载一定压力的密闭设备，其范围规定为最高工作压力大于或者等于 0.1MPa（表压）的气体、液化气体和最高工作温度高于或者等于标准沸点的液体、容积大于或者等于 30L 且内直径（非圆形截面指截面内边界最大几何尺寸）大于或者等于 150mm 的固定式容器和移动式容器；盛装工称工作压力大于或者等于 0.2MPa（表压），且压力与容积的乘积大于或者等于 1.0MPa·L 的气体、液化气体和标准沸点等于或者低于60℃液体的气瓶；氧舱。

2.4　压力管道

是指利用一定的压力，用于输送气体或者液体的管状设备，其范围规定为最高工作压力大于或者等于0.1MPa（表压），介质为气体、液化气体、蒸汽或者可燃、易爆、有毒、有腐蚀性、最高工作温度高于或者等于标准沸点的液体，且公称直径大于或者等于50mm的管道。公称直径小于150mm，且其最高工作压力小于1.6MPa（表压）的输送无毒、不可燃、无腐蚀性气体的管道和设备本体所属管道除外。

2.5　电梯

是指动力驱动，利用沿刚性导轨运行的箱体或者沿固定线路运行的梯级（踏步），进行升降或者平行运送人、货物的机电设备，包括载人（货）电梯、自动扶梯、自动人行道等。

非公共场所安装且仅供单一家庭使用的电梯除外电梯三角钥匙。

2.6　起重机械

是指用于垂直升降或者垂直升降并水平移动重物的机电设备，其范围规定为额定起重量大于或者等于0.5t的升降机。额定起重量大于或者等于3t（或额定起重力矩大于或者等于40t·m的塔式起重机，或生产率大于或者等于300t/h的装卸桥），且提升高度大于或者等于2m的起重机；层数大于或者等于2层的机械式停车设备。

2.7　客运索道

是指动力驱动，利用柔性绳索牵引箱体等运载工具运送人员的机电设备，包括客运架空索道、客运缆车、客运拖牵索道等。非公用客运索道和专用于单位内部通勤的客运索道除外。

2.8　大型游乐设施

是指用于经营目的，承载乘客游乐的设施，其范围规定为设计最大运行线速度大于或者等于2m/s，或者运行高度距地面高于或者等于2m的载人大型游乐设施。用于体育运动、文艺演出和非经营活动的大型游乐设施除外。

2.9　场（厂）内专用机动车辆

是指除道路交通、农用车辆以外在工厂厂区、旅游景区、游乐场所等特定区域使用的专用机动车辆。

3　特种设备管理具体内容

特种设备使用单位可主要参照《中华人民共和国特种设备安全法》《特种设备安全监察条例》及《特种设备使用管理规则》（TSG 08—2017）。其中，《中华人民共和国特种设备安全法》是新中国历史上第一部对各类特种设备安全管理作出统一、全面规范的法律，《中华人民共和国特种设备安全法》中未能详细规定的可参照《特种设备安全监察条例》，《特种设备使用管理规则》详细规定了特种设备使用单位的责任和义务、应设置的机构和人员等，具有较强的指导意义。

3.1　特种设备使用单位的主要义务

3.1.1　建立并且有效实施特种设备安全管理制度和高耗能特种设备节能管理制度以

及操作规程；

3.1.2　采购、使用取得许可生产（含设计、制造、安装、改造、修理，下同），并且经检验合格的特种设备，不得采购超过设计使用年限的特种设备，禁止使用国家明令淘汰和已经报废的特种设备；

3.1.3　设置特种设备安全管理机构，配备相应的安全管理人员和作业人员，建立人员管理台账，开展安全与节能培训教育，保存人员培训记录；

3.1.4　配备具有相应安全管理能力的安全总监和安全员，明确其岗位职责；安全总监一般由《特种设备使用管理条例》规定的安全管理负责人担任，安全员一般由该规则规定的安全管理员担任。相关人员持证要求按该规则规定进行。

3.1.5　办理使用登记，领取《特种设备使用登记证》，设备注销时交回使用登记证。

3.1.6　建立特种设备台账及技术档案；

3.1.7　对特种设备作业人员作业情况进行检查，及时纠正违章；

3.1.8　对在用特种设备进行经常性维护保养和定期自行检查，及时排查和消除事故隐患，对在用特种设备的安全附件、安全保护装置及其附属仪器仪表进行定期校验（检定、校准，下同）、检修，及时提出定期检验和能效测试申请，接受定期检验和能效测试，并且做好相关配合工作；

3.1.9　建立基于特种设备安全风险防控的动态管理机制，结合本单位实际，落实自查要求，制定《特种设备安全风险管控清单》，建立健全日管控、周排查、月调度工作制度和机制；

3.1.10　制定特种设备事故应急专项预案，定期进行应急演练；发生事故及时上报，配合事故调查处理等；

3.1.11　保证特种设备安全、节能必要的投入；

3.1.12　法律、法规规定的其他义务。

使用单位应当接受特种设备安全监管部门依法实施的监督检查。

3.2　出厂资料核查

特种设备出厂时，应当随附安全技术规范要求的设计文件、产品质量合格证明、安装及使用维护保养说明、监督检验证明等技术资料和文件，并在特种设备显著位置设计产品铭牌、安全警示标志及其说明，特种设备投入使用前，使用单位应当对以上内容进行核对。（《特种设备安全法》第二十一条）

3.3　特种设备使用登记

特种设备使用单位应当在特种设备投入使用前或者投入使用后 30 日内，向负责特种安全监督管理的部门办理使用登记，取得使用登记证书。登记标志应当置于该特种设备的显著位置。《特种设备安全法》第三十三条，《特种设备使用管理规则》（TSG 08）和其他特种设备安全技术规范明确不需要办理使用登记的特种设备除外。[《特种设备使用管理规则》（TSG 08）1.4.2]

特种设备使用登记参照《特种设备使用管理规则》（TSG 08）第三章。具体要求如下：

3.3.1　特种设备在投入使用前或者投入使用后 30 日内，使用单位应当向特种设备所在地的直辖市或者设区的市的特种设备安全监管部门申请办理使用登记。对于整机出厂的特种设备，一般应当在投入使用前办理使用登记。流动作业的特种设备，应向产权单位所在地的登记机关申请办理使用登记。具体要求如下：

（1）移动式大型游乐设施每次重新安装后、投入使用前，使用单位应当向使用地的登记机关申请办理使用登记；

（2）用气瓶应当在投入使用前，向产权单位所在地的登记机关申请办理使用登记；

（3）国家明令淘汰或者已经报废的特种设备，不符合安全性能或者能效指标要求的特种设备，不予办理使用登记。

（4）其中锅炉、压力容器（气瓶除外）、电梯、起重机械、客运索道、大型游乐设施和场（厂）内专用机动车辆应当需要按台（套）向登记机关办理使用登记，车用气瓶以车为单位进行使用登记。气瓶（车用气瓶除外）、工业管道应当以使用单位为对象向登记机关办理使用登记。

3.3.2　不需要办理使用登记的特种设备

不需要办理使用登记的特种设备见表8.1。

使用单位应当参照《特种设备使用管理规则》及有关安全技术规范中使用管理的相应规定，对不需要办理使用登记的锅炉、压力容器实施安全管理。

表8.1　不需要办理使用登记的特种设备

类别	项目
锅炉	D级锅炉
压力容器	（1）深冷装置中非独立的压力容器、直燃型吸收式制冷装置中的压力容器、铝制板翅式热交换器、过程装置中冷箱内的压力容器； （2）盛装第二组介质的无壳体的套管热交换器； （3）超高压管式反应器； （4）移动式空气压缩机的储气罐； （5）水力自动补气气压给水（无塔上水）装置中的气压罐，消防装置中的气体或者气压给水（泡沫）压力罐； （6）水处理设备中的离子交换或者过滤用压力容器、热水锅炉用膨胀水箱； （7）蓄能器承压壳体； （8）简单压力容器； （9）消防灭火用气瓶、呼吸器用气瓶、非重复充装气瓶

3.3.3　使用登记程序

使用登记程序，包括申请、受理、审查和颁发使用登记证。

（1）申请

①按台（套）办理

使用单位申请办理特种设备使用登记时，应当逐台（套）填写使用登记表，向登记机关提交以下相应资料，并且对其真实性负责：

a）使用登记表（1式2份）；

b）含有使用单位统一社会信用代码的证明或者个人身份证明（适用于公民个人所有的特种设备）；

c）特种设备产品合格证（含产品数据表、车用气瓶安装合格证明）；

d）特种设备监督检验证明（安全技术规范要求进行使用前首次检验的特种设备，应当提交使用前的首次检验报告）；

e）机动车行驶证（适用于与机动车固定的移动式压力容器）、机动车登记证书（适用于与机动车固定的车用气瓶）；

f）锅炉能效证明文件。

锅炉房内的分汽（水）缸随锅炉一同办理使用登记；锅炉与用热设备之间的连接管道总长小于或者等于1000m时，压力管道随锅炉一同办理使用登记；包含压力容器的撬装式承压设备系统或者机械设备系统中的压力管道可以随其压力容器一同办理使用登记。登记时另提交分汽（水）缸、压力管道元件的产品合格证（含产品数据表），但是不需要单独领取使用登记证。

没有产品数据表的特种设备，登记机关可以参照已有特种设备产品数据表的格式，制定其特种设备产品数据表，由使用单位根据产品出厂的相应资料填写。

可以采取网上申报系统进行使用登记。

②按单位办理

使用单位申请办理特种设备使用登记时，应当向登记机关提交以下相应资料，并且对其真实性负责：

a）使用登记表（1式2份）；

b）含有使用单位统一社会信用代码的证明；

c）监督检验、定期检验证明（注）；

d）《压力管道基本信息汇总表——工业管道》《气瓶基本信息汇总表》。

注：新投入使用的气瓶应当提供制造监督检验证明，进行定期检验的气瓶应当同时提供定期检验证明。压力管道应当提供安装监督检验证明，达到定期检验周期的压力管道还应当提供定期检验证明；未进行安装监督检验的，应当提供定期检验证明。

（2）审查及发证

自受理之日起15个工作日内，登记机关应当完成审查、发证或者出具不予登记的决定，对于一次申请登记数量超过50台或者按单位办理使用登记的可以延长至20个工作日。不予登记的，出具不予登记的决定，并且书面告知不予登记的理由。

登记机关对申请资料有疑问的，可以对特种设备进行现场核查。进行现场核查的，办理使用登记日期可以延长至20个工作日。

准予登记的特种设备，登记机关应当按照《特种设备使用登记证编号编制方法》编制使用登记证编号，签发使用登记证，并且在使用登记表最后一栏签署意见、盖章。

（3）定期检验日期的确定

首次定期检验的日期和实施改造、拆卸移装后的定期检验日期，由使用单位根据安全技术规范、监督检验报告和使用情况确定。

（4）单位登记的设备信息报送

以单位登记的特种设备使用单位应当及时更新气瓶、压力管道技术档案及相应数据，每年一季度将上年度的气瓶、压力管道基本信息汇总表和年度安全状况报送登记机关。

（5）变更登记

按台（套）登记的特种设备改造、移装、变更使用单位或者使用单位更名、达到设计使用年限继续使用的，按单位登记的特种设备变更使用单位或者使用单位更名的，相关单位应当向登记机关申请变更登记。

办理特种设备变更登记时，如果特种设备产品数据表中的有关数据发生变化，使用单位应当重新填写产品数据表。变更登记后的特种设备，其设备代码保持不变。

（6）改造变更

特种设备改造完成后，使用单位应当在投入使用前或者投入使用后30日内向登记机关提交原使用登记证、重新填写的使用登记表（1式2份）、改造质量证明资料以及改造监督检验证书（需要监督检验的），申请变更登记，领取新的使用登记证。登记机关应当在原使用登记证和原使用登记表上做注销标记。

（7）移装变更

①在登记机关行政区域内移装

在登记机关行政区域内移装的特种设备，使用单位应当在投入使用前向登记机关提交原使用登记证、重新填写的使用登记表（1式2份）和移装后的检验报告（拆卸移装的），申请变更登记，领取新的使用登记证。登记机关应当在原使用登记证和原使用登记表上做注销标记。

②跨登记机关行政区域移装

跨登记机关行政区域移装特种设备的，使用单位应当持原使用登记证和使用登记表向原登记机关申请办理注销；原登记机关应当注销使用登记证，并且在原使用登记证和原使用登记表上作注销标记，向使用单位签发《特种设备使用登记证变更证明》；

移装完成后，使用单位应当在投入使用前，持《特种设备使用登记证变更证明》、标有注销标记的原使用登记表和移装后的检验报告（拆卸移装的），按照本章3.3.3规定向移装地登记机关重新申请使用登记。

（8）单位变更

①特种设备需要变更使用单位，原使用单位应当持原使用登记证、使用登记表和有效期内的定期检验报告到登记机关办理变更；或者产权单位凭产权证明文件，持原使用登记证、使用登记表和有效期内的定期检验报告到登记机关办理变更；登记机关应当在原使用登记证和原使用登记表上做注销标记，签发《特种设备使用登记证变更证明》；

②新使用单位应当在投入使用前或者投入使用后30日内，持《特种设备使用登记证变更证明》、标有注销标记的原使用登记表和有效期内的定期检验报告，按照要求重新办理使用登记。

（9）更名变更

使用单位或者产权单位名称变更时，使用单位或产权单位应当持原使用登记证、单位名称变更的证明资料，重新填写使用登记表（1式2份），到登记机关办理更名变更，换领新的使用登记证。2台以上批量变更的，可以简化处理。登记机关在原使用登记证和原使用登记表上做注销标记。

（10）达到设计使用年限继续使用的变更

使用单位对达到设计使用年限继续使用的特种设备，使用单位应当持原使用登记证等相关证明材料，到登记机关申请变更登记。登记机关应当在原使用登记证右上方标注“超设计使用年限”字样。

（11）不得申请办理移装变更、单位变更的情况

有下列情形之一的特种设备，不得申请办理移装变更、单位变更：

①已经报废或者国家明令淘汰的；

②进行过非法改造、修理的；

③无本章第3.5中（3）、（4）规定的技术资料的；

④达到设计使用年限的；

⑤检验结论为不合格的或者能效测试结果不满足法规、标准要求的。

3.3.4　停用

特种设备拟停用1年以上的，使用单位应当采取有效的保护措施，并且设置停用标志，在停用后30日内填写《特种设备停用报废注销登记表》，告知登记机关。重新启用时，使用单位应当进行自行检查，到使用登记机关办理启用手续；超过定期检验有效期的，应当按照定期检验的有关要求进行检验。

3.3.5　报废

对存在严重事故隐患，无改造、修理价值的特种设备，或者达到安全技术规范规定的报废期限的，应当及时予以报废，产权单位应当采取必要措施消除该特种设备的使用功能。特种设备报废时，按台（套）登记的特种设备应当办理报废手续，填写《特种设备停用报废注销登记表》，向登记机关办理报废手续，并且将使用登记证交回登记机关。

非产权所有者的使用单位经产权单位授权办理特种设备报废注销手续时，需提供产权单位的书面委托或者授权文件。

使用单位和产权单位注销、倒闭、迁移或者失联，未办理特种设备注销手续的，使用登记机关可以采用公告的方式停用或者注销相关特种设备。

3.3.6　使用标志

①特种设备（车用气瓶除外）使用登记标志与定期检验标志合二为一，统一为《特种设备使用标志》

②场（厂）内专用机动车辆的使用单位应当将车牌照固定在车辆前后悬挂车牌的部位；

③移动式压力容器使用单位应当将该移动式压力容器的电子密钥或者使用登记时发放的IC卡随车携带。

3.4　特种设备管理制度

3.4.1　安全节能管理制度

特种设备使用单位应当按照特种设备相关法律、法规、规章和安全技术规范的要求，建立健全特种设备使用安全节能管理制度。

管理制度至少包括以下内容：

（1）特种设备安全管理机构（需要设置时）和相关人员岗位职责；

（2）特种设备经常性维护保养、定期自行检查和有关记录制度；

（3）特种设备使用登记、定期检验、锅炉能效测试申请实施管理制度；

（4）特种设备隐患排查治理制度；

（5）特种设备安全管理人员与作业人员管理和培训制度；

（6）特种设备采购、安装、改造、修理、报废等管理制度；

（7）特种设备应急预案管理制度；

（8）特种设备事故报告和处理制度；

（9）高耗能特种设备节能管理制度。

3.4.2　特种设备操作规程

使用单位应当根据所使用设备运行特点等，指定操作规程。操作规程一般包括设备运行参数、操作程度和方法、维护保养要求、安全注意事项、巡回检查和异常情况处置规定，以及相应记录等。

3.5　特种设备安全技术和节能技术档案

使用单位应当逐台建立特种设备安全与节能技术档案。

安全技术档案至少包括以下内容：

（1）使用登记证；

（2）《特种设备使用登记表》；

（3）特种设备设计、制造技术资料和文件，包括设计文件、产品质量合格证明（含合格证及其数据表、质量证明书）、安装及使用维护保养说明、监督检验证书、型式试验证书等；

（4）特种设备安装、改造和修理的方案、图样［工业压力管道图样是指管道单线图（轴测图）］、材料质量证明书和施工质量证明文件、安装改造修理监督检验报告、验收报告等技术资料；

（5）特种设备定期自行检查记录和定期检验报告；

（6）特种设备日常使用状况记录；

（7）特种设备及其附属仪器仪表维护保养记录；

（8）特种设备安全附件和安全保护装置校验、检修、更换记录和有关报告；

（9）特种设备运行故障和事故记录及事故处理报告。

特种设备节能技术档案包括锅炉能效测试报告、高耗能特种设备节能改造技术资料等。

使用单位应当在设备使用中保存本节（1）、（2）、（5）、（6）、（7）、（8）、（9）规定的资料和特种设备节能技术档案的原件或者复印件，以便备查。

3.6　特种设备安全管理机构

3.6.1　职责

特种设备安全管理机构是指使用单位中承担特种设备安全管理职责的内设机构。高耗能特种设备使用单位可以将节能管理职责交由特种设备安全管理机构承担。

特种设备安全管理机构的职责是贯彻执行国家特种设备有关法律、法规和安全技术规范及相关标准，负责落实使用单位的主要义务；承担高耗能特种设备节能管理职责的机构，还应当负责开展日常节能检查，落实节能责任制。

3.6.2 机构设置

符合下列条件之一的特种设备使用单位，应当根据本单位特种设备的类别、品种、用途、数量等情况设置特种设备安全管理机构，逐台落实安全责任人：

（1）使用电站锅炉或者石化与化工成套装置的；

（2）使用为公众提供运营服务电梯的，或者在公众聚集场所使用30台以上（含30台）电梯的；

（3）使用10台以上（含10台）大型游乐设施的，或者10台以上（含10台）为公众提供运营服务非公路用旅游观光车辆的；

（4）使用客运架空索道，或者客运缆车的；

（5）使用各类特种设备（不含气瓶）总量大于50台（含50台）的。

3.6.3 管理人员和作业人员

根据《特种设备使用单位落实使用安全主体责任监督管理规定》的规定，特种设备使用单位应配备具有相应安全管理能力的安全总监和安全员，明确其岗位职责。

（1）主要负责人

特种设备使用单位主要负责人是指特种设备使用单位的实际最高管理者、法定代表人、法定委托人或者实际控制人，对其单位所使用的特种设备安全节能负总责，每月至少组织召开一次安全调度会议，并应当支持和保障特种设备安全总监和特种设备安全员依法开展特种设备使用安全管理工作，在作出涉及特种设备安全的重大决策前，应当充分听取特种设备安全总监和特种设备安全员的意见和建议。

（2）特种设备安全总监

特种设备安全总监是指特种设备使用单位管理层中负责特种设备使用安全的管理人员，一般由按照《特种设备使用管理规则》中规定的特种设备安全管理负责人担任，并取得相应的特种设备安全管理人员资格证书。

特种设备安全总监安全管理负责人按照职责要求，直接对本单位主要负责人负责，确保本单位特种设备的安全使用，其主要职责如下：

①组织宣传、贯彻特种设备有关的法律法规、规章、安全技术规范及相关标准；

②组织制定本单位特种设备使用安全管理制度，落实特种设备使用安全责任制，组织开展特种设备安全合规管理；

③组织制定特种设备事故应急专项预案，并且定期组织演练；

④落实特种设备安全事故报告义务，采取措施防止事故扩大；

⑤对特种设备安全管理员进行安全教育和技术培训，监督、指导特种设备安全管理员做好相关工作；

⑥按照规定组织开展特种设备使用安全风险评价工作，拟定并督促落实特种设备使用安全风险防控措施；

⑦对本单位特种设备使用安全管理工作进行检查，并至少每周组织一次特种设备风险隐患排查，及时向主要负责人报告有关情况，提出改进措施；

⑧当安全管理员报告特种设备存在事故隐患应当停止使用时，立即作出停止使用特种

设备的决定，并且及时报告本单位主要负责人；

⑨接受和配合有关部门开展特种设备安全监督检查、监督检验、定期检验和事故调查等工作，如实提供有关材料；

⑩气瓶充装单位安全管理负责人还应当履行以下职责：组织建立并持续维护气瓶充装质量安全追溯体系；组织编制安全用气须知或者用气说明书；组织实施报废气瓶的去功能化和办理注销使用登记；本单位投保气瓶充装安全责任保险的，落实相应的保险管理职责；

⑪电梯使用单位投保电梯保险的，还应当落实相应的保险管理职责；

⑫履行特种设备安全监管部门规定和本单位要求的其他特种设备使用安全管理职责。

（3）特种设备安全管理员

特种设备安全管理员是指具体负责特种设备使用安全管理的人员，一般由按照《特种设备使用管理规则》中规定的特种设备安全管理员担任，专职特种设备安全管理员须持有特种设备安全管理人员资质证书。按照职责要求，对特种设备安全总监或者本单位主要负责人负责，一般其主要职责如下：

①组织建立特种设备安全技术档案并办理本单位特种设备使用登记；

②组织制定特种设备安全操作规程；

③组织对特种设备作业人员和技术人员进行安全教育和技能培训；

④组织对特种设备进行日常巡检，监督检查特种设备作业人员到岗值守、巡回检查等工作情况，纠正和制止违章作业行为；

⑤每日根据《特种设备安全风险管控清单》，对投入使用的特种设备进行巡检，形成检查记录，对发现的风险隐患立即采取防范措施（情况紧急时，可以决定停止使用特种设备），及时上报安全总监或者单位主要负责人；

⑥编制特种设备定期检验计划，督促落实定期检验和后续整改工作；

⑦按照规定报告特种设备事故，参加特种设备事故救援，协助进行事故调查和善后处理；

⑧气瓶充装单位安全管理员还应当落实本单位气瓶充装质量安全追溯体系的各项功能，逐只扫描出厂气瓶追溯标签确保气瓶满足可追溯要求；负责向用气方宣传用气安全须知或者提供用气说明书；

⑨履行特种设备安全监管部门规定和本单位要求的其他特种设备使用安全管理职责。

（4）节能管理人员

高耗能特种设备使用单位应当配备节能管理人员，负责宣传贯彻特种设备节能的法律法规。

锅炉使用单位的节能管理人员应当组织制定本单位锅炉节能制度，对锅炉节能管理工作实施情况进行检查；建立锅炉节能技术档案，组织开展锅炉节能教育培训；编制锅炉能效测试计划，督促落实锅炉定期能效测试工作。

（5）作业人员

①作业人员职责

特种设备作业人员应当取得相应的特种设备作业人员资格证书，其主要职责如下：

a）严格执行特种设备有关安全管理制度，并且按照操作规程进行操作；

b）按照规定填写作业、交接班等记录；

c）参加安全教育和技能培训；

d）进行经常性维护保养，对发现的异常情况及时处理，并且作出记录；

e）作业过程中发现事故隐患或者其他不安全因素，应当立即采取紧急措施，并且按照规定的程序向特种设备安全管理人员和单位有关负责人报告；

f）参加应急演练，掌握相应的应急处置技能。

锅炉作业人员应当严格执行锅炉节能管理制度，参加锅炉节能教育和技术培训。

②作业人员配备

特种设备使用单位应当根据本单位特种设备数量、特性等配备相应持证的特种设备作业人员，并且在使用特种设备时应当保证每班至少有一名持证的作业人员在岗。有关安全技术规范对特种设备作业人员有特殊规定的，从其规定。

（6）《特种设备使用单位落实使用安全主体责任监督管理规定》和《特种设备使用管理规则》中规定的释义。

①日管控、周排查、月调度机制的落实

根据《特种设备使用单位落实使用安全主体责任监督管理规定》和《市场监督总局办公厅关于开展“特种设备企业主体责任推进年”活动的通知》（市监特设发〔2023〕33号）的要求：特种设备生产、使用单位全部建立主要负责人总负责，安全总监、安全员分级负责的责任体系，有效运用“日管控、周排查、月调度”工作机制落实主体责任，并按照要求制定安全风险管控清单，填写每日安全检查记录、每周安全排查整治报告、每月安全会议纪要等配套文件，客观真实记录和保存相关资料，确保责任落实有记录、可核实。其中“日管控、周排查、月调度”的具体内容如下：

日管控：由安全员每日根据安全风险管控清单进行检查，形成每日安全检查记录，对发现的安全风险隐患，应当立即采取防范措施，及时上报。未发现问题的，也应当予以记录，实行零风险报告；

周排查：由安全总监每周至少组织一次风险隐患排查，分析研判安全管理情况，研究解决日管控中发现的问题，形成每周安全排查治理报告

月调度：由单位主要负责人每月至少听取一次工作情况汇报，对当月日常安全管理、风险隐患排查治理等情况进行总结，对下月工作调度安排，形成每月安全调度会议纪要。

特种设备生产单位停产的，可暂不执行“日管控、周排查、月调度”工作机制。特种设备办理停用手续的，使用单位可暂不执行“日管控、周排查、月调度”工作机制；特种设备临时停用的，使用单位可调整“日管控、周排查、月调度”工作内容，并如实记录、存档备查。

②特种设备使用单位安全总监及安全员的配置

特种设备安全总监和特种设备安全员可以为专职或兼职人员，除了《特种设备使用单位落实使用安全主体责任监督管理规定》中规定不能兼任的情况外，可以兼任。对于已经按照《特种设备使用管理规则》建立特种设备安全管理机构、配备相应特种设备安全管理

人员（即安全管理负责人和安全管理人员）的单位，可保留原有的机构和人员配置，但要在管理制度上依照明确原安全管理负责人为安全总监，原安全管理人员为安全员，并按照《特种设备使用单位落实使用安全主体责任监督管理规定》的要求履行安全总监、安全员相应职责。

特种设备使用单位应当根据本单位特种设备的数量、用途、使用环境等情况，配备安全总监和足够数量的安全员，并逐台（条）明确负责的安全员。按照《特种设备使用管理规则》要求设置安全管理机构的使用单位以及符合下列条件之一的特种设备使用单位，应当配备专职安全管理员：

a）使用额定工作压力大于或者等于 2.5MPa 锅炉的；

b）使用 5 台以上（含 5 台）第Ⅲ类固定式压力容器的；

c）从事移动式压力容器或者气瓶充装的；

d）使用 10 公里以上（含 10 公里）工业管道的；

e）使用移动式压力容器，或者客运拖牵索道，或者大型游乐设施的；

f）使用各类特种设备（不含气瓶）总量 20 台以上（含 20 台）的。

g）除此规定以外的使用单位可以配备兼职安全管理员，也可以委托具有特种设备安全管理人员资格的人员负责使用管理，但是特种设备安全使用的责任主体仍然是使用单位。

注：市场监管总局特种设备局 2023 年 5 月 12 日发布了《特种设备使用管理规则》第 1 号修改单（征求意见稿）（征求截止日期为 2023 年 5 月 12 日），该修改单总体内容变化不大，融合了《特种设备使用单位落实使用安全主体责任监督管理规定》中对于特种设备使用单位主要负责人、安全总监和安全管理员的规定。

3.7 特种设备定期日常维护和检查

3.7.1 特种设备的日常维护

（1）使用单位应当根据设备特点和使用状况对特种设备进行经常性维护保养。维护保养应当符合相关安全技术规范及相应产品标准的要求。对发现的异常情况及时处理，并且做出记录，保证在用特种设备始终处于正常使用状态。

（2）法律对维护保养单位有专门资质要求的，使用单位应当选择有相应资质的单位实施维护保养。鼓励其他特种设备使用单位选择具有相应能力的专业化、社会化的维护保养单位进行维护保养。

3.7.2 定期自行检查

（1）为保证特种设备的安全运行，特种设备使用单位应当根据所使用的特种设备类别、品种和特性进行定期自行检查。

（2）定期自行检查的时间、内容和要求应当符合有关安全技术规范的规定及产品使用维护保养说明的要求。

3.7.3 定期检验

（1）使用单位应当在特种设备定期检验有效期届满前的 1 个月以内，向特种设备检验机构提出定期检验申请，并且做好相关的准备工作；

（2）移动式（流动式）特种设备，如果无法返回使用登记地进行定期检验的，可以在异地进行，检验后，使用单位应当在收到验收报告30日内，将检验报告（复印件）报送使用登记机关。

（3）定期检验完成后，使用单位应当组织进行特种设备管路连接、密封、附件和内件安装、试运行等工作，并且对其安全性负责。

（4）检验结论为合格时，使用单位应当按照检验结论确定的参数使用特种设备。

3.8 隐患排查与异常情况处理

3.8.1 隐患排查

使用单位应当按照隐患排查治理制度进行隐患排查，发现事故隐患应当及时消除，待隐患消除后，方可继续使用。

3.8.2 异常情况处理

特种设备在使用中发现异常情况的，作业人员或者维护保养人员应当立即采取应急措施，并且按照规定的程序向使用单位特种设备安全管理人员和单位有关负责人报告。

使用单位应当对出现故障或者发生异常情况的特种设备及时进行全面检查，查明故障和异常情况原因，并且及时采取有效措施，必要时停止运行，安排检验、检测，不得带病运行、冒险作业，待故障、异常情况消除后，方可继续使用。

3.9 应急预案

使用单位应按要求设置特种设备安全管理机构和配备专职安全管理员的使用单位，应当制定特种设备事故应急专项预案，每年至少演练一次，并且作出记录；其他使用单位可以在综合应急预案中编制特种设备事故应急的内容，适时开展特种设备事故应急演练，并且作出记录。

3.10 特种设备作业人员

3.10.1 持证上岗

特种设备作业人员应该按照《特种设备作业人员监督管理办法》的规定，取得《特种设备作业人员证》方可从事相应的作业或者管理工作。

3.10.2 特种作业人员要求

特种作业人员应当符合下列条件：

（1）年龄在18周岁以上；

（2）身体健康并满足申请从事的作业种类对身体的特殊要求；

（3）有与申请作业种类相适应的文化程度及相适应的工作经历；

（4）具有相应的安全技术知识和技能；

（5）符合安全技术规范规定的其他要求。

3.10.3 特种作业证书取得

特种设备作业人员培训可以由用人单位进行培训，也可以委托专门的机构进行培训，培训内容应符合国家质检总局制定的相关作业人员培训考核大纲等安全技术规范的要求，在省级质量技术监督部门制定的特种设备作业人员考试机构报名参加考试。考核合格并符合通过发证机构的条件审查，发证机构在审核后在规定时间内向申请人颁发《特种设备作业人员证》，不予发证的，应当说明理由。

3.10.4 特种作业证书复审

《特种设备作业人员证》每4年复审一次。持证人员应当在复审期届满3个月前，向发证部门提出复审申请。对持证人员在4年内符合有关安全技术规范规定的不间断作业要求和安全、节能教育培训要求，且无违章操作或者管理等不良记录、未造成事故的，发证部门应当按照有关安全技术规范的规定准予复审合格，并在证书正本上加盖发证部门复审合格章。复审不合格、逾期未复审的，其《特种设备作业人员证》予以注销。

3.10.5 撤销《特种设备作业人员证》的情形

有下列情形之一的，应当撤销《特种设备作业人员证》：

(1) 持证作业人员以考试作弊或者以其他欺骗方式取得《特种设备作业人员证》的；

(2) 持证作业人员违反特种设备的操作规程和有关的安全规章制度操作，情节严重的；

(3) 持证作业人员在作业过程中发现事故隐患或者其他不安全因素未立即报告，情节严重的；

(4) 考试机构或者发证部门工作人员滥用职权、玩忽职守、违反法定程序或者超越发证范围考核发证的；

(5) 依法可以撤销的其他情形。违反前款第（一）项规定的，持证人3年内不得再次申请《特种设备作业人员证》。

3.10.6 《特种设备作业人员证》补办

《特种设备作业人员证》遗失或者损毁的，持证人应当及时报告发证部门，并在当地媒体予以公告。查证属实的，由发证部门补办证书。

4 附表

特种设备目录见表8.2（仅列举化工企业可能涉及部分），特种设备作业人员资格认定分类与项目见表8.3，特种设备检验周期见表8.4。

表8.2 特种设备目录

代码	种类	类别	品种
1000	锅炉	锅炉，是指利用各种燃料、电或者其他能源，将所盛装的液体加热到一定的参数，并通过对外输出介质的形式提供热能的设备，其范围规定为设计正常水位容积大于或者等于30L，且额定蒸汽压力大于或者等于0.1MPa（表压）的承压蒸汽锅炉；出口水压大于或者等于0.1MPa（表压），且额定功率大于或者等于0.1MW的承压热水锅炉；额定功率大于或者等于0.1MW的有机热载体锅炉	
1100		承压蒸汽锅炉	
1200		承压热水锅炉	
1300		有机热载体锅炉	
1310			有机热载体气相炉
1320			有机热载体液相炉

续表

代码	种类	类别	品种
2000	压力容器	压力容器，是指盛装气体或者液体，承载一定压力的密闭设备，其范围规定为最高工作压力大于或者等于0.1MPa（表压）的气体、液化气体和最高工作温度高于或者等于标准沸点的液体、容积大于或者等于30L且内直径（非圆形截面指截面内边界最大几何尺寸）大于或者等于150mm的固定式容器和移动式容器；盛装公称工作压力大于或者等于0.2MPa（表压），且压力与容积的乘积大于或者等于1.0MPa·L的气体、液化气体和标准沸点等于或者低于60℃液体的气瓶；氧舱	
2100		固定式压力容器	
2110			超高压容器
2130			第三类压力容器
2150			第二类压力容器
2170			第一类压力容器
2200		移动式压力容器	
2210			铁路罐车
2220			汽车罐车
2230			长管拖车
2240			罐式集装箱
2250			管束式集装箱
2300		气瓶	
2310			无缝气瓶
2320			焊接气瓶
23T0			特种气瓶（内装填料气瓶、纤维缠绕气瓶、低温绝热气瓶）
2400		氧舱	
2410			医用氧舱
2420			高气压舱
8000	压力管道	压力管道，是指利用一定的压力，用于输送气体或者液体的管状设备，其范围规定为最高工作压力大于或者等于0.1MPa（表压），介质为气体、液化气体、蒸汽或者可燃、易爆、有毒、有腐蚀性、最高工作温度高于或者等于标准沸点的液体，且公称直径大于或者等于50mm的管道。公称直径小于150mm，且其最高工作压力小于1.6MPa（表压）的输送无毒、不可燃、无腐蚀性气体的管道和设备本体所属管道除外。其中，石油天然气管道的安全监督管理还应按照《安全生产法》《石油天然气管道保护法》等法律法规实施	

续表

代码	种类	类别	品种
8100		长输管道	
8110			输油管道
8120			输气管道
8200		公用管道	
8210			燃气管道
8220			热力管道
8300		工业管道	
8310			工艺管道
8320			动力管道
8330			制冷管道
7000	压力管道元件		
7100		压力管道管子	
7110			无缝钢管
7120			焊接钢管
7130			有色金属管
7140			球墨铸铁管
7150			复合管
71F0			非金属材料管
7200		压力管道管件	
7210			非焊接管件（无缝管件）
7220			焊接管件（有缝管件）
7230			锻制管件
7270			复合管件
72F0			非金属管件
7300		压力管道阀门	
7320			金属阀门
73F0			非金属阀门
73T0			特种阀门
7400		压力管道法兰	
7410			钢制锻造法兰
7420			非金属法兰

续表

代码	种类	类别	品种
7500		补偿器	
7510			金属波纹膨胀节
7530			旋转补偿器
75F0			非金属膨胀节
7700		压力管道密封元件	
7710			金属密封元件
77F0			非金属密封元件
7T00		压力管道特种元件	
7T10			防腐管道元件
7TZ0			元件组合装置
3000	电梯	电梯，是指动力驱动，利用沿刚性导轨运行的箱体或者沿固定线路运行的梯级（踏步），进行升降或者平行运送人、货物的机电设备，包括载人（货）电梯、自动扶梯、自动人行道等。非公共场所安装且仅供单一家庭使用的电梯除外	
3100		曳引与强制驱动电梯	
3110			曳引驱动乘客电梯
3120			曳引驱动载货电梯
3130			强制驱动载货电梯
3200		液压驱动电梯	
3210			液压乘客电梯
3220			液压载货电梯
3300		自动扶梯与自动人行道	
3310			自动扶梯
3320			自动人行道
3400		其他类型电梯	
3410			防爆电梯
3420			消防员电梯
3430			杂物电梯
4000	起重机械	起重机械，是指用于垂直升降或者垂直升降并水平移动重物的机电设备，其范围规定为额定起重量大于或者等于0.5t的升降机；额定起重量大于或者等于3t（或额定起重力矩大于或者等于40t·m的塔式起重机，或生产率大于或者等于300t/h的装卸桥），且提升高度大于或者等于2m的起重机；层数大于或者等于2层的机械式停车设备	
4100		桥式起重机	

续表

代码	种类	类别	品种
4110			通用桥式起重机
4130			防爆桥式起重机
4140			绝缘桥式起重机
4150			冶金桥式起重机
4170			电动单梁起重机
4190			电动葫芦桥式起重机
4200		门式起重机	
4210			通用门式起重机
4220			防爆门式起重机
4230			轨道式集装箱门式起重机
4240			轮胎式集装箱门式起重机
4250			岸边集装箱起重机
4260			造船门式起重机
4270			电动葫芦门式起重机
4280			装卸桥
4290			架桥机
4300		塔式起重机	
4310			普通塔式起重机
4320			电站塔式起重机
4400		流动式起重机	
4410			轮胎起重机
4420			履带起重机
4440			集装箱正面吊运起重机
4450			铁路起重机
4700		门座式起重机	
4710			门座起重机
4760			固定式起重机
4800		升降机	
4860			施工升降机
4870			简易升降机
4900		缆索式起重机	
4A00		桅杆式起重机	
4D00		机械式停车设备	
5000	场（厂）内专用机动车辆	场（厂）内专用机动车辆，是指除道路交通、农用车辆以外仅在工厂厂区、旅游景区、游乐场所等特定区域使用的专用机动车辆	
5100		机动工业车辆	

续表

代码	种类	类别	品种
5110			叉车
5200		非公路用旅游观光车辆	
F000	安全附件		
7310			安全阀
F220			爆破片装置
F230			紧急切断阀
F260			气瓶阀门

表 8.3 特种设备作业人员资格认定分类与项目

序号	种类	作业项目	项目代码
1	特种设备安全管理	特种设备安全管理	A
2	锅炉作业	工业锅炉司炉	G1
		电站锅炉司炉（注 1）	G2
		锅炉水处理	G3
3	压力容器作业	快开门式压力容器操作	R1
		移动式压力容器充装	R2
		氧舱维护保养	R3
4	气瓶作业	气瓶充装	P
5	电梯作业	电梯修理（注 2）	T
6	起重机作业	起重机指挥	Q1
		起重机司机（注 3）	Q2
7	客运索道作业	客运索道修理	S1
		客运索道司机	S2
8	大型游乐设施作业	大型游乐设施修理	Y1
		大型游乐设施操作	Y2
9	场（厂）内专用机动车辆作业	叉车司机	N1
		观光车和观光列车司机	N2
10	安全附件维修作业	安全阀校验	F
11	特种设备焊接作业	金属焊接操作	（注 4）
		非金属焊接操作	

注 1：资格认定范围为 300MW 以下（不含 300MW）的电站锅炉司炉人员，300MW 电站锅炉司炉人员由使用单位按照电力行业规范自行进行技能培训。

注 2：电梯修理作业项目包括修理和维护保养作业。

注 3：可根据报考人员的申请需求进行范围限制，具体明确限制为桥式起重机司机、门式起重机司机、塔式起重机司机、门座式起重机司机、缆索式起重机司机、流动式起重机司机、升降机司机。如“起重机司机（限桥门式起重机）”等。

注 4：特种设备焊接作业人员代号按照《特种设备焊接操作人员考核规则》的规定执行。

表 8.4 特种设备检验周期

序号	设备种类		检验周期				备注
			检验类别	外部检验	内部检验	水压试验	
1	锅炉		定期检验	每年进行 1 次	一般每 2 年 1 次，电站锅炉的内部检验和水压试验周期可按照电厂大修周期进行适当调整	一般 6 年 1 次，对于无法进行内部检验的锅炉，应每 3 年进行 1 次水压试验	1. 外部检验是指锅炉在运行状态下对锅炉安全状况进行的检验； 2. 内部检验是指锅炉在停炉状态下对锅炉安全状况进行的检验； 3. 水压试验是指锅炉以水为介质，以规定的试验压力对锅炉受压部件强度和严密性进行的检验； 4. 当内部检验、外部检验和水压试验在同期进行时，应依次进行内部检验、水压试验和外部检验
			特殊情况的检验	1. 移装锅炉开始投运时； 2. 锅炉停止运行 1 年以上恢复运行时； 3. 锅炉的燃烧方式和安全自控系统有改动后	1. 新安装的锅炉在运行一年后； 2. 移装锅炉投运前； 3. 锅炉停止运行 1 年以上、恢复运行前； 4. 受压元件经重大修理或改造后及重新运行 1 年后； 5. 根据上次内部检验结果和锅炉运行情况，对设备安全可靠性有怀疑时； 6. 外部检验结果和锅炉运行情况，对设备安全可靠性有怀疑时	1. 移装锅炉投运前； 2. 受压元件经重大修理或改造后	
2	压力容器	固定式	压力容器类别	自行检查	定期检查		1. 主要参照《固定式压力容器安全技术监察规程》（TSG 21—2016）执行； 2. 耐压试验：定期检验过程中，使用单位或者检验机构对压力容器的安全状况有怀疑时，应当进行耐压试验； 3. 对于介质毒性危害程度为极高、高度危害或者设计上不允许有微量泄露的压力容器应进行泄露试验； 4. 耐压试验和泄露试验均由使用单位负责，检验机构负责检验
			金属类	月度检查：每月 1 次； 年度检查：每年 1 次	金属压力容器一般于投用后 3 年内进行首次定期检验。以后的检验周期由检验机构根据压力容器的安全状况等级，按照以下要求确定： 1. 安全状况等级为 1 级、2 级的，一般每 6 年检验 1 次； 2. 安全状况等级为 3 级的，一般每 3～6 年检验 1 次； 3. 安全状况等级为 4 级的，监控使用，其检验周期由检验机构确定，累计监控使用时间不得超过 3 年，在监控使用期间，使用单位应当采取有效的监控措施； 4. 安全状况等级为 5 级的，应当对缺陷进行处理		
			非金属类	月度检查：每月 1 次； 年度检查：每年 1 次	非金属压力容器一般于投用后 1 年内进行首次定期检验。以后的检验周期由检验机构根据压力容器的安全状况等级，按照以下要求： （1）安全状况等级为 1 级的，一般每 3 年检验 1 次； （2）安全状况等级为 2 级的，一般每 2 年检验 1 次； （3）安全状况等级为 3 级的，应当监控使用，累计监控使用时间不得超过 1 年； （4）安全状况等级为 4 级的，不得继续在当前介质下使用；如果用于其他适合的腐蚀性介质时，应当监控使用，其检验周期由检验机构确定，但是累计监控使用时间不得超过 1 年； （5）安全状况等级为 5 级的，应当对缺陷进行处理，否则不得继续使用		

续表

<table>
<tr><th>序号</th><th colspan="2">设备种类</th><th colspan="4">检验周期</th><th>备注</th></tr>
<tr><td rowspan="7">2</td><td rowspan="7">压力容器</td><td rowspan="4">移动式</td><td rowspan="3">汽车、罐车、铁路罐车罐式集装箱</td><td colspan="4">年度检测：每年至少 1 次</td></tr>
<tr><td colspan="4">全面检验：新罐车首次检验 1 年；安全状况等级为 1、2 级的，汽车罐车每 5 年至少 1 次，铁路罐车每 4 年至少 1 次，罐式集装箱每 5 年至少 1 次；安全状况等级为 3 级，汽车罐车每 3 年至少 1 次，铁路罐车每 2 年至少 1 次，罐式集装箱每 2.5 年至少 1 次</td></tr>
<tr><td colspan="4">耐压试验：每 6 年至少进行 1 次</td></tr>
<tr><td>长管拖车</td><td colspan="4">年度检测：每年至少 1 次</td></tr>
<tr><td rowspan="3">气瓶</td><td>钢质无缝气瓶、钢质焊接气瓶（不含液化石油气钢瓶、液化二甲醚钢瓶）、铝合金无缝气瓶</td><td colspan="3">腐蚀性气体、海水等腐蚀性环境，每 2 年检验 1 次；
氮、六氟化硫、四氟甲烷及惰性气体，每 5 年检验 1 次；
纯度大于多等于 99.999%的高处气体（气瓶内表面经腐蚀且表面粗糙度达到 Ra0.4 以上），剧毒类的每 5 年检验 1 次，其他每 8 年检验 1 次；
混合气体：按混合气体中检验周期最短的气体特性确定（微量组分除外）；
其他气体：每 3 年检验 1 次</td><td rowspan="3">1. 依据《气瓶安全技术规程》（TSG 23—2021）执行；
2. 气瓶（车用气瓶除外）首次定期检验日期应当从气瓶制造日期起计算，车用气瓶首次检验日期应当从气瓶使用登记日期起计算，但制造日期与使用登记日期不得超过 1 个定期检验周期；
3. 车用气瓶随报废车辆请一起报废；
4. 对于超过设计使用使用年限仍有使用价值的气瓶，产权单位应当委托气瓶检验机构对气瓶进行评估，检验机构评估合格后应当给出延长后的使用年限</td></tr>
<tr><td>液化二甲醚钢瓶、液化石油气钢瓶</td><td colspan="3">民用：每 4 年检验 1 次；
车用：每 5 年检验 1 次</td></tr>
<tr><td>其他类别</td><td colspan="3">车用压缩天然气钢瓶、车用氢气钢瓶、气体储运用纤维缠绕气瓶、呼吸器用复合钢瓶、低压绝热气瓶（含车用气瓶）、溶解乙炔气瓶：每 3 年检验 1 次</td></tr>
<tr><td rowspan="2">3</td><td rowspan="2">压力管道</td><td rowspan="2">工业管道</td><td colspan="2">年度检查</td><td>定期检查</td><td>其余试验</td><td>参照法规</td></tr>
<tr><td colspan="2">是使用单位在管道运行的条件下，对管道是否有影响安全运行的异常情况进行检查，每年至少 1 次。可以有使用单位组织经过培训的人员进行，也可以委托具有工业管道定期检验资质的检验机构进行。
年度检查应至少包括对管道安全管理情况、管道运行状况和安全附件与仪表的检查，必要时应当进行壁厚测定和电阻值测量</td><td>一般规定管道一般在投入使用后 3 年内进行首次定期检验。以后的检验周期由检验机构根据管道安全状况等级，按照以下要求确定：<table><tr><th>安全状况</th><th>GC1</th><th>GC2</th><th>GC3</th></tr><tr><td>1、2 级</td><td colspan="2">≤6 年</td><td>≤9 年</td></tr><tr><td>3 级</td><td colspan="3">≤3 年，使用期间应当对管道采取有效的监控措施</td></tr><tr><td>4 级</td><td colspan="3">使用单位应当对管道缺陷进行处理，否则不得继续使用</td></tr></table></td><td>1. 耐压试验：定期检验过程中，使用单位或者检验机构对压力容器的安全状况有怀疑时，应当进行耐压试验；
2. 对于介质毒性危害程度为极高、高度危害或者设计上不允许有微量泄露的压力容器应进行泄露试验；
3. 耐压试验和泄露试验均有使用单位负责，检验机构负责检验</td><td>特殊情况下的规定详见《压力管道定期检验规则——工业管道》（TSG D7005—2018）</td></tr>
</table>

续表

序号	设备种类		检验周期			备注
			年度检查	全面检验	合于使用评价	特殊情况
3	压力管道	长输管道	是使用单位管道运行过程中的常规性检查，每年至少1次，进行全面检验的年度可以不进行年度检查。 年度检查可以由使用单位组织长输作业人员进行，也可以经国家质量监督检验总局核准，具有相应资质的检测机构进行	是指按一定的检验周期对在用管道进行基于风险的检验。新建管道一般于投用后3年内进行首次全面检验，首次全面检验之后的全面检验周期按照《压力管道定期检测规则——长输油气管道》第二十三条确定；承担全面检验的检验机构，应当国家质检总局核准，并且在核准的范围内开展工作	合于使用评价，在全面检验之后进行。合于使用评价包括对管道进行的应力分析计算；对危害管道结构完整性的缺陷进行的剩余强度评估与超标缺陷安全评定；对危害管道安全的主要潜在危险因素进行的管道剩余寿命预测、以及在一定条件下开展的材料适用性评价。承担合于使用评价的机构（以下简称评价机构）应当具备国家质检总局核准的合于使用评价资质	详见《压力管道定期检验规则——长输（油气）管道》（TSG D7003—2010）
		公用管道	GB1	根据《压力管道定期检验规则——公用管道》进行		
			GB2	如果为管沟敷设或者架空敷设，管道本身、附属设施与安全保护装置定期检验参照工业管道、压力容器定期检验有关要求执行；如果为直埋敷设，定期检验按照《按压力管道定期检验规则——公用管道》中压燃气管道的要求进行		
4	电梯		（1）定期检验周期是1年，使用单位应当在下次检验日期届满前1个月，提出定期检验申请； （2）自行检查每年1次，自行检查在特种设备检验机构进行定期检验之前进行，自行检查项目及其内容根据使用状况确定，但是不少于本规则年度维保和电梯定期检验规定的项目及其内容； （3）并电梯的维保项目分为半月、季度、半年、年度等四类，各类维保的基本项目（内容）和要求分别见《电梯维护保养规则》（TSG T5002—2017）附件A至附件D			《电梯维护保养规则》（TSG T5002—2017）
5	起重机械		（1）塔式起重机、升降机、流动式起重机，每年1次； （2）桥式起重机、门式起重机、门座式起重机、缆索式起重机、桅杆式起重机、机械式停车设备，每2年1次，其中涉及吊运熔融金属的起重机，每年1次； （3）在用起重机械至少每月进行1次日常维护保养和自行检测			《起重机械定期检验规则》（TSG Q7015—2016）

续表

序号	设备种类		检验周期	备注
6	客运索道		客运架空索道和客运缆车监督检验合格后，每 3 年进行 1 次全面检验； 期间的 2 个年度，每年进行 1 次年度检验。客运拖牵索道不进行全面检验，每年进行 1 次年度检验； 检验时间不得超过安全检验标志上注明的“下次检验日期”	《客运索道监督检验和定期检验规则》（TSG S7001—2013）
7	大型游乐设施		定期检验周期为 1 年	《游乐设施安全使用管理》（GB/T 30220—2013）
8	场（厂）内机动车辆		定期检验周期为 1 年	《场（厂）内专用机动车辆安全技术监察规程》（TSG N0001—2017）
9	安全附件	安全阀	安全阀一般 1 年至少校验 1 次，安全技术规范有相应规定的从其规定，经解体、修理或者更换部件的安全阀，须重新检验	《安全阀安全技术监察规程》（TSG ZF001—2006）
		爆破片	爆破片装置定期检查周期可以根据使用单位具体情况作出规定，但是定期检查周期最长不得超过 1 年。 爆破片应根据使用条件、介质性质等具体影响因素，或者设计预期使用年限合理确定，一般为 2～3 年	《爆破片装置安全技术监察规程》（TSG ZF003—2011）
		压力表	A 类	用于安全防护的压力表，检定周期一般不超过半年
			B 类	用于工艺过程控制的压力表，检定周期为装置的检修期
			C 类	用于监测的压力表，检定周期为 1～2 年； 监视用压力表，不需周期检定，发生一次故障即更换
		限速器	每 2 年进行限速器动作速度校验 1 次	
		防坠安全器	每 2 年进行安全器动作速度校验 1 次	
		液位计	每年至少校验 1 次	

第九章 特种作业人员

1 主要参照的法律法规

《特种作业人员安全技术培训考核管理规定》

《特种作业目录》

2 术语与定义

2.1 特种作业

是指容易发生事故，对操作者本人、他人的安全健康及设备、设施的安全可能造成重大危害的作业。根据国家规定特种作业人员必须经专门的安全技术培训并考核合格，取得《中华人民共和国特种作业操作证》（简称特种作业操作证）后，方可上岗作业。

2.2 特种作业人员

是指直接从事特种作业的从业人员。

3 管理要求

3.1 持证上岗

特种作业人员必须按照《特种作业人员安全技术培训考核管理规定》的规定经专门的安全技术培训并考核合格，取得《中华人民共和国特种作业操作证》（以下简称特种作业操作证）后，方可上岗作业。离开特种作业岗位 6 个月以上的特种作业人员，应当重新进行实际操作考试，经确认合格后方可上岗作业。

3.2 特种设备作业人员要求

（1）年满 18 周岁，且不超过国家法定退休年龄；

（2）经社区或者县级以上医疗机构体检健康合格，并无妨碍从事相应特种作业的器质性心脏病、癫痫病、美尼尔氏症、眩晕症、癔病、震颤麻痹症、精神病、痴呆症以及其他疾病和生理缺陷；

(3) 具有初中及以上文化程度；危险化学品特种作业人员应当具备高中或者相当于高中及以上文化程度；

(4) 具备必要的安全技术知识与技能；

(5) 相应特种作业规定的其他条件。

3.3 特种作业人员培训及发证

3.3.1 特种作业人员应当接受与其所从事的特种作业相应的安全技术理论培训和实际操作培训。已经取得职业高中、技工学校及中专以上学历的毕业生从事与其所学专业相应的特种作业，持学历证明经考核发证机关同意，可以免予相关专业的培训。跨省、自治区、直辖市从业的特种作业人员，可以在户籍所在地或者从业所在地参加培训。

3.3.2 对特种作业人员的安全技术培训，具备安全培训条件的生产经营单位应当以自主培训为主，也可以委托具备安全培训条件的机构进行培训。不具备安全培训条件的生产经营单位，应当委托具备安全培训条件的机构进行培训。生产经营单位委托其他机构进行特种作业人员安全技术培训的，保证安全技术培训的责任仍由本单位负责。

3.3.3 从事特种作业人员安全技术培训的机构（以下统称培训机构），应当制定相应的培训计划、教学安排，并按照安全监管总局、煤矿安监局制定的特种作业人员培训大纲和煤矿特种作业人员培训大纲进行特种作业人员的安全技术培训。

3.3.4 特种作业人员的考核包括考试和审核两部分。考试由考核发证机关或其委托的单位负责；审核由考核发证机关负责。应急管理局负责制定特种作业人员的考核标准，并建立相应的考试题库，考核发证机关或其委托的单位应当按照安全监管总局、煤矿安监局统一制定的考核标准进行考核。

3.3.5 参加特种作业操作资格考试的人员，应当填写考试申请表，由申请人或者申请人的用人单位持学历证明或者培训机构出具的培训证明向申请人户籍所在地或者从业所在地的考核发证机关或其委托的单位提出申请。考核发证机关或其委托的单位收到申请后，应当在60日内组织考试。

3.3.6 特种作业操作资格考试包括安全技术理论考试和实际操作考试两部分。考试不及格的，允许补考1次。经补考仍不及格的，重新参加相应的安全技术培训。

3.3.7 符合本章3.2节规定并经考试合格的特种作业人员，应当向其户籍所在地或者从业所在地的考核发证机关申请办理特种作业操作证，并提交身份证复印件、学历证书复印件、体检证明、考试合格证明等材料。

3.3.8 收到申请的考核发证机关应当在5个工作日内完成对特种作业人员所提交申请材料的审查，作出受理或者不予受理的决定。能够当场作出受理决定的，应当当场作出受理决定；申请材料不齐全或者不符合要求的，应当当场或者在5个工作日内一次告知申请人需要补正的全部内容，逾期不告知的，视为自收到申请材料之日起即已被受理。

3.3.9 对已经受理的申请，考核发证机关应当在20个工作日内完成审核工作。符合条件的，颁发特种作业操作证；不符合条件的，应当说明理由。

特种作业操作证有效期为6年，在全国范围内有效。

3.4 特种作业操作证书复审

3.4.1 特种作业操作证每3年复审1次。特种作业人员在特种作业操作证有效期内，连续从事本工种10年以上，严格遵守有关安全生产法律法规的，经原考核发证机关或者从业所在地考核发证机关同意，特种作业操作证的复审时间可以延长至每6年1次。

3.4.2 特种作业操作证需要复审的，应当在期满前60日内，由申请人或者申请人的用人单位向原考核发证机关或者从业所在地考核发证机关提出申请，并提交下列材料：

(1) 社区或者县级以上医疗机构出具的健康证明；

(2) 从事特种作业的情况；

(3) 安全培训考试合格记录。

特种作业操作证有效期届满需要延期换证的，应当按照前款的规定申请延期复审。

3.4.3 特种作业操作证申请复审或者延期复审前，特种作业人员应当参加必要的安全培训并考试合格。安全培训时间不少于8个学时，主要培训法律、法规、标准、事故案例和有关新工艺、新技术、新装备等知识。

3.4.4 特种作业人员有下列情形之一的，复审或者延期复审不予通过：

(1) 健康体检不合格的；

(2) 违章操作造成严重后果或者有2次以上违章行为，并经查证确实的；

(3) 有安全生产违法行为，并给予行政处罚的；

(4) 拒绝、阻碍安全生产监管监察部门监督检查的；

(5) 未按规定参加安全培训，或者考试不合格的；

(6) 具有本章3.5和3.6中规定情形的。

3.5 特种作业操作证撤销的情形

下列情形之一的，考核发证机关应当撤销特种作业操作证：

(1) 超过特种作业操作证有效期未延期复审的；

(2) 特种作业人员的身体条件已不适合继续从事特种作业的；

(3) 对发生生产安全事故负有责任的；

(4) 特种作业操作证记载虚假信息的；

(5) 以欺骗、贿赂等不正当手段取得特种作业操作证的。

特种作业人员违反第(4)项、第(5)项规定的，3年内不得再次申请特种作业操作证。

3.6 特种作业操作证注销的情形

有下列情形之一的，考核发证机关会注销特种作业操作证：

(1) 特种作业人员死亡的；

(2) 特种作业人员提出注销申请的;

(3) 特种作业操作证被依法撤销的。

3.7 《特种设备作业人员证》补办

特种作业操作证遗失的，应当向原考核发证机关提出书面申请，经原考核发证机关审查同意后，予以补发。特种作业操作证所记载的信息发生变化或者损毁的，应当向原考核发证机关提出书面申请，经原考核发证机关审查确认后，予以更换或者更新。

3.8 其他要求

特种作业人员在劳动合同期满后变动工作单位的，原工作单位不得以任何理由扣押其特种作业操作证。

3.9 特种作业目录

特种作业目录见表 9.1（仅列举化工企业可能涉及部分）。

表 9.1 特种作业目录

1. 电工作业：指对电气设备进行运行、维护、安装、检修、改造、施工、调试等作业（不含电力系统进网作业）	高压电工	指对 1 千伏（kV）及以上的高压电气设备进行运行、维护、安装、检修、改造、施工、调试、试验及绝缘工、器具进行试验的作业
	低压电工	指对 1 千伏（kV）以下的低压电器设备进行安装、调试、运行操作、维护、检修、改造施工和试验的作业
	防爆电气	指对各种防爆电气设备进行安装、检修、维护的作业。 适用于除煤矿井下以外的防爆电气作业
2. 焊接与热切割作业：指运用焊接或者热切割方法对材料进行加工的作业（不含《特种设备安全监察条例》规定的有关作业）	熔化焊接与热切割	指使用局部加热的方法将连接处的金属或其他材料加热至熔化状态而完成焊接与切割的作业。 适用于气焊与气割、焊条电弧焊与碳弧气刨、埋弧焊、气体保护焊、等离子弧焊、电渣焊、电子束焊、激光焊、氧熔剂切割、激光切割、等离子切割等作业
	压力焊	指利用焊接时施加一定压力而完成的焊接作业。 适用于电阻焊、气压焊、爆炸焊、摩擦焊、冷压焊、超声波焊、锻焊等作业
	钎焊	指使用比母材熔点低的材料作钎料，将焊件和钎料加热到高于钎料熔点，但低于母材熔点的温度，利用液态钎料润湿母材，填充接头间隙并与母材相互扩散而实现连接焊件的作业。 适用于火焰钎焊作业、电阻钎焊作业、感应钎焊作业、浸渍钎焊作业、炉中钎焊作业，不包括烙铁钎焊作业
3. 高处作业：指专门或经常在坠落高度基准面 2m 及以上有可能坠落的高处进行的作业	登高架设	指在高处从事脚手架、跨越架架设或拆除的作业
	高处安装、维护、拆除	指在高处从事安装、维护、拆除的作业。 适用于利用专用设备进行建筑物内外装饰、清洁、装修，电力、电信等线路架设，高处管道架设，小型空调高处安装、维修，各种设备设施与户外广告设施的安装、检修、维护以及在高处从事建筑物、设备设施拆除作业

续表

4. 制冷与空调：指对大中型制冷与空调设备运行操作、安装与修理的作业	制冷与空调设备运行操作	指对各类生产经营企业和事业等单位的大中型制冷与空调设备运行操作的作业。 适用于化工类（石化、化工、天然气液化、工艺性空调）生产企业，机械类（冷加工、冷处理、工艺性空调）生产企业，食品类（酿造、饮料、速冻或冷冻调理食品、工艺性空调）生产企业，农副产品加工类（屠宰及肉食品加工、水产加工、果蔬加工）生产企业，仓储类（冷库、速冻加工、制冰）生产经营企业，运输类（冷藏运输）经营企业，服务类（电信机房、体育场馆、建筑的集中空调）经营企业和事业等单位的大中型制冷与空调设备运行操作作业
	制冷与空调设备安装修理	指对上一行所指制冷与空调设备整机、部件及相关系统进行安装、调试与维修的作业
5. 危险化学品安全作业：指从事危险化工工艺过程操作及化工自动化控制仪表安装、维修、维护的作业	光气及光气化工艺	指光气合成以及厂内光气储存、输送和使用岗位的作业。 适用于一氧化碳与氯气反应得到光气，光气合成双光气、三光气，采用光气作单体合成聚碳酸酯，甲苯二异氰酸酯（TDI）制备，4,4′-二苯基甲烷二异氰酸酯（MDI）制备等工艺过程的操作作业
	氯碱电解工艺	指氯化钠和氯化钾电解、液氯储存和充装岗位的作业。 适用于氯化钠（食盐）水溶液电解生产氯气、氢氧化钠、氢气，氯化钾水溶液电解生产氯气、氢氧化钾、氢气等工艺过程的操作作业
	氯化工艺	指液氯储存、气化和氯化反应岗位的作业。 适用于取代氯化，加成氯化，氧氯化等工艺过程的操作作业
	硝化工艺	指硝化反应、精馏分离岗位的作业。 适用于直接硝化法，间接硝化法，亚硝化法等工艺过程的操作作业
	合成氨工艺	指压缩、氨合成反应、液氨储存岗位的作业。 适用于节能氨五工艺法（AMV），德士古水煤浆加压气化法、凯洛格法，甲醇与合成氨联合生产的联醇法，纯碱与合成氨联合生产的联碱法，采用变换催化剂、氧化锌脱硫剂和甲烷催化剂的“三催化”气体净化法工艺过程的操作作业
	裂解（裂化）工艺	指石油系的烃类原料裂解（裂化）岗位的作业。 适用于热裂解制烯烃工艺，重油催化裂化制汽油、柴油、丙烯、丁烯，乙苯裂解制苯乙烯，二氟一氯甲烷（HCFC－22）热裂解制得四氟乙烯（TFE），二氟一氯乙烷（HCFC－142b）热裂解制得偏氟乙烯（VDF），四氟乙烯和八氟环丁烷热裂解制得六氟乙烯（HFP）工艺过程的操作作业
	氟化工艺	指氟化反应岗位的作业。 适用于直接氟化，金属氟化物或氟化氢气体氟化，置换氟化以及其他氟化物的制备等工艺过程的操作作业
	加氢工艺	指加氢反应岗位的作业。 适用于不饱和炔烃、烯烃的三键和双键加氢，芳烃加氢，含氧化合物加氢，含氮化合物加氢以及油品加氢等工艺过程的操作作业

续表

5. 危险化学品安全作业：指从事危险化工工艺过程操作及化工自动化控制仪表安装、维修、维护的作业	重氮化工艺	指重氮化反应、重氮盐后处理岗位的作业。 适用于顺法、反加法、亚硝酰硫酸法、硫酸铜触媒法以及盐析法等工艺过程的操作作业
	氧化工艺	指氧化反应岗位的作业。 适用于乙烯氧化制环氧乙烷，甲醇氧化制备甲醛，对二甲苯氧化制备对苯二甲酸，异丙苯经氧化—酸解联产苯酚和丙酮，环己烷氧化制环己酮，天然气氧化制乙炔，丁烯、丁烷、C_4 馏分或苯的氧化制顺丁烯二酸酐，邻二甲苯或萘的氧化制备邻苯二甲酸酐，均四甲苯的氧化制备均苯四甲酸二酐，苊的氧化制 1,8-萘二甲酸酐，3-甲基吡啶氧化制 3-吡啶甲酸（烟酸），4-甲基吡啶氧化制 4-吡啶甲酸（异烟酸），2-乙基己醇（异辛醇）氧化制备 2-乙基己酸（异辛酸），对氯甲苯氧化制备对氯苯甲醛和对氯苯甲酸，甲苯氧化制备苯甲醛、苯甲酸，对硝基甲苯氧化制备对硝基苯甲酸，环十二醇/酮混合物的开环氧化制备十二碳二酸，环己酮/醇混合物的氧化制己二酸，乙二醛硝酸氧化法合成乙醛酸，以及丁醛氧化制丁酸以及氨氧化制硝酸等工艺过程的操作作业
	过氧化工艺	指过氧化反应、过氧化物储存岗位的作业。 适用于双氧水的生产，乙酸在硫酸存在下与双氧水作用制备过氧乙酸水溶液，酸酐与双氧水作用直接制备过氧二酸，苯甲酰氯与双氧水的碱性溶液作用制备过氧化苯甲酰，以及异丙苯经空气氧化生产过氧化氢异丙苯等工艺过程的操作作业
	胺基化工艺	指胺基化反应岗位的作业。 适用于邻硝基氯苯与氨水反应制备邻硝基苯胺，对硝基氯苯与氨水反应制备对硝基苯胺，间甲酚与氯化铵的混合物在催化剂和氨水作用下生成间甲苯胺，甲醇在催化剂和氨气作用下制备甲胺，1-硝基蒽醌与过量的氨水在氯苯中制备 1-氨基蒽醌，2,6-蒽醌二磺酸氨解制备 2,6-二氨基蒽醌，苯乙烯与胺反应制备 *N*-取代苯乙胺，环氧乙烷或亚乙基亚胺与胺或氨发生开环加成反应制备氨基乙醇或二胺，甲苯经氨氧化制备苯甲腈，以及丙烯氨氧化制备丙烯腈等工艺过程的操作作业
	磺化工艺	指磺化反应岗位的作业。 适用于三氧化硫磺化法，共沸去水磺化法，氯磺酸磺化法，烘焙磺化法，以及亚硫酸盐磺化法等工艺过程的操作作业
	聚合工艺	指聚合反应岗位的作业。 适用于聚烯烃、聚氯乙烯、合成纤维、橡胶、乳液、涂料黏合剂生产以及氟化物聚合等工艺过程的操作作业
	烷基化工艺	指烷基化反应岗位的作业。 适用于 *C*-烷基化反应，*N*-烷基化反应，*O*-烷基化反应等工艺过程的操作作业
	化工自动化控制仪表	指化工自动化控制仪表系统安装、维修、维护的作业
6. 安全监管总局认定的其他作业		

第十章 重大危险源管理

1 主要参照的法律法规

《危险化学品重大危险源监督管理暂行规定》(国家安全监管总局令第 79 号)

《危险化学品重大危险源辨识》(GB 18218—2018)

《危险化学品企业重大危险源安全包保责任制办法(试行)》

2 术语与定义

2.1 危险化学品重大危险源

长期地或临时地生产、储存、使用和经营危险化学品,且危险化学品的数量等于或超过临界量的单元。

2.2 临界量

某种或某类危险化学品构成重大危险源所规定的最小数量。

2.3 单元

涉及危险化学品的生产、储存装置、设施或场所,分为生产单元和储存单元。

2.4 生产单元

危险化学品的生产、加工及使用等的装置及设施,当装置及设施之间有切断阀时,以切断阀作为分隔界限划分为独立的单元。

2.5 储存单元

用于储存危险化学品的储罐或仓库组成的相对独立的区域,储罐区以罐区防火堤为界限划分为独立的单元,仓库以独立库房(独立建筑物)为界限划分为独立的单元。

2.6 安全包保责任制

是指危险化学品企业按照《危险化学品企业重大危险源安全包保责任制办法(试行)》要求,专门为重大危险源指定主要负责人、技术负责人和操作负责人,并由其包联保证重大危险源安全管理措施落实到位的一种安全生产责任制。其中:

重大危险源的主要负责人,应当由危险化学品企业的主要负责人担任。

重大危险源的技术负责人，应当由危险化学品企业层面技术、生产、设备等分管负责人或者二级单位（分厂）层面有关负责人担任。

重大危险源的操作负责人，应当由重大危险源生产单元、储存单元所在车间、单位的现场直接管理人员担任，例如车间主任。

3　危险化学品重大危险源管理

危险化学品重大危险源管理主要参照《危险化学品重大危险源监督管理暂行规定》进行，主要包含危险化学品重大危险源的辨识、评估、登记建档、备案、核销、日常管理工作。

3.1　危险化学品重大危险源的辨识与评估

3.1.1　危险化学品单位应当按照《危险化学品重大危险源辨识》（GB 18218），对本单位的危险化学品生产、经营、储存和使用装置、设施或者场所进行重大危险源辨识，并记录辨识过程与结果。

3.1.2　危险化学品单位应当对重大危险源进行安全评估并确定重大危险源等级。重大危险源根据其危险程度，分为一级、二级、三级和四级，一级为最高级别。重大危险源分级方法按照《危险化学品重大危险源监督管理暂行规定》中附件1进行。

3.1.3　危险化学品单位可以组织本单位的注册安全工程师、技术人员或者聘请有关专家进行安全评估，也可以委托具有相应资质的安全评价机构进行安全评估。依照法律、行政法规的规定，危险化学品单位需要进行安全评价的，重大危险源安全评估可以与本单位的安全评价一起进行，以安全评价报告代替安全评估报告，也可以单独进行重大危险源安全评估。危险化学品单位以安全评价报告代替安全评估报告的，其安全评价报告中有关重大危险源的内容应当符合本章3.1.5的规定要求。

3.1.4　重大危险源有下列情形之一的，应当委托具有相应资质的安全评价机构，按照有关标准的规定采用定量风险评价方法进行安全评估，确定个人和社会风险值：

（1）构成一级或者二级重大危险源，且毒性气体实际存在（在线）量与其在《危险化学品重大危险源辨识》（GB 18218）中规定的临界量比值之和大于或等于1的；

（2）构成一级重大危险源，且爆炸品或液化易燃气体实际存在（在线）量与其在《危险化学品重大危险源辨识》中规定的临界量比值之和大于或等于1的。

通过定量风险评价确定的重大危险源的个人和社会风险值，不得超过本章第4.3节中列示的个人和社会可容许风险限值标准，超过个人和社会可容许风险限值标准的，危险化学品单位应当采取相应的降低风险措施。

3.1.5　重大危险源安全评估报告应当客观公正、数据准确、内容完整、结论明确、措施可行，并包括下列内容：

（1）评估的主要依据；

（2）重大危险源的基本情况；

（3）事故发生的可能性及危害程度；

（4）个人风险和社会风险值（仅适用定量风险评价方法）；

（5）可能受事故影响的周边场所、人员情况；

（6）重大危险源辨识、分级的符合性分析；

（7）安全管理措施、安全技术和监控措施；

（8）事故应急措施；

（9）评估结论与建议。

3.1.6 有下列情形之一的，危险化学品单位应当对重大危险源重新进行辨识、安全评估及分级：

（1）重大危险源安全评估已满3年的；

（2）构成重大危险源的装置、设施或者场所进行新建、改建、扩建的；

（3）危险化学品种类、数量、生产、使用工艺或者储存方式及重要设备、设施等发生变化，影响重大危险源级别或者风险程度的；

（4）外界生产安全环境因素发生变化，影响重大危险源级别和风险程度的；

（5）发生危险化学品事故造成人员死亡，或者10人以上受伤，或者影响到公共安全的；

（6）有关重大危险源辨识和安全评估的国家标准、行业标准发生变化的。

3.2 安全管理

3.2.1 危险化学品单位应当建立完善重大危险源安全管理规章制度和安全操作规程，并采取有效措施保证其得到执行。

3.2.2 危险化学品单位应当根据构成重大危险源的危险化学品种类、数量、生产、使用工艺（方式）或者相关设备、设施等实际情况，按照下列要求建立健全安全监测监控体系，完善控制措施：

（1）重大危险源配备温度、压力、液位、流量、组分等信息的不间断采集和监测系统以及可燃气体和有毒有害气体泄漏检测报警装置，并具备信息远传、连续记录、事故预警、信息存储等功能；一级或者二级重大危险源，具备紧急停车功能。记录的电子数据的保存时间不少于30天；

（2）重大危险源的化工生产装置装备满足安全生产要求的自动化控制系统；一级或者二级重大危险源，装备紧急停车系统；

（3）对重大危险源中的毒性气体、剧毒液体和易燃气体等重点设施，设置紧急切断装置；毒性气体的设施，设置泄漏物紧急处置装置。涉及毒性气体、液化气体、剧毒液体的一级或者二级重大危险源，配备独立的安全仪表系统（SIS）；

（4）重大危险源中储存剧毒物质的场所或者设施，设置视频监控系统；

（5）安全监测监控系统符合国家标准或者行业标准的规定。

危险化学品单位应当按照国家有关规定，定期对重大危险源的安全设施和安全监测监控系统进行检测、检验，并进行经常性维护、保养，保证重大危险源的安全设施和安全监测监控系统有效、可靠运行。维护、保养、检测应当作好记录，并由有关人员签字。

3.2.3 危险化学品单位应当明确重大危险源中关键装置、重点部位的责任人或者责任机构，并对重大危险源的安全生产状况进行定期检查，及时采取措施消除事故隐患。事故隐患难以立即排除的，应当及时制定治理方案，落实整改措施、责任、资金、时限和预案。

3.2.4　危险化学品单位应当对重大危险源的管理和操作岗位人员进行安全操作技能培训，使其了解重大危险源的危险特性，熟悉重大危险源安全管理规章制度和安全操作规程，掌握本岗位的安全操作技能和应急措施。

3.2.5　危险化学品单位应当在重大危险源所在场所设置明显的安全警示标志，写明紧急情况下的应急处置办法。

3.2.6　危险化学品单位应当将重大危险源可能发生的事故后果和应急措施等信息，以适当方式告知可能受影响的单位、区域及人员。

3.2.7　危险化学品单位应当依法制定重大危险源事故应急预案，建立应急救援组织或者配备应急救援人员，配备必要的防护装备及应急救援器材、设备、物资，并保障其完好和方便使用；配合地方人民政府安全生产监督管理部门制定所在地区涉及本单位的危险化学品事故应急预案。

对存在吸入性有毒、有害气体的重大危险源，危险化学品单位应当配备便携式浓度检测设备、空气呼吸器、化学防护服、堵漏器材等应急器材和设备；涉及剧毒气体的重大危险源，还应当配备两套以上（含本数）气密型化学防护服；涉及易燃易爆气体或者易燃液体蒸气的重大危险源，还应当配备一定数量的便携式可燃气体检测设备。

3.2.8　危险化学品单位应当制定重大危险源事故应急预案演练计划，并按照下列要求进行事故应急预案演练：

（1）对重大危险源专项应急预案，每年至少进行1次；

（2）对重大危险源现场处置方案，每半年至少进行1次。

应急预案演练结束后，危险化学品单位应当对应急预案演练效果进行评估，撰写应急预案演练评估报告，分析存在的问题，对应急预案提出修订意见，并及时修订完善。

3.2.9　危险化学品单位应当对辨识确认的重大危险源及时、逐项进行登记建档。

重大危险源档案应当包括下列文件、资料：

（1）辨识、分级记录；

（2）重大危险源基本特征表；

（3）涉及的所有化学品安全技术说明书；

（4）区域位置图、平面布置图、工艺流程图和主要设备一览表；

（5）重大危险源安全管理规章制度及安全操作规程；

（6）安全监测监控系统、措施说明、检测、检验结果；

（7）重大危险源事故应急预案、评审意见、演练计划和评估报告；

（8）安全评估报告或者安全评价报告；

（9）重大危险源关键装置、重点部位的责任人、责任机构名称；

（10）重大危险源场所安全警示标志的设置情况；

（11）其他文件、资料。

3.3 备案及核销

3.3.1 危险化学品单位在完成重大危险源安全评估报告或者安全评价报告后15日内，应当填写重大危险源备案申请表，连同本章第3.2.9节中规定的重大危险源档案材料（其中“重大危险源安全管理规章制度及安全操作规程”只需提供清单），报送所在地县级人民政府应急管理部门备案。

重大危险源出现本章第3.1.6节中所列情形之一的，危险化学品单位应当及时更新档案，并向所在地县级人民政府安全生产监督管理部门重新备案。

3.3.2 危险化学品单位新建、改建和扩建危险化学品建设项目，应当在建设项目竣工验收前完成重大危险源的辨识、安全评估和分级、登记建档工作，并向所在地县级人民政府安全生产监督管理部门备案。

3.3.3 重大危险源经过安全评价或者安全评估不再构成重大危险源的，危险化学品单位应当向所在地县级人民政府安全生产监督管理部门申请核销。

申请核销重大危险源应当提交下列文件、资料：

（1）载明核销理由的申请书；

（2）单位名称、法定代表人、住所、联系人、联系方式；

（3）安全评价报告或者安全评估报告。

县级人民政府安全生产监督管理部门应当自收到申请核销的文件、资料之日起30日内进行审查，符合条件的，予以核销并出具证明文书；不符合条件的，说明理由并书面告知申请单位。必要时，县级人民政府安全生产监督管理部门应当聘请有关专家进行现场核查。

3.4 危险化学品企业重大危险源安全包保责任制

3.4.1 从2021年2月份应急管理局发文要求实行危险化学品企业重大危险源安全包保责任制，按照《危险化学品企业重大危险源安全包保责任制办法（试行）》执行。重大危险源安全包保责任制公示牌见图10.1。

3.4.2 危险化学品企业应当明确本企业每一处重大危险源的主要负责人、技术负责人和操作负责人，从总体管理、技术管理、操作管理三个层面对重大危险源实行安全包保。

3.4.3 重大危险源的主要负责人，对所包保的重大危险源负有下列安全职责：

（1）组织建立重大危险源安全包保责任制并指定对重大危险源负有安全包保责任的技术负责人、操作负责人；

（2）组织制定重大危险源安全生产规章制度和操作规程，并采取有效措施保证其得到执行；

（3）组织对重大危险源的管理和操作岗位人员进行安全技能培训；

（4）保证重大危险源安全生产所必需的安全投入；

（5）督促、检查重大危险源安全生产工作；

附件

重大危险源安全包保公示牌（示例）

<table>
<tr><td colspan="3">重大危险源安全包保公示牌
编号：</td></tr>
<tr><td rowspan="2">（危险化学品名称）</td><td>主要负责人</td><td>（姓名）（手机号码）
（在企业的职务）</td></tr>
<tr><td>技术负责人</td><td>（姓名）（手机号码）
（在企业的职务）</td></tr>
<tr><td>（重大危险源级别）
（最大数量/吨）</td><td>操作负责人</td><td>（姓名）（手机号码）
（在企业的职务）</td></tr>
<tr><td>监督举报电话</td><td colspan="2">（企业电话），（企业邮箱），12350</td></tr>
<tr><td>主要负责人职责</td><td colspan="2">1.（包保责任原文）
2.
3.
4.
5.
6.
7.</td></tr>
<tr><td>技术负责人职责</td><td colspan="2">1.
2.
3.
4.
5.
6.</td></tr>
<tr><td>操作负责人职责</td><td colspan="2">1.
2.
3.
4.</td></tr>
</table>

图 10.1　重大危险源安全包保责任制公示牌

（6）组织制定并实施重大危险源生产安全事故应急救援预案；

（7）组织通过危险化学品登记信息管理系统填报重大危险源有关信息，保证重大危险源安全监测监控有关数据接入危险化学品安全生产风险监测预警系统。

3.4.4　重大危险源的技术负责人，对所包保的重大危险源负有下列安全职责：

（1）组织实施重大危险源安全监测监控体系建设，完善控制措施，保证安全监测监控系统符合国家标准或者行业标准的规定；

（2）组织定期对安全设施和监测监控系统进行检测、检验，并进行经常性维护、保养，保证有效、可靠运行；

（3）对于超过个人和社会可容许风险值限值标准的重大危险源，组织采取相应的降低风险措施，直至风险满足可容许风险标准要求；

（4）组织审查涉及重大危险源的外来施工单位及人员的相关资质、安全管理等情况，审查涉及重大危险源的变更管理；

（5）每季度至少组织对重大危险源进行一次针对性安全风险隐患排查，重大活动、重点时段和节假日前必须进行重大危险源安全风险隐患排查，制定管控措施和治理方案并监督落实；

（6）组织演练重大危险源专项应急预案和现场处置方案。

3.4.5　重大危险源的操作负责人，对所包保的重大危险源负有下列安全职责：

(1) 负责督促检查各岗位严格执行重大危险源安全生产规章制度和操作规程；

(2) 对涉及重大危险源的特殊作业、检维修作业等进行监督检查，督促落实作业安全管控措施；

(3) 每周至少组织一次重大危险源安全风险隐患排查；

(4) 及时采取措施消除重大危险源事故隐患。

3.4.6　危险化学品企业应当在重大危险源安全警示标志位置设立公示牌，写明重大危险源的主要负责人、技术负责人、操作负责人姓名、对应的安全包保职责及联系方式，接受员工监督。

重大危险源安全包保责任人、联系方式应当录入全国危险化学品登记信息管理系统，并向所在地应急管理部门报备，相关信息变更的，应当于变更后5日内在全国危险化学品登记信息管理系统中更新。

3.4.7　危险化学品企业应当按照《应急管理部关于全面实施危险化学品企业安全风险研判与承诺公告制度的通知》(应急〔2018〕74号)有关要求，向社会承诺公告重大危险源安全风险管控情况，在安全承诺公告牌企业承诺内容中增加落实重大危险源安全包保责任的相关内容。

3.4.8　危险化学品企业应当建立重大危险源主要负责人、技术负责人、操作负责人的安全包保履职记录，做到可查询、可追溯，企业的安全管理机构应当对包保责任人履职情况进行评估，纳入企业安全生产责任制考核与绩效管理。

3.4.9　危险化学品企业应当结合安全生产标准化建设、风险分级管控和隐患排查治理体系建设，运用信息化工具，加强重大危险源安全管理。

3.4.10　危险化学品企业未按照相关要求对重大危险源安全进行监测监控的，未明确重大危险源中关键装置、重点部位的责任人的，未对重大危险源的安全生产状况进行定期检查、采取措施消除事故隐患的，以及存在其他违法违规行为的，由县级以上应急管理部门依法依规查处；有关责任人员构成犯罪的，依法追究刑事责任。

4　相关标准

4.1　危险化学品重大危险源辨识

4.1.1　辨识依据

危险化学品应依据其危险特性及其数量进行重大危险源辨识，具体见表10.1和表10.2。危险化学品的纯物质及其混合物应按GB 30000.2、GB 30000.3、GB 30000.4、GB 30000.5、GB 30000.7、GB 30000.8、GB 30000.9、GB 30000.10、GB 30000.11、GB 30000.12、GB 30000.13、GB 30000.14、GB 30000.15、GB 30000.16、GB 30000.18的规定进行分类。危险化学品重大危险源可分为生产单元危险化学品重大危险源和储存单元危险化学品重大危险源。

4.1.2　危险化学品临界量的确定方法如下：

(1) 在表10.1范围内的危险化学品,其临界量应按表10.1确定;

(2) 未在表10.1范围内的危险化学品,应依据其危险性,按表10.2确定其临界量;若一种危险化学品具有多种危险性,应按其中最低的临界量确定。

表10.1 危险化学品名称及其临界量

序号	危险化学品名称和说明	别名	CAS号	临界量/t
1	氨	液氨、氨气	7664-41-7	10
2	二氟化氧	一氧化二氟	7783-41-7	1
3	二氧化氮	—	10102-44-0	1
4	二氧化硫	亚硫酸酐	7446-09-5	20
5	氟	—	7782-41-4	1
6	碳酰氯	光气	75-44-5	0.3
7	环氧乙烷	氧化乙烯	75-21-8	10
8	甲醛(含量>90%)	蚁醛	50-00-0	5
9	磷化氢	磷化三氢、膦	7803-51-2	1
10	硫化氢		7783-06-4	5
11	氯化氢(无水)		7647-01-0	20
12	氯	液氯、氯气	7782-50-5	5
13	煤气(CO、CO和H_2、CH_4的混合物等)			20
14	砷化氢	砷化三氢、胂	7784-42-1	1
15	锑化氢	三氢化锑、锑化三氢、䏲	7803-52-3	1
16	硒化氢		7783-07-5	1
17	溴甲烷	甲基溴	74-83-9	10
18	丙酮氰醇	丙酮合氰化氢、2-羟基异丁腈、氰丙醇	75-86-5	20
19	丙烯醛	烯丙醛、败脂醛	107-02-8	20
20	氟化氢		7664-39-3	1
21	1-氯-2,3-环氧丙烷	环氧氯丙烷(3-氯-1,2-环氧丙烷)	106-89-8	20
22	3-溴-1,2-环氧丙烷	环氧溴丙烷、溴甲基环氧乙烷、表溴醇	3132-64-7	20
23	甲苯二异氰酸酯	二异氰酸甲苯酯、TDI	26471-62-5	100
24	一氯化硫	氯化硫	10025-67-9	1
25	氰化氢	无水氢氰酸	74-90-8	1
26	三氧化硫	硫酸酐	7446-11-9	75

续表

序号	危险化学品名称和说明	别名	CAS号	临界量/t
27	3-氨基丙烯	烯丙胺	107-11-9	20
28	溴	溴素	7726-95-6	20
29	乙撑亚胺	吖丙啶、1-氮杂环丙烷、氮丙啶	151-56-4	20
30	异氰酸甲酯	甲基异氰酸酯	624-83-9	0.75
31	叠氮化钡	叠氮钡	18810-58-7	0.5
32	叠氮化铅		13424-46-9	0.5
33	雷汞	二雷酸汞、雷酸汞	628-86-4	0.5
34	三硝基苯甲醚	三硝基茴香醚	28653-16-9	5
35	2,4,6-三硝基甲苯	梯恩梯、TNT	118-96-7	5
36	硝化甘油	硝化丙三醇、甘油三硝酸酯	55-63-0	1
37	硝化纤维素［干的或含水（或乙醇）＜25%］	硝化棉	9004-70-0	1
38	硝化纤维素（未改型的或增塑的、含增塑剂＜18%）			1
39	硝化纤维素（含乙醇≥25%）			10
40	硝化纤维素（含氮≤12.6%）			50
41	硝化纤维素（含水≥25%）			50
42	硝化纤维素溶液（含氮量≤12.6%、含硝化纤维素≤55%）	硝化棉溶液	9004-70-0	5
43	硝酸铵（含可燃物＞0.2%，包括以碳计算的任何有机物，但不包括任何其他添加剂）		6484-52-2	50
44	硝酸铵（含可燃物≤0.2%）		6484-52-2	50
45	硝酸铵肥料（含可燃物≤0.4%）			200
46	硝酸钾		7757-79-1	1000
47	1,3-丁二烯	联乙烯	106-99-0	5
48	二甲醚	甲醚	115-10-6	50
49	甲烷，天然气		74-82-8（甲烷）、8006-14-2（天然气）	50
50	氯乙烯	乙烯基氯	75-01-4	50
51	氢	氢气	1333-74-0	5
52	液化石油气（含丙烷、丁烷及其混合物）	石油气（液化的）	68476-85-7、74-98-6（丙烷）、106-97-8（丁烷）	50
53	一甲胺	氨基甲烷；甲胺	74-89-5	5

续表

序号	危险化学品名称和说明	别名	CAS号	临界量/t
54	乙炔	电石气	74-86-2	1
55	乙烯		74-85-1	50
56	氧（压缩的或液化的）	液氧；氧气	7782-44-7	200
57	苯	纯苯	71-43-2	50
58	苯乙烯	乙烯苯	100-42-5	500
59	丙酮	二甲基酮	67-64-1	500
60	2-丙烯腈	丙烯腈、乙烯基氰、氰基乙烯	107-13-1	50
61	二硫化碳		75-15-0	50
62	环己烷	六氢化苯	110-82-7	500
63	1,2-环氧丙烷	氧化丙烯、甲基环氧乙烷	75-56-9	10
64	甲苯	甲基苯、苯基甲烷	108-88-3	500
65	甲醇	木醇、木精	67-56-1	500
66	汽油（乙醇汽油、甲醇汽油）		86290-81-5（汽油）	200
67	乙醇	酒精	64-17-5	500
68	乙醚	二乙基醚	60-29-7	10
69	乙酸乙酯	醋酸乙酯	141-78-6	500
70	正己烷	己烷	110-54-3	500
71	过乙酸	过醋酸、过氧乙酸、乙酰过氧化氢	79-21-0	10
72	过氧化甲基乙基酮（10%<有效氧含量≤10.7%，含A型稀释剂≥48%）		1338-23-4	10
73	白磷	黄磷	12185-10-3	50
74	烷基铝	三烷基铝		1
75	戊硼烷	五硼烷	19624-22-7	1
76	过氧化钾		17014-71-0	20
77	过氧化钠	双氧化钠、二氧化钠	1313-60-6	20
78	氯酸钾		3811-04-9	100
79	氯酸钠		7775-09-9	100
80	发烟硝酸		52583-42-3	20
81	硝酸（发红烟的除外，含硝酸>70%）		7697-37-2	100
82	硝酸胍	硝酸亚氨脲	506-93-4	50
83	碳化钙	电石	75-20-7	100
84	钾	金属钾	7440-09-7	1
85	钠	金属钠	7440-23-5	10

表 10.2　未在表 10.1 中列举的危险化学品类别及其临界量

类别	符号	危险性分类及说明	临界量/t
健康危害	J （健康危害性符号）	—	—
急性毒性	J1	类别 1，所有暴露途径，气体	5
	J2	类别 1，所有暴露途径，固体、液体	50
	J3	类别 2、类别 3，所有暴露途径，气体	50
	J4	类别 2、类别 3，吸入途径，液体（沸点≤35℃）	50
	J5	类别 2，所有暴露途径，液体（除 J4 外）、固体	500
物理危险	W （物理危险性符号）	—	—
爆炸物	W1.1	—不稳定爆炸物 —1.1 项爆炸物	1
	W1.2	1.2、1.3、1.5、1.6 项爆炸物	10
	W1.3	1.4 项爆炸物	50
易燃气体	W2	类别 1 和类别 2	10
气溶胶	W3	类别 1 和类别 2	150（净重）
氧化性气体	W4	类别 1	50
易燃液体	W5.1	—类别 1 —类别 2 和类别 3，工作温度高于沸点	10
	W5.2	—类别 2 和类别 3，具有引发重大事故的特殊工艺条件包括危险化工工艺、爆炸极限范围或附近操作、操作压力大于 1.6MPa 等	50
	W5.3	—不属于 W5.1 或 W5.2 的其他类别 2	1000
	W5.4	—不属于 W5.1 或 W5.2 的其他类别 3	5000
自反应物质和混合物	W6.1	A 型和 B 型自反应物质和混合物	10
	W6.2	C 型、D 型、E 型自反应物质和混合物	50
有机过氧化物	W7.1	A 型和 B 型有机过氧化物	10
	W7.2	C 型、D 型、E 型、F 型有机过氧化物	50
自燃液体和自燃固体	W8	类别 1 自燃气体 类别 1 自燃固体	50
氧化性固体和液体	W9.1	类别 1	50
	W9.2	类别 2、类别 3	200
易燃固体	W10	类别 1 易燃固体	200
遇水放出的易燃气体的物质和混合物	W11	类别 1 和类别 2	200

4.2 危险化学品重大危险源分级方法

4.2.1 分级指标

采用单元内各种危险化学品实际存在（在线）量与其在《危险化学品重大危险源辨识》（GB 18218）中规定的临界量比值，经校正系数校正后的比值之和 R 作为分级指标。

4.2.2 R 的计算方法

$$R=\alpha\left(\beta_1\frac{q_1}{Q_1}+\beta_2\frac{q_2}{Q_2}+\cdots+\beta_n\frac{q_n}{Q_n}\right)$$

式中 q_1，q_2，…，q_n——每种危险化学品实际存在（在线）量，t；

Q_1，Q_2，…，Q_n——与各危险化学品相对应的临界量，t；

β_1，β_2…，β_n——与各危险化学品相对应的校正系数；

α——该危险化学品重大危险源厂区外暴露人员的校正系数。

4.2.3 校正系数 β 的取值

根据单元内危险化学品的类别不同，设定校正系数 β 值。在表 10.3 范围内的危险化学品，其 β 值按表 10.3 确定；未在表 10.3 范围内的危险化学品，其 β 值按 10.4 确定。

表 10.3 常见毒性气体校正系数 β 值取值表

毒性气体名称	一氧化碳	二氧化硫	氨	环氧乙烷	氯化氢	溴甲烷	氯
β	2	2	2	2	3	3	4
毒性气体名称	硫化氢	氟化氢	二氧化氮	氰化氢	碳酰氯	磷化氢	异氰酸甲酯
β	5	5	10	10	20	20	20

注：危险化学品类别依据《危险货物品名表》中分类标准确定。

表 10.4 未在表 10.3 中列举的危险化学品校正系数 β 取值

类别	符号	β 校正系数
急性毒性	J1	4
	J2	1
	J3	2
	J4	2
	J5	1
爆炸物	W1.1	2
	W1.2	2
	W1.3	2
易燃气体	W2	1.5
气溶胶	W3	1
氧化性气体	W4	1
易燃液体	W5.1	1.5
	W5.2	1
	W5.3	1
	W5.4	1

续表

类别	符号	β校正系数
自反应物质和混合物	W6.1	1.5
	W6.2	1
有机过氧化物	W7.1	1.5
	W7.2	1
自燃液体和自燃固体	W8	1
氧化性固体和液体	W9.1	1
	W9.2	1
易燃固体	W10	1
遇水放出易燃气体的物质和混合物	W11	1

4.2.4　校正系数 α 的取值

根据重大危险源的厂区边界向外扩展500m范围内常住人口数量，设定厂外暴露人员校正系数 α 值，见表10.5。

表10.5　校正系数 α 取值表

厂外可能暴露人员数量	α
100人以上	2.0
50～99人	1.5
30～49人	1.2
1～29人	1.0
0人	0.5

4.2.5　分级标准

根据计算出来的 R 值，按表10.6确定危险化学品重大危险源的级别。

表10.6　危险化学品重大危险源级别和 R 值的对应关系

危险化学品重大危险源级别	R 值
一级	$R \geqslant 100$
二级	$100 > R \geqslant 50$
三级	$50 > R \geqslant 10$
四级	$R < 10$

4.3　可容许风险标准

4.3.1　可容许个人风险标准

个人风险是指因危险化学品重大危险源各种潜在的火灾、爆炸、有毒气体泄漏事故造成区域内某一固定位置人员的个体死亡概率，即单位时间内（通常为年）的个体死亡率。通常用个人风险等值线表示。

通过定量风险评价，危险化学品单位周边重要目标和敏感场所承受的个人风险应满足表 10.7 中可容许风险标准要求。

表 10.7 可容许个人风险标准

危险化学品单位周边重要目标和敏感场所类别	可容许风险/a^{-1}
1. 高敏感场所（如学校、医院、幼儿园、养老院等）； 2. 重要目标（如党政机关、军事管理区、文物保护单位等）； 3. 特殊高密度场所（如大型体育场、大型交通枢纽等）	$<3\times10^{-7}$
1. 居住类高密度场所（如居民区、宾馆、度假村等）； 2. 公众聚集类高密度场所（如办公场所、商场、饭店、娱乐场所等）	$<1\times10^{-6}$

4.3.2 可容许社会风险标准

社会风险是指能够引起大于等于 N 人死亡的事故累积频率（F），也即单位时间内（通常为年）的死亡人数。通常用社会风险曲线（$F-N$ 曲线）表示。

可容许社会风险标准采用 ALARP（As Low As Reasonable Practice）原则作为可接受原则。ALARP 原则通过两个风险分界线将风险划分为 3 个区域，即：不可容许区、尽可能降低区（ALARP）和可容许区。

①若社会风险曲线落在不可容许区，除特殊情况外，该风险无论如何不能被接受。

②若落在可容许区，风险处于很低的水平，该风险是可以被接受的，无须采取安全改进措施。

③若落在尽可能降低区，则需要在可能的情况下尽量减少风险，即对各种风险处理措施方案进行成本效益分析等，以决定是否采取这些措施。

通过定量风险评价，危险化学品重大危险源产生的社会风险应满足图 10.2 中可容许社会风险标准要求。

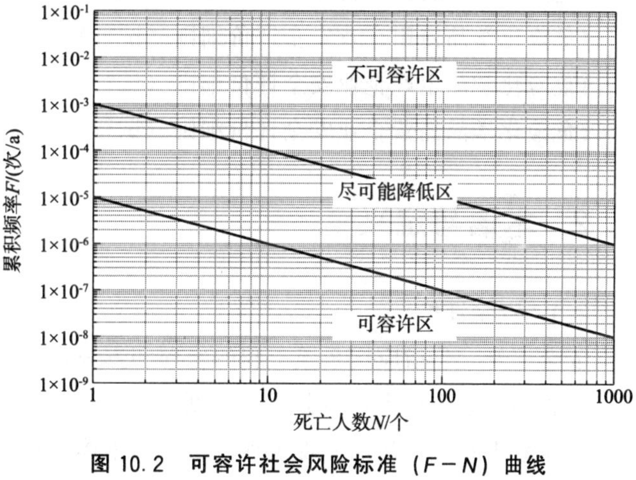

图 10.2 可容许社会风险标准（$F-N$）曲线

第十一章 安全评价

1 主要参照的法律法规

《建设项目安全设施“三同时”监督管理办法》
《危险化学品建设项目安全监督管理办法》
《危险化学品生产建设项目安全风险防控指南（试行）》
《危险化学品建设项目安全评价细则（试行）》
《危险化学品使用企业安全评价细则（试行）》
《危险化学品生产企业安全评价细则（试行）》
《危险化学品经营企业安全评价细则（试行）》

2 术语与定义

2.1 安全评价

安全评价，是指应用系统工程的原理和方法，对被评价单元中存在的可能引发事故或职业危害的因素进行辨识与分析，判断其发生的可能性及严重程度，提出危险防范措施，改善安全管理状况，从而实现被评价单元的整体安全。

2.2 安全预评价

在建设项目可行性研究阶段、工业园区规划阶段或生产经营活动组织实施之前，根据相关的基础资料，辨识与分析建设项目、工业园区、生产经营活动潜在的危险、有害因素，确定其与安全生产法律法规、规章、标准、规范的符合性，预测发生事故的可能性及其严重程度，提出科学、合理、可行的安全对策措施建议，做出安全评价结论的活动。

2.3 安全验收评价

在建设项目竣工后正式生产运行前或工业园区建设完成后，通过检查建设项目安全设施与主体工程同时设计、同时施工、同时投入生产和使用的情况或工业园区内的安全设施、设备、装置投入生产和使用的情况，检查安全生产管理措施到位情况，检查安全生产规章制度健全情况，检查事故应急救援预案建立情况，审查确定建设项目、工业园区建设满足安全生产法律法规、规章、标准、规范要求的符合性，从整体上确定建设项目、工业园区的运行状况和安全管理情况，做出安全验收评价结论的活动。

2.4　安全现状评价

针对生产经营活动中、工业园区内的事故风险、安全管理等情况，辨识与分析其存在的危险、有害因素，审查确定其与安全生产法律法规、规章、标准、规范要求的符合性，预测发生事故或造成职业危害的可能性及其严重程度，提出科学、合理、可行的安全对策措施建议，做出安全现状评价结论的活动。

安全现状评价既适用于对一个生产经营单位或一个工业园区的评价，也适用于某一特定的生产方式、生产工艺、生产装置或作业场所的评价。

2.5　专项安全评价

专项安全评价是针对某一项活动或场所，以及一个特定的行业、产品、生产方式、生产工艺或生产装置等存在的危险、有害因素进行的安全评价，查找其存在的危险、有害因素，确定其程度并提出合理可行的安全对策措施及建议。

3　安全评价的管理

3.1　评价目的

安全评价目的是查找、分析和预测工程、系统、生产经营活动中存在的危险、有害因素及可能导致的危险、危害后果和程度，提出合理可行的安全对策措施，指导危险源监控和事故预防，以达到最低事故率、最少损失和最优的安全投资效益。

（1）系统地从计划、设计、制造、运行、贮运和维修等全过程进行控制；

（2）建立使系统安全的最优方案，为决策提供依据；

（3）为实现安全技术、安全管理的标准化和科学化创造条件。促进企业实现本质安全化；

3.2　评价作用

（1）可以使系统有效地减少事故和职业危害；

（2）可以系统地进行安全管理；

（3）可以用最少投资达到最佳安全效果；

（4）可以促进各项安全标准制定和可靠性数据积累；

（5）可以迅速提高安全技术人员业务水平。

3.3　各种评价开展的阶段

各种安全评价开展的阶段见表 11.1。

表 11.1　各种安全评价开展的阶段

<table>
<tr><th>种类</th><th>开展阶段</th><th>法规依据</th><th>作用</th></tr>
<tr><td>安全预评价</td><td>可行性研究阶段</td><td>《危险化学品建设项目安全监督管理办法》第八条　建设单位应当在建设项目的可行性研究阶段，委托具备相应资质的安全评价机构对建设项目进行安全评价</td><td>预先判断该项目是否符合国家和地方政策要求（是否可以建设），预先判断风险并提出安全措施，为安全设计提出依据</td></tr>
<tr><td>安全验收评价</td><td>试生产阶段</td><td>《危险化学品建设项目安全监督管理办法》第二十五条　建设项目试生产期间，建设单位应当按照本办法的规定委托有相应资质的安全评价机构对建设项目及其安全设施试生产（使用）情况进行安全验收评价，且不得委托在可行性研究阶段进行安全评价的同一安全评价机构</td><td>检查各项安全设施的建设情况，各项安全措施落实情况，通过对制度、人员、应急物资等的分析判断项目是否具有正常生产的条件</td></tr>
<tr><td>安全现状评价</td><td></td><td>《危险化学品安全管理条例》第二十二条的规定，使用，储存危险化学品从事生产的企业，应当委托具备国家规定的资质条件的机构，对本企业的安全生产条件每三年进行一次安全现状评价，提出安全现状评价报告。危险化学品生产企业安全生产许可证实施办法（2017 修正）第二十五条规定办理安全生产许可证需依法进行安全评价，第三十三条规定安全生产许可证有效期为 3 年。所以 3 年后换证时须再次进行安全评价</td><td>对企业或园区现在的安全管理状况分析，判断其是否具有继续生产的条件，往往与企业生产、经营、使用许可证有关，同时找出问题和安全管理提升方案</td></tr>
<tr><td>专项安全评价</td><td colspan="3">未找到比较详细的规定。但在化工企业中常涉及的《易制爆危险化学品治安管理办法》第二十九条中规定：易制爆危险化学品储存场所（储存室、储存柜除外）治安防范状况应当纳入单位安全评价的内容，经安全评价合格后方可使用。在《危险化学品重大危险源监督管理暂行规定》第八条规定：危险化学品单位应当对重大危险源进行安全评估并确定重大危险源等级。危险化学品单位可以组织本单位的注册安全工程师、技术人员或者聘请有关专家进行安全评估，也可以委托具有相应资质的安全评价机构进行安全评估。
依照法律、行政法规的规定，危险化学品单位需要进行安全评价的，重大危险源安全评估可以与本单位的安全评价一起进行，以安全评价报告代替安全评估报告，也可以单独进行重大危险源安全评估。
此二者实际操作中均可单独进行专项安全评价</td></tr>
</table>

3.4　评价资质分级

安全评价资质证书分甲、乙两级。取得甲级资质证书的安全评价机构，可以根据资质证书确定的业务范围在全国范围内从事安全评价活动；取得乙级资质证书的安全评价机构，可以根据资质证书确定的业务范围在所在地的省、自治区、直辖市范围内从事安全评价活动。

建设项目有下列情形之一的，应当由甲级安全评价机构进行安全评价：

（1）国务院及其投资主管部门审批（核准、备案）的；

（2）生产剧毒化学品的；

（3）跨省、自治区、直辖市的；

（4）法律、法规、规章另有规定的。

3.5 专家评审

关于预评价及安设专篇的评审，根据《危险化学品建设项目安全监督管理办法》第十二条和第十八条对已经受理的建设项目安全条件审查申请和安全设施设计专篇审查申请的，安全生产监督管理部门应当指派有关人员或者组织专家对申请文件、资料进行审查。关于安全设施竣工验收报告，根据《危险化学品建设项目安全监督管理办法》第二十六条：建设项目投入生产和使用前，建设单位应当组织人员进行安全设施竣工验收，作出建设项目安全设施竣工验收是否通过的结论。参加验收人员的专业能力应当涵盖建设项目涉及的所有专业内容，未有需要专家评审的要求。关于现状评价报告，根据《危险化学品安全管理条例》第二十二条第二款：生产、储存危险化学品的企业，应当将安全评价报告以及整改方案的落实情况报所在地县级人民政府安全生产监督管理部门备案。在港区内储存危险化学品的企业，应当将安全评价报告以及整改方案的落实情况报港口行政管理部门备案。没有要求专家评审的要求。

第十二章

消防管理

1 主要参照的法律法规

《中国消防法》

《机关、团体、企业、事业单位消防安全管理规定》（公安部第 61 号令）

《建筑设计防火规范（2018 年版）》（GB 50016—2014）

《建筑防火通用规范》（GB 55037—2022）

《消防设施通用规范》（GB 55036—2022）

《建设工程消防设计审查验收管理暂行规定》（中华人民共和国住房和城乡建设部令第 51 号）

《单位消防安全评估》（XF/T 3005—2020）

《人员密集场所消防安全评估导则》（XF/T 1369—2016）

《重大火灾隐患判定方法》（GB 35181—2017）

《建筑消防设施维护保养管理规范》（DB36/T 1086—2018）

2 术语与定义

2.1 消防重点单位

消防重点单位的定义出自根据《机关、团体、企业、事业单位消防安全管理规定》第十三条规定，与化工企业相关的为：易燃易爆化学物品的生产、充装、储存、供应销售单位和其他发生火灾可能性较大以及一旦发生火灾可能造成重大人身伤亡和财产损失的单位。消防重点单位应当设置或者确定消防工作的归口部门，并确定专职、兼职的消防管理人员。

2.2 重大火灾隐患

违反消防法律法规、不符合消防技术标准，可能导致火灾发生或火灾危害增大，并由此可能造成重大、特别重大火灾事故或严重社会影响的各类潜在不安全因素。

2.3 易燃易爆危险品场所

生产、储存、经营易燃易爆危险品的厂房和装置、库房、储罐（区）、商店、专用车站和码头，可燃气体储存（储配）站、充装站、调压站、供应站，加油加气站等。

3 管理要求

3.1 消防安全职责

3.1.1 单位应当履行下列消防安全职责：

(1) 落实消防安全责任制，制定本单位的消防安全制度、消防安全操作规程，制定灭火和应急疏散预案；

(2) 按照国家标准、行业标准配置消防设施、器材，设置消防安全标志，并定期组织检验、维修，确保完好有效；

(3) 对建筑消防设施每年至少进行1次全面检测，确保完好有效，检测记录应当完整准确，存档备查；

(4) 保障疏散通道、安全出口、消防车通道畅通，保证防火防烟分区、防火间距符合消防技术标准；

(5) 组织防火检查，及时消除火灾隐患；

(6) 组织进行有针对性的消防演练；

(7) 法律、法规规定的其他消防安全职责；

(8) 生产、储存易燃易爆危险品的大型企业，应当建立单位专职消防队，承担本单位的火灾扑救工作。

消防安全重点单位还应当履行下列消防安全职责：

(1) 确定消防安全管理人，组织实施本单位的消防安全管理工作；

(2) 建立消防档案，确定消防安全重点部位，设置防火标志，实行严格管理；

(3) 实行每日防火巡查，并建立巡查记录；

(4) 对职工进行岗前消防安全培训，定期组织消防安全培训和消防演练。

3.1.2 单位消防安全责任人职责

主要负责人为企业的消防安全责任人，应履行下列安全职责：

(1) 贯彻执行消防法规，保障单位消防安全符合规定，掌握本单位的消防安全情况；

(2) 将消防工作与本单位的生产、科研、经营、管理等活动统筹安排，批准实施年度消防工作计划；

(3) 为本单位的消防安全提供必要的经费和组织保障；

(4) 确定逐级消防安全责任，批准实施消防安全制度和保障消防安全的操作规程；

(5) 组织防火检查，督促落实火灾隐患整改，及时处理涉及消防安全的重大问题；

(6) 根据消防法规的规定建立专职消防队、义务消防队；

(7) 组织制定符合本单位实际的灭火和应急疏散预案，并实施演练。

3.1.3 消防安全管理人职责

(1) 拟订年度消防工作计划，组织实施日常消防安全管理工作；

(2) 组织制订消防安全制度和保障消防安全的操作规程并检查督促其落实；

(3) 拟订消防安全工作的资金投入和组织保障方案；

(4) 组织实施防火检查和火灾隐患整改工作；

(5) 组织实施对本单位消防设施、灭火器材和消防安全标志的维护保养，确保其完好有效，确保疏散通道和安全出口畅通；

(6) 组织管理专职消防队和义务消防队；

(7) 在员工中组织开展消防知识、技能的宣传教育和培训，组织灭火和应急疏散预案的实施和演练；

(8) 单位消防安全责任人委托的其他消防安全管理工作。

消防安全管理人应当定期向消防安全责任人报告消防安全情况，及时报告涉及消防安全的重大问题。未确定消防安全管理人的单位，前款规定的消防安全管理工作由单位消防安全责任人负责实施。

3.2 不同消防设施的使用场合

不同消防设施的使用场合主要参照《建筑防火通用规范》的规定，本文仅列举与化工企业相关部分，见表12.1。欲了解全部信息请直接查看《建筑防火通用规范》和《消防给水及消火栓系统技术规范》，而对于各消防设施的具体要求，则请查看针对该消防系统的具体规范。

表12.1 不同消防救援设施的使用场合

消防设施	设置场所	法规出处
室外消火栓	除了一级、二级耐火等级且建筑面积不大于3000m³的戊类厂房可不设置室外消火栓外，下列建筑或场所应设置室外消火栓系统： (1) 建筑占地面积大于300m²的厂房、仓库和民用建筑； (2) 用于消防救援和消防车停靠的建筑屋面	《建筑防火通用规范》8.1.5
室内消火栓	除不适合用水保护或灭火的场所，下列建筑应设置室内消火栓系统： (1) 建筑占地面积大于300m²的甲、乙、丙类厂房； (2) 建筑占地面积大于300m²的甲、乙、丙类仓库； (3) 高层公共建筑，建筑高度大于21m的住宅建筑； (4) 座位数大于1200个的礼堂，座位数大于1200个的体育馆等建筑； (5) 建筑高度大于15m或建筑体积大于10000m³的办公建筑、教学建筑及其他单、多层民用建筑； (6) 建筑面积大于300m²的汽车库和修车库； (7) 建筑面积大于300m²且平时使用的人民防空工程。 下列可不设置室内消火栓系统，但宜设置消防软管卷盘或轻便消防水龙： (1) 耐火等级为一级、二级且可燃物较少的单、多层丁、戊类厂房（仓库）； (2) 耐火等级为三、四级且建筑体积不大于3000m³的丁类厂房，耐火等级为三、四级且建筑体积不大于5000m³的戊类厂房（仓库）； (3) 存有与水接触能引起燃烧爆炸的物品的建筑； (4) 室内无生产、生活给水管道，室外消防用水取自储水池且建筑体积不大于5000m³的其他建筑	《建筑防火通用规范》8.1.7； 《建筑设计防火规范》8.2.2
消防电梯	(1) 一类高层公共建筑、建筑高度大于32m的二类高层公共建筑； (2) 建筑高度大于32m的丙类高层厂房	《建筑防火通用规范》2.2.6
高位消防水箱	室内采用临时高压消防给水系统时，高位消防水箱的设置应符合下列规定： (1) 高层民用建筑、总建筑面积大于10000m²且层数超过2层的公共建筑和其他重要建筑，必须设置高位消防水箱； (2) 其他建筑应设置高位消防水箱，但当设置高位消防水箱确有困难，且采用安全可靠的消防给水形式时，可不设高位消防水箱，但应设稳压泵； (3) 当市政供水管网的供水能力在满足生产、生活最大小时用水量后，仍能满足初期火灾所需的消防流量和压力时，市政直接供水可替代高位消防水箱	《消防给水及消火栓系统技术规范》6.1.9

续表

消防设施	设置场所	法规出处
火灾自动报警系统	(1) 丙类高层厂房； (2) 地下、半地下且建筑面积大于 1000m^2 的丙类生产场所； (3) 地下、半地下且建筑面积大于 1000m^2 的丙类仓库； (4) 丙类高层仓库或丙类高架仓库	《建筑防火通用规范》8.3.1
消防水池	(1) 当生产、生活用水量达到最大时，市政给水管网或入户引入管不能满足室内、室外消防给水设计流量； (2) 当采用一路消防供水或只有一条入户引入管，且室外消火栓设计流量大于 20L/s 或建筑高度大于 50m 时； (3) 市政消防给水设计流量小于建筑室内外消防给水设计流量	《消防给水及消火栓系统技术规范》4.3.1
	工厂水源直接供给不能满足消防用水量、水压和火灾延续时间内消防用水总量要求时，应建消防水池（罐）	《石油化工企业设计防火规范》8.3.2
水泵接合器	下列建筑应设置与室内消火栓等水灭火系统供水管网直接连接的消防水泵接合器，且消防水泵接合器应位于室外，便于消防车向室内消防给水管网安全供水的位置： (1) 设置自动喷水、水喷雾、泡沫或固定消防炮灭火系统的建筑； (2) 6 层及以上并设置室内消火栓系统的民用建筑； (3) 5 层及以上并设置室内消火栓系统的厂房； (4) 5 层及以上并设置室内消火栓系统的仓库； (5) 设置室内消火栓系统，建筑面积大于 10000m^2 或 3 层及以上的其他地下、半地下建筑（室）	《建筑防火通用规范》8.1.12
自动灭火系统	下列厂房或生产部位、仓库应设置自动灭火系统： 厂房：(1) 泡沫塑料厂的预发、成型、切片、压花部位； (2) 高层乙、丙类厂房； (3) 建筑面积大于 500m^2 的地下或半地下丙类厂房。 仓库：(1) 丙、丁类地上高架仓库，丙、丁类高层仓库； (2) 地下和半地下总建筑面积大于 500m^2 的丙类仓库； (3) 每座占地面积大于 1500m^2 或总建筑面积大于 3000m^2 的其他单多层丙类仓库。 民用建筑： (1) 二类高层公共建筑及其地下、半地下室的公共活动用房、走道、办公室和旅馆的客房、可燃物品库房、自动扶梯底部； (2) 设置送回风道（管）的集中空气调节系统且总建筑面积大于 3000m^2 的办公建筑等	《建筑防火通用规范》8.1.8、8.1.9
水幕系统	(1) 应设置防火墙等防火分隔物而无法设置的局部开口部位； (2) 需要防护冷却的防火卷帘或防火幕的上部	《建筑设计防火规范》8.3.6
雨淋系统	(1) 建筑面积大于 100m^2 且生产或使用硝化棉、喷漆棉、火胶棉、赛璐珞胶片、硝化纤维的厂房； (2) 建筑面积大于 60m^2 或储存量大于 2t 的硝化棉、喷漆棉、火胶棉、赛璐珞胶片、硝化纤维的仓库； (3) 日装瓶数量大于 3000 瓶的液化石油气储配站的灌瓶间、实瓶库	《建筑防火通用规范》8.1.11

续表

消防设施	设置场所	法规出处
排烟设施	除不适合设置排烟设施的场所、火灾发展缓慢的场所可不设置排烟设施外，工业与民用建筑的下列场所或部位应采取排烟等烟气控制措施： (1) 建筑面积大于 300m^2 且经常有人停留或可燃物较多的地上丙类生产场所，丙类厂房内建筑面积大于 300m^2，且经常有人停留或可燃物较多的地上房间； (2) 建筑面积大于 100m^2 的地下或半地下丙类生产场所； (3) 除高温生产工艺的丁类厂房外，其他建筑面积大于 5000m^2 的地上丁类生产场所； (4) 建筑面积大于 1000m^2 的地下或半地下丁类生产场所； (5) 建筑面积大于 300m^2 的地上丙类库房； (6) 公共建筑内建筑面积大于 100m^2 且经常有人停留的房间； (7) 公共建筑内建筑面积大于 300m^2 且可燃物较多的房间； (8) 中庭； (9) 建筑高度大于 32m 的厂房或仓库内长度大于 20m 的疏散走道，其他厂房或仓库内长度大于 40m 的疏散走道，民用建筑内长度大于 20m 的疏散走道。 下列建筑中经常有人停留或可燃物较多且无可开启外窗的房间或区域应设置排烟设施： (1) 建筑面积大于 50m^2 的房间； (2) 房间的建筑面积不大于 50m^2，总建筑面积大于 200m^2 的区域	《建筑防火通用规范》8.2.5
防烟设施	(1) 封闭楼梯间； (2) 防烟楼梯间及其前室； (3) 消防电梯的前室或合用前室； (4) 避难层、避难间； (5) 避难走道的前室	《建筑防火通用规范》8.2.1
消防供电	一级负荷： 建筑高度大于 50m 的乙、丙类厂房和丙类仓库； 二级负荷： 室外消防用水量大于 30L/s 的厂房（仓库）	《建筑防火通用规范》10.1.2、10.1.3
疏散照明	厂房和丙类仓库及配套工程的下列部位应设置疏散照明（疏散照明灯具应设置在出口的顶部、墙面的上部或顶棚上；备用照明灯具应设置在墙面的上部或顶棚上）： (1) 安全出口、疏散楼梯（间）、疏散楼梯间的前室或合用前室、避难走道及其前室、避难层、避难间、消防专用通道、兼作人员疏散的天桥和连廊； (2) 观众厅、展览厅、多功能厅及其疏散口； (3) 建筑面积大于 100m^2 的地下或半地下公共活动场所	《建筑防火通用规范》10.1.9
疏散指示标识	下列建筑应设置灯光疏散指示标志，疏散指示标志及其设置间距、照度应保证疏散路线指示明确、方向指示正确清晰、视觉连续： (1) 甲、乙、丙类厂房，高层丁、戊类厂房； (2) 丙类仓库，高层仓库； (3) 公共建筑； (4) 其他地下或半地下建筑； (5) 平时使用的人民防空工程	《建筑防火通用规范》10.1.8
消防车登高操作场地	高层建筑应至少沿其一条长边设置消防车登高操作场地。未连续布置的消防车登高操作场地，应保证消防车的救援作业范围能覆盖该建筑的全部消防扑救面	《建筑防火通用规范》3.4.6

续表

消防设施	设置场所	法规出处
消防救援口	除有特殊要求的建筑和甲类厂房可不设置消防救援口外，在建筑的外墙上应设置便于消防救援人员出入的消防救援口，并应符合下列规定： (1) 沿外墙的每个防火分区在对应消防救援操作面范围内设置的消防救援口不应少于2个； (2) 无外窗的建筑应每层设置消防救援口，有外窗的建筑应自第三层起每层设置消防救援口； (3) 消防救援口的净高度和净宽度均不应小于1.0m，当利用门时，净宽度不应小于0.8m； (4) 消防救援口应易于从室内和室外打开或破拆，采用玻璃窗时，应选用安全玻璃； (5) 消防救援口应设置可在室内和室外识别的永久性明显标志	《建筑防火通用规范》2.2.3
消防站	大中型石油化工企业应设消防站。消防站的规模应根据石油化工企业的规模、火灾危险性、固定消防设施的设置情况，以及邻近单位消防协作条件等因素确定	《石油化工企业设计防火规范》8.2.1
其他设施	甲、乙、丙类液体储罐的灭火系统设置应符合下列规定： (1) 单罐容量大于1000m³ 的固定顶罐应设置固定式泡沫灭火系统； (2) 罐壁高度小于7m或容量不大于200m³ 的储罐可采用移动式泡沫灭火系统； (3) 其他储罐宜采用半固定式泡沫灭火系统； (4) 石油库、石油化工、石油天然气工程中甲、乙、丙类液体储罐的灭火系统设置，应符合现行国家标准《石油库设计规范》(GB 50074) 等标准的规定	《建筑设计防火规范》8.3.10

3.3 消防控制室值班

3.3.1 设有建筑消防设施的单位应根据消防设施操作使用要求制定操作规程，明确操作人员。

负责消防设施操作的人员应通过消防行业特有工种职业技能鉴定，能熟练操作消防设施。消防控制室、具有消防配电功能的配电室，消防水泵房、防排烟机房等重要的消防设施操作控制场所，应根据工作、生产、经营特点建立值班制度，确保火灾情况下有人能按操作规程及时、正确操作建筑消防设施。

单位制定灭火和应急疏散预案以及组织预案演练时，应将建筑消防设施的操作内容纳入其中，对操作过程中发现的问题应及时纠正。

3.3.2 消防控制室值班时间和人员应符合以下要求：

(1) 实行每日24h值班制度。值班人员应通过消防行业特有工种职业技能鉴定，持有初级技能以上等级的职业资格证书。每班工作时间应不大于8h，每班人员应不少于2人，值班人员对火灾报警控制器进行日检查、接班、交班时，应填写《消防控制室值班记录表》[按照《建筑消防设施的维护管理》(GB 25201—2010) 附表A.1] 的相关内容。值班期间每2h记录一次消防控制室内消防设备的运行情况，及时记录消防控制室内消防设备的火警或故障情况。

(2) 正常工作状态下，不应将自动喷水灭火系统、防烟排烟系统和联动控制的防火卷帘等防火分隔设施设置在手动控制状态。其他消防设施及其相关设备如设置在手动状态时，应有在火灾情况下迅速将手动控制转换为自动控制的可靠措施。

3.3.3 消防控制室值班人员接到报警信号后，应按下列程序进行处理：

（1）接到火灾报警信息后，应以最快方式确认；

（2）确认属于误报时，查找误报原因并填写《建筑消防设施故障维修记录表》[见《建筑消防设施的维护管理》（GB 25201—2010）附表 B.1]；

（3）火灾确认后，立即将火灾报警联动控制开关转入自动状态（处于自动状态的除外），同时拨打“119”火警电话报警；

（4）立即启动单位内部灭火和应急疏散预案，同时报告单位消防安全责任人。单位消防安全责任人接到报告后应立即赶赴现场。

3.4 消防档案管理

3.4.1 消防控制室内应保存下列纸质和电子档案资料：

（1）建（构）筑物竣工后的总平面布局图、建筑消防设施平面布置图、建筑消防设施系统图及安全出口布置图、重点部位位置图等；

（2）消防安全管理规章制度、应急灭火预案、应急疏散预案等；

（3）消防安全组织结构图，包括消防安全责任人、管理人、专职、义务消防人员等内容；

（4）消防安全培训记录、灭火和应急疏散预案的演练记录；

（5）值班情况、消防安全检查情况及巡查情况的记录；

（6）消防设施一览表，包括消防设施的类型、数量、状态等内容；

（7）消防系统控制逻辑关系说明、设备使用说明书、系统操作规程、系统和设备维护保养制度等；

（8）设备运行状况、接报警记录、火灾处理情况、设备检修检测报告等资料，这些资料应能定期保存和归档。

3.4.2 消防安全基本情况应当包括以下内容：

（1）单位基本概况和消防安全重点部位情况；

（2）建筑物或者场所施工、使用或者开业前的消防设计审核、消防验收以及消防安全检查的文件、资料；

（3）消防管理组织机构和各级消防安全责任人；

（4）消防安全制度，[单位消防安全制度主要包括以下内容：消防安全教育、培训；防火巡查、检查；安全疏散设施管理；消防（控制室）值班；消防设施、器材维护售理；火灾隐患整改；用火、用电安全管理；易燃易爆危险物品和场所防火防爆；专职和义务消防队的组织管理；灭火和应急疏取预案演练；燃气和电气设备的检查和管理（包括防雷、防静电）；消防安全工作考评和奖您；其他必要的消防安全内容]；

（5）消防设施、灭火器材情况；

（6）专职消防队、义务消防队人员及其消防装备配备情况；

（7）与消防安全有关的重点工种人员情况；

（8）新增消防产品、防火材料的合格证明材料；

（9）灭火和应急疏散预案。

3.4.3 消防安全管理情况应当包括以下内容：

（1）公安消防机构填发的各种法律文书；

（2）消防设施定期检查记录、自动消防设施全面检查测试的报告以及维修保养的记录；

（3）火灾隐患及其整改情况记录；

（4）防火检查、巡查记录；

（5）有关燃气、电气设备检测（包括防雷、防静电）等记录资料；

（6）消防安全培训记录；

（7）灭火和应急疏散预案的演练记录；

（8）火灾情况记录；

（9）消防奖惩情况记录。

3.5 防火检查及消防设施检查维保检测

3.5.1 日常防火巡查

（1）消防安全重点单位应当进行每日防火巡查，其他单位至少每周巡查 1 次，并确定巡查的人员、内容、部位和频次。巡查的内容应当包括：

①用火、用电有无违章情况；

②安全出口、疏散通道是否畅通，安全疏散指示标志、应急照明是否完好；

③消防设施、器材和消防安全标志是否在位、完整；

④常闭式防火门是否处于关闭状态，防火卷帘下是否堆放物品影响使用；

⑤消防安全重点部位的人员在岗情况；

⑥其他消防安全情况。

更详细内容按照《建筑消防设施的维护管理》（GB 25201—2010）第六章内容及附表 C.1。

防火巡查人员应当及时纠正违章行为，妥善处置火灾危险，无法当场处置的，应当立即报告。发现初起火灾应当立即报警并及时扑救。防火巡查应当填写巡查记录，巡查人员及其主管人员应当在巡查记录上签名。

3.5.2 月度防火检查

化工单位应当至少每月进行 1 次防火检查。检查的内容应当包括：

（1）火灾隐患的整改情况以及防范措施的落实情况；

（2）安全疏散通道、疏散指示标志、应急照明和安全出口情况；

（3）消防车通道、消防水源情况；

（4）灭火器材配置及有效情况；

（5）用火、用电有无违章情况；

（6）重点工种人员以及其他员工消防知识的掌握情况；

（7）消防安全重点部位的管理情况；

（8）易燃易爆危险物品和场所防火防爆措施的落实情况以及其他重要物资的防火安全情况；

（9）消防（控制室）值班情况和设施运行、记录情况；

（10）防火巡查情况；

（11）消防安全标志的设置情况和完好、有效情况；

（12）其他需要检查的内容。

防火检查应当填写检查记录。检查人员和被检查部门负责人应当在检查记录上签名。

更详细内容按照《建筑消防设施的维护管理》（GB 25201—2010）第六章内容及附表 C.1。

3.5.3 消防设施维修

(1) 单位应当按照建筑消防设施检查维修保养有关规定的要求，对建筑消防设施的完好有效情况进行检查和维修保养，消防维保委托有资质的单位进行，从事建筑消防设施维修的人员，应当通过消防行业特有工种职业技能鉴定，持有技师以上等级职业资格证书。

(2) 值班、巡查、检测、灭火演练中发现建筑消防设施存在问题和故障的，相关人员应填写《建筑消防设施故障维修记录表》[见《建筑消防设施的维护管理》(GB 25201—2010) 附表 B.1]，并向单位消防安全管理人报告，单位消防安全管理人对建筑消防设施存在的问题和故障，应立即通知维修人员进行维修。维修期间，应采取确保消防安全的有效措施。故障排除后应进行相应功能试验并经单位消防安全管理人检查确认。维修情况应记入《建筑消防设施故障维修记录表》。

3.5.4 消防设施保养

(1) 建筑消防设施维护保养应制定计划，列明消防设施的名称、维护保养的内容和周期[见《建筑消防设施的维护管理》(GB 25201—2010) 附表 E.1]。

(2) 从事建筑消防设施保养的人员，应通过消防行业特有工种职业技能鉴定，持有高级技能以上等级职业资格证书。

(3) 凡依法需要计量检定的建筑消防设施所用称重、测压、测流量等计量仪器仪表以及泄压阀、安全阀等，应按有关规定进行定期校验并提供有效证明文件。单位应储备一定数量的建筑消防设施易损件或与有关产品厂家、供应商签订相关合同，以保证供应。

(4) 实施建筑消防设施的维护保养时，应填写《建筑消防设施维护保养记录表》[见《建筑消防设施的维护管理》(GB 25201—2010) 附表 E.2] 并进行相应功能试验。

(5) 具体保养内容如下：

①对易污染、易腐蚀生锈的消防设备、管道、阀门应定期清洁、除锈、注润滑剂。

②典型感烟火灾探测器应根据产品说明书的要求定期清洗、标定；产品说明书没有明确要求的，应每 2 年清洗、标定 1 次。可燃气体探测器应根据产品说明书的要求定期进行标定。火灾探测器、可燃气体探测器的标定应由生产企业或具备资质的检测机构承担。承担标定的单位应出具标定记录。

③储存灭火剂和驱动气体的压力容器应按有关气瓶安全监察规程的要求定期进行试验、标识。

④泡沫、干粉等灭火剂应按产品说明书委托有资质单位进行包括灭火性能在内的测试。

⑤以蓄电池作为后备电源的消防设备，应按照产品说明书的要求定期对蓄电池进行维护。

⑥其他类型的消防设备应按照产品说明书的要求定期进行维护保养。

⑦对于使用周期超过产品说明书标识寿命的易损件、消防设备，以及经检查测试已不能正常使用的火灾探测器、压力容器、灭火剂等产品设备应及时更换。

3.5.5 年度消防检测

建筑消防设施应每年至少检测 1 次，检测对象包括全部系统设备、组件等，委托有资质的单位进行，检测要求符合《建筑消防设施的维护管理》(GB 25201—2010) 第七章的要求，并出具检测报告[包括《建筑消防设施的维护管理》(GB 25201—2010) 附表 D.1 中的内容] 存档备查。

3.5.6　消防安全评估

根据《火灾高危单位消防安全评估导则（试行）》第三条的规定，火灾高危单位应每年做一次消防安全评估，并报消防机构备案，而对于非火灾高危单位的消防评估频次笔者未能查到确切要求。

2020年11月10日应急管理部发布的《单位消防安全评估》（XF/T 3005—2020）对机关、团体、企业、事业单位消防安全评估的内容、程序和方法做出了规定，当企业委托消防技术服务机构或自行进行消防安全评估时，应当依照此标准。该标准详尽实用，企业在日常管理中也可以以此作为消防管理自查的依据。

3.6　重大火灾隐患的判断

重大火灾隐患的判定应依据《重大火灾隐患判定方法》（GB 35181—2017）的规定进行。

3.6.1　判定原则与程序

重大火灾隐患的判定应坚持科学严谨、实事求是、客观公正的原则。

重大火灾隐患判定适用下列程序：

（1）现场检查：组织进行现场检查，核实火灾隐患的具体情况，并获取相关影像和文字资料；

（2）集体讨论：组织对火灾隐患进行集体讨论，做出结论性判定意见，参与人数不应少于3人；

（3）专家技术论证：对于涉及复杂疑难的技术问题，按照《重大火灾隐患判定方法》判定重大火灾隐患有困难的，应组织专家成立专家组进行技术论证，形成结论性判定意见。结论性判定意见应有三分之二以上的专家同意。

技术论证专家组应由当地政府有关行业主管部门、监督管理部门和相关消防技术专家组成，人数不应少于7人。集体讨论或技术论证时，可以听取业主和管理、使用单位等利害关系人的意见。

3.6.2　判定方法

（1）重大火灾隐患判定应按照第3.6.1节规定的判定原则和程序实施，并根据实际情况选择直接判定方法或综合判定方法。

（2）直接判定要素和综合判定要素均应为不能立即改正的火灾隐患要素。

（3）任意一条符合直接判定要素的，应直接判定为重大火灾隐患。

（4）采用综合判定方法判定重大火灾隐患时，应按下列步骤进行：

①确定建筑或场所类别；

②确定该建筑或场所是否存在表12.2规定的综合判定要素的情形和数量；

③按本章第3.6.1节规定的原则和程序，对照综合判定标准进行重大火灾隐患综合判定；

④排除不应判定为重大火灾隐患的情形。

（5）符合下列条件应综合判定为重大火灾隐患：

①易燃、易爆危险品场所存在规定的综合判定要素（表12.2中标*部分）3条以上；

②易燃易爆危险品场所、重要场所存在任意综合判定要素4条以上；

③其他场所存在任意综合判定要素6条以上。

发现存在其他违反消防法律法规、不符合消防技术标准的情形，技术论证专家组可视情节轻重，结合本条做出综合判定。

（6）下列情形不应判定为重大火灾隐患：

①依法进行了消防设计专家评审，并已采取相应技术措施的；

②单位、场所已停产停业或停止使用的；

③不足以导致重大、特别重大火灾事故或严重社会影响的。

3.6.3 判定要素（仅列举可能与化工企业相关部分）

化工企业重大火灾隐患判定标准见表 12.2。

表 12.2 化工企业重大火灾隐患判定标准

类别	因素	内容
直接判定标准	—	（1）生产、储存和装卸易燃易爆危险品的工厂、仓库和专用车站、码头、储罐区，未设置在城市的边缘或相对独立的安全地带； （2）生产、储存、经营易燃易爆危险品的场所与人员密集场所、居住场所设置在同一建筑物内，或与人员密集场所、居住场所的防火间距小于国家工程建设消防技术标准规定值的 75%； （3）甲乙类生产场所和仓库设置在建筑的地下室或半地下室，[此条应该是出自《建筑设计防火规总》第 3.3.4 中的强制规定，甲乙类生产场所（仓库）不应说置在地下和半地下，但在《建航设计防火遭用规范》废除了该条款的强制性，并在 4.2.1 中规定，甲乙类生产场所及仓库，除特殊工艺要求外，不应设置在地下和半地下。"特殊工艺要求"，主要是指在生产资置或设备因工艺需要必须布置在地下或半地下的情形，如不这样做将无法满足正营生产需要，但应经专项论证确定相应的防火技术措施和要求。故在评估此条时应辩证考虑]； （4）易燃可燃液体、可燃气体储罐（区）未按国家工程建设消防技术标准的规定设置固定灭火、冷却、可燃气体浓度报警、火灾报警设施； （5）在人员密集场所违反消防安全规定使用、储存或销售易燃易爆危险品
综合判定标准	总平面布局	（1）未按国家工程建设消防技术标准的规定或城市消防规划的要求设置消防车道或消防车道被堵塞、占用*； （2）建筑之间的既有防火间距被占用或小于国家工程建设消防技术标准的规定值的 80%，明火和散发火花地点与易燃易爆生产厂房、装置设备之间的防火间距小于国家工程建设消防技术标准的规定值*； （3）在厂房、库房、中设置员工宿舍，或是在居住等民用建筑中从事生产、储存、经营等活动，且不符合《住宿与生存储存经营合用场所消防安全技术要求》（GA 703）的规定*
	防火分隔	（1）原有防火分区被改变并导致实际防火分区的建筑面积大于国家工程建设消防技术标准规定值的 50%； （2）防火门、防火卷帘等防火分隔设施损坏的数量大于该防火分区相应防火分隔设施总数的 50%； （3）丙、丁、戊类厂房内有火灾或爆炸危险的部位未采取防火分隔等防火防爆技术措施
	安全疏散设施及灭火救援条件	（1）建筑内的避难走道、避难间、避难层的设置不符合国家工程建设消防技术标准的规定，或避难走道、避难间、避难层被占用； （2）安全出口数量或宽度不符合国家工程建设消防技术标准的规定，或既有安全出口被封堵； （3）按国家工程建设消防技术标准的规定，建筑物应设置独立的安全出口或疏散楼梯而未设置； （4）高层建筑和地下建筑未按国家工程建设消防技术标准的规定设置疏散指示标志、应急照明，或所设置设施的损坏率大于标准规定要求设置数量的 30%；其他建筑未按国家工程建设消防技术标准的规定设置疏散指示标志、应急照明，或所设置设施的损坏率大于标准规定要求设置数量的 50%； （5）高层建筑的消防车道、救援场地设置不符合要求或被占用，影响火灾扑救； （6）消防电梯无法正常运行

续表

类别	因素	内容
综合判定标准	消防给水及灭火设施	(1) 未按国家工程建设消防技术标准的规定设置室外消防给水系统，或已设置但不符合标准的规定或不能正常使用； (2) 未按国家工程建设消防技术标准的规定设置消防水源、储存泡沫液等灭火剂； (3) 未按国家工程建设消防技术标准的规定设置除自动喷水灭火系统外的其他固定灭火设施*； (4) 已设置的自动喷水灭火系统或其他固定灭火设施不能正常使用或运行*
	防烟排烟设施	高层建筑和地下建筑未按国家工程建设消防技术标准的规定设置防烟、排烟设施，或已设置但不能正常使用或运行
	消防供电	(1) 消防用电设备的供电负荷级别不符合国家工程建设消防技术标准的规定； (2) 消防用电设备未按国家工程建设消防技术标准的规定采用专用的供电回路； (3) 未按国家工程建设消防技术标准的规定设置消防用电设备末端自动切换装置，或已设置但不符合标准的规定或不能正常自动切换
	火灾自动报警系统	(1) 未按国家工程建设消防技术标准的规定设置火灾自动报警系统； (2) 火灾自动报警系统不能正常运行； (3) 防烟排烟系统、消防水泵以及其他自动消防设施不能正常联动控制
	消防安全管理	(1) 社会单位未按消防法律法规要求设置专职消防队； (2) 消防控制室操作人员未按 GB 25506 的规定持证上岗
	其他	(1) 生产、储存场所的建筑耐火等级与其生产、储存物品的火灾危险性类别不相匹配，违反国家工程建设消防技术标准的规定； (2) 生产、储存、装卸和经营易燃易爆危险品的场所或有粉尘爆炸危险场所未按规定设置防爆电气设备和泄压设施，或防爆电气设备和泄压设施失效； (3) 违反国家工程建设消防技术标准的规定使用燃油、燃气设备，或燃油、燃气管道敷设和紧急切断装置不符合标准规定； (4) 违反国家工程建设消防技术标准的规定在可燃材料或可燃构件上直接敷设电气线路或安装电气设备，或采用不符合标准规定的消防配电线缆和其他供配电线缆

3.7 火灾隐患整改

3.7.1 单位对存在的火灾隐患，应当及时予以消除。

3.7.2 应即刻消除的火灾隐患。

对下列违反消防安全规定的行为，单位应当责成有关人员当场改正并督促落实：

(1) 违章进入生产、储存易燃易爆危险物品场所的；

(2) 违章使用明火作业或者在具有火灾、爆炸危险的场所吸烟、使用明火等违反禁令的；

(3) 将安全出口上锁、遮挡，或者占用、堆放物品影响疏散通道畅通的；

(4) 消火栓、灭火器材被遮挡影响使用或者被挪作他用的；

(5) 常闭式防火门处于开启状态，防火卷帘下堆放物品影响使用的；

(6) 消防设施管理、值班人员和防火巡查人员脱岗的；

(7) 违章关闭消防设施、切断消防电源的；

（8）其他可以当场改正的行为。

违反前款规定的情况以及改正情况应当有记录并存档备查。

3.7.3　对不能当场改正的火灾隐患，消防工作归口管理职能部门或者专兼职消防管理人员应当根据本单位的管理分工，及时将存在的火灾隐患向单位的消防安全管理人或者消防安全责任人报告，提出整改方案。消防安全管理人或者消防安全责任人应当确定整改的措施、期限以及负责整改的部门、人员，并落实整改资金。

在火灾隐患未消除之前，单位应当落实防范措施，保障消防安全。不能确保消防安全，随时可能引发火灾或者一旦发生火灾将严重危及人身安全的，应当将危险部位停产停业整改。

3.7.4　火灾隐患整改完毕，负责整改的部门或者人员应当将整改情况记录报送消防安全责任人或者消防安全管理人签字确认后存档备查。

对于涉及城市规划布局而不能自身解决的重大火灾隐患，以及机关、团体、事业单位确无能力解决的重大火灾隐患，单位应当提出解决方案并及时向其上级主管部门或者地人民政府报告。

对公安消防机构责令限期改正的火灾隐患，单位应当在规定的期限内改正并写出火灾隐患整改复函，报送公安消防机构。

3.8　灭火、应急疏散预案和演练

灭火、应急疏散预案和演练可参照《社会单位灭火和应急疏散预案编制及实施导则》（GB/T 38315—2019）。

3.8.1　消防安全重点单位制定的灭火和应急疏散预案应当包括下列内容：

（1）组织机构，包括：灭火行动组、通信联络组、疏散引导组、安全防护救护组；

（2）报警和接警处置程序；

（3）应急疏散的组织程序和措施；

（4）扑救初起火灾的程序和措施；

（5）通信联络、安全防护救护的程序和措施。

3.8.2　消防安全重点单位应当按照灭火和应急疏散预案，至少每半年进行 1 次演练，并结合实际，不断完善预案。其他单位应当结合本单位实际，参照制定相应的应急方案，至少每年组织 1 次演练。消防演练时，应当设置明显标识并事先告知演练范围内的人员。

3.9　消防培训

3.9.1　单位应当通过多种形式开展经常性的消防安全宣传教育。消防安全重点单位对每名员工应当至少每年进行 1 次消防安全培训。宣传教育和培训内容应当包括：

（1）有关消防法规、消防安全制度和保障消防安全的操作规程；

（2）本单位、本岗位的火灾危险性和防火措施；

（3）有关消防设施的性能、灭火器材的使用方法；

（4）报火警、扑救初起火灾以及自救逃生的知识和技能。

公众聚集场所对员工的消防安全培训应当至少每半年进行 1 次，培训的内容还应当包括组织、引导在场群众疏散的知识和技能。

3.9.2　下列人员应当接受消防安全专门培训：

（1）单位的消防安全责任人、消防安全管理人；

（2）专、兼职消防管理人员；

（3）消防控制室的值班、操作人员［持《中级构建筑消防员证》和《中级（四级）消防设施操作员证》］；

（4）其他依照规定应当接受消防安全专门培训的人员。

3.10　特殊工程消防设计审查和消防验收

消防工程设计审查和消防验收《建设工程消防设计审查验收管理暂行规定》，生产、储存、装卸易燃易爆危险物品的工厂、仓库和专用车站、码头、易燃易爆气体和液体的充装站、供应站、调压站；单体建筑面积大于四万平方米或者建筑高度超过五十米的公共建筑需进行消防设计审查和消防验收，具体要求详见第一章列表中内容。

3.11　《建筑消防设施检测技术规程》（XF 503—2004）

建筑消防设施的维护保养可以参照《建筑消防设施的维护管理》（GB 25201—2010）和《建筑消防设施检测技术规程》（XF 503—2004），实际上很多省份出台了自己的标准，实际管理中笔者推荐按照《建筑消防设施维护保养管理标准》（DB36/T 1086—2018）附表1、《建筑消防设施检测技术规程》（XF 503—2004）的规定进行，表中内容较多，本文不再罗列。

第十三章 应急管理

1 主要参照的法律法规

《生产安全事故应急预案管理办法》

《生产经营单位生产安全事故应急预案编制导则》（GB/T 29639—2020）

《生产经营单位生产安全事故应急预案评估指南》（AQ/T 9011—2019）

《危险化学品应急救援管理人员培训及考核要求》（AQ/T 3043—2023）

《生产安全事故应急演练基本规范》（AQ/T 9007—2019）

《危险化学品单位应急救援物资配备要求》（GB 30077—2013）

《生产安全事故应急演练评估规范》（AQ/T 9009—2015）

2 术语与定义

2.1 综合应急预案

是指生产经营单位为应对各种生产安全事故而制定的综合性工作方案，是本单位应对生产安全事故的总体工作程序、措施和应急预案体系的总纲。

2.2 专项应急预案

是指生产经营单位为应对某一种或者多种类型生产安全事故，或者针对重要生产设施、重大危险源、重大活动防止生产安全事故而制定的专项性工作方案。

2.3 现场处置方案

是指生产经营单位根据不同生产安全事故类型，针对具体场所、装置或者设施所制定的应急处置措施。

2.4 事故情景

针对生产经营过程中存在的事故风险而预先设定的事故状况（包括事故发生的时间、地点、特征、波及范围及变化趋势）。

2.5 综合演练

针对预案中多项或全部应急响应功能开展的演练活动。

2.6 单项演练

针对应急预案中某一项应急响应功能开展的演练活动。

2.7 桌面演练

针对事故情景、利用图纸、沙盘、流程图、计算机模拟、视频会议等辅助手段、进行交互式讨论和推演的应急演练活动。

2.8 实战演练

针对事故背景，选择（或模拟）生产经营活动中的设备、设施、装置或场所，利用各类应急器材、装备、物资、通过决策行动、实际操作、完成真实应急响应的过程。

2.9 检验性演练

为检验应急预案的可行性、应急准备的充分性、应急机制的协调性及相关人员的应急处置能力而组织的演练。

2.10 示范性演练

为检验和展示综合应急救援能力，按照应急预案开展的具有较强指导宣教意义的规范性演练。

2.11 研究性演练

为探讨和解决事故应急处置的重点、难点问题、试验新方案、新技术、新装备而组织的演练。

2.12 应急响应

事故灾难预警期或发生后，为最大限度地降低事故灾难的影响，有关组织或人员采取的应急行动。

2.13 应急救援

在应急响应过程中，为消除、减少事故危害，防止事故扩大或恶化，最大限度地降低其可能造成的影响而采取的救援措施或行动。

2.14 危险化学品应急救援管理人员

（1）政府部门危险化学品应急管理人员；

（2）危险化学品生产经营单位主要负责人、分管安全负责人和安全管理部门负责人；

（3）危险化学品应急救援队伍负责人。

3 应急预案备案管理

3.1 应急预案编制

3.1.1 生产经营单位主要负责人负责组织编制和实施本单位的应急预案，并对应急预案的真实性和实用性负责；各分管负责人应当按照职责分工落实应急预案规定的职责。

3.1.2 应急预案的编制应当遵循以人为本、依法依规、符合实际、注重实效的原则，以应急处置为核心，明确应急职责、规范应急程序、细化保障措施。

3.1.3 应急预案的编制应当符合下列基本要求：

（1）有关法律、法规、规章和标准的规定；

(2) 本地区、本部门、本单位的安全生产实际情况；

(3) 本地区、本部门、本单位的危险性分析情况；

(4) 应急组织和人员的职责分工明确，并有具体的落实措施；

(5) 有明确、具体的应急程序和处置措施，并与其应急能力相适应；

(6) 有明确的应急保障措施，满足本地区、本部门、本单位的应急工作需要；

(7) 应急预案基本要素齐全、完整，应急预案附件提供的信息准确；

(8) 应急预案内容与相关应急预案相互衔接。

3.1.4 编制应急预案应当成立编制工作小组，由本单位有关负责人任组长，吸收与应急预案有关的职能部门和单位的人员，以及有现场处置经验的人员参加。

3.1.5 编制应急预案前，编制单位应当进行事故风险辨识、评估和应急资源调查。

(1) 事故风险辨识、评估，是指针对不同事故种类及特点，识别存在的危险危害因素，分析事故可能产生的直接后果以及次生、衍生后果，评估各种后果的危害程度和影响范围，提出防范和控制事故风险措施的过程；

(2) 应急资源调查，是指全面调查本地区、本单位第一时间可以调用的应急资源状况和合作区域内可以请求援助的应急资源状况，并结合事故风险辨识评估结论制定应急措施的过程。

3.1.6 生产经营单位应当根据有关法律、法规、规章和相关标准，结合本单位组织管理体系、生产规模和可能发生的事故特点，与相关预案保持衔接，确立本单位的应急预案体系，编制相应的应急预案，并体现自救互救和先期处置等特点，详见表 13.1。

表 13.1 不同风险对应的应急预案类别

应急预案类别	对应风险	相关要求
综合应急预案	生产经营单位风险种类多、可能发生多种类型事故，应当组织编制综合应急预案	综合应急预案应当规定应急组织机构及其职责、应急预案体系、事故风险描述、预警及信息报告、应急响应、保障措施、应急预案管理等内容
专项应急预案	对于某一种或者多种类型的事故风险，生产经营单位可以编制相应的专项应急预案，或将专项应急预案并入综合应急预案	专项应急预案应当规定应急机构与职责、处置程序、应急预案管理等内容
现场处置方案	对于危险性较大的场所、装置或者设施，生产经营单位应当编制现场处置方案。事故风险单一、危险性小的生产经营单位，可以只编制现场处置方案	现场处置方案应当规定应急工作职责、应急处置措施和注意事项等内容

3.1.7 生产经营单位应急预案应当包括向上级应急管理机构报告的内容、应急组织机构和人员的联系方式、应急物资储备清单等附件信息。附件信息发生变化时，应当及时更新，确保准确有效。

3.1.8 生产经营单位组织应急预案编制过程中，应当根据法律、法规、规章的规定或者实际需要，征求相关应急救援队伍、公民、法人或者其他组织的意见。

3.1.9 生产经营单位编制的各类应急预案之间应当相互衔接，并与相关人民政府及其部门、应急救援队伍和涉及的其他单位的应急预案相衔接。

3.1.10 生产经营单位应当在编制应急预案的基础上，针对工作场所、岗位的特点，编制简明、实用、有效的应急处置卡。应急处置卡应当规定重点岗位、人员的应急处置程序和措施，以及相关联络人员和联系方式，便于从业人员携带。

3.2 应急预案的评审、公布和备案

3.2.1 危险化学品的生产、经营（带储存设施的，下同）、储存、运输企业，以及使用危险化学品达到国家规定数量的化工企业和中型规模以上的其他生产经营单位，应当对本单位编制的应急预案进行评审，并形成书面评审纪要。其他化工类生产经营单位可以根据自身需要，对本单位编制的应急预案进行论证。

3.2.2 参加应急预案评审的人员应当包括有关安全生产及应急管理方面的专家。评审人员与所评审应急预案的生产经营单位有利害关系的，应当回避。

3.2.3 生产经营单位的应急预案经评审或者论证后，由本单位主要负责人签署，向本单位从业人员公布，并及时发放到本单位有关部门、岗位和相关应急救援队伍。

3.2.4 事故风险可能影响周边其他单位、人员的，生产经营单位应当将有关事故风险的性质、影响范围和应急防范措施告知周边的其他单位和人员。

3.2.5 危险化学品等危险物品的生产、经营、储存、运输单位，应急预案公布之日起 20 个工作日内，按照分级属地原则，向县级以上人民政府应急管理部门和其他负有安全生产监督管理职责的部门进行备案，并依法向社会公布。申报应急预案备案，应当提交下列材料：

（1）应急预案备案申报表；

（2）应急预案评审意见；

（3）应急预案电子文档；

（4）风险评估结果和应急资源调查清单。

3.2.6 《生产经营单位生产安全事故应急预案备案申报表》和《生产经营单位生产安全事故应急预案备案登记表》由应急管理部统一制定，可向应急局索要。

3.2.7 对于实行安全生产许可的生产经营单位，已经进行应急预案备案的，在申请安全生产许可证时，可以不提供相应的应急预案，仅提供应急预案备案登记表。

3.3 应急预案的实施

3.3.1 生产经营单位应当组织开展本单位的应急预案、应急知识、自救互救和避险逃生技能的培训活动，使有关人员了解应急预案内容，熟悉应急职责、应急处置程序和措施。

3.3.2 应急培训的时间、地点、内容、师资、参加人员和考核结果等情况应当如实记入本单位的安全生产教育和培训档案。

3.3.3 生产经营单位应当制定本单位的应急预案演练计划，根据本单位的事故风险特点，每年至少组织 1 次综合应急预案演练或者专项应急预案演练，每半年至少组织 1 次现场处置方案演练。

危险化学品等危险物品的生产、经营、储存、运输单位，应当至少每半年组织 1 次生

产安全事故应急预案演练，并将演练情况报送所在地县级以上地方人民政府负有安全生产监督管理职责的部门。

3.3.4 应急预案演练结束后，应急预案演练组织单位应当对应急预案演练效果进行评估，撰写应急预案演练评估报告，分析存在的问题，并对应急预案提出修订意见。

3.3.5 应急预案编制单位应当建立应急预案定期评估制度，对预案内容的针对性和实用性进行分析，并对应急预案是否需要修订作出结论。

3.3.6 危险化学品等危险物品的生产、经营、储存、运输企业、使用危险化学品达到国家规定数量的化工企业、中型规模以上的其他生产经营单位，应当每三年进行一次应急预案评估。应急预案评估可以邀请相关专业机构或者有关专家、有实际应急救援工作经验的人员参加，必要时可以委托安全生产技术服务机构实施。

3.3.7 有下列情形之一的，应急预案应当及时修订并归档：

(1) 依据的法律、法规、规章、标准及上位预案中的有关规定发生重大变化的；

(2) 应急指挥机构及其职责发生调整的；

(3) 安全生产面临的风险发生重大变化的；

(4) 重要应急资源发生重大变化的；

(5) 在应急演练和事故应急救援中发现需要修订预案的重大问题的；

(6) 编制单位认为应当修订的其他情况。

3.3.8 应急预案修订涉及组织指挥体系与职责、应急处置程序、主要处置措施、应急响应分级等内容变更的，修订工作应当参照《生产安全事故应急预案管理办法》规定的应急预案编制程序进行，并按照有关应急预案报备程序重新备案。

3.3.9 生产经营单位应当按照应急预案的规定，落实应急指挥体系、应急救援队伍、应急物资及装备，建立应急物资、装备配备及其使用档案，并对应急物资、装备进行定期检测和维护，使其处于适用状态。

3.3.10 生产经营单位发生事故时，应当第一时间启动应急响应，组织有关力量进行救援，并按照规定将事故信息及应急响应启动情况报告事故发生地县级以上人民政府应急管理部门和其他负有安全生产监督管理职责的部门。

3.3.11 生产安全事故应急处置和应急救援结束后，事故发生单位应当对应急预案实施情况进行总结评估。

4 应急演练

4.1 应急演练的目的

检验预案：发现应急预案中存在的问题，提高应急预案的针对性，实用性，和可操作性；

完善准备：完善应急管理标准制度，改进应急处置技术、补充应急装备和物资，提高应急能力；

磨合机制：完善应急管理部门、相关单位和人员的工作职责，提高协调配合能力；

宣传教育：普及应急管理知识，提高参演和观摩人员风险防范意识和自救互救能力；

锻炼队伍：熟悉应急预案，提高应急人员在紧急情况下妥善处置事故的能力。

4.2　应急演练分类

应急演练按照演练内容分为综合演练和单项演练，按照演练形式分为实战演练和桌面演练，按目的与作用分为检验性演练、示范性演练和研究性演练，不同类型的演练可相互组合。

4.3　应急演练基本流程

应急演练实施基本流程包括计划、准备、实施、评估总结、持续改进五个阶段。

4.3.1　计划

（1）需求分析

全面分析和评估应急预案、应急职责、应急处置工作流程和指挥调度程序、应急技能和应急装备、物资的实际情况，提出需通过应急演练解决的内容，有针对性地确定应急演练目标，提出应急演练的初步内容和主要科目。

（2）明确任务

确定应急演练的事故情景类型、等级、发生地域、演练方式、参演单位、应急演练各阶段主要任务，应急演练实施的拟定日期。

（3）制订计划

根据需求分析及任务安排，组织人员编制演练计划文本。

4.3.2　准备

（1）成立演练组织机构

综合演练通常应成立演练领导小组，负责演练活动筹备和实施过程中的组织领导工作，审定演练工作方案，演练工作经费，演练评估总结以及其他需要决定的重要事项。演练领导小组下设策划与导调组、宣传组、保障组、评估组，根据演练规模大小，其组织机构可进行调整。

①策划与导调组：负责编制演练工作方案、演练脚本、演练安全保障方案、负责演练活动筹备、事故场景布置、演练进程控制和参演人员调度以及与相关单位、工作组的联络和协调；

②宣传组：负责编制演练宣传方案，整理演练信息，组织新闻媒体和开展新闻发布；

③保障组：负责演练的物资装备、场地、经费、安全保卫及后勤保障；

④评估组：负责对演练准备，组织与实施进行全过程，全方位的跟踪评估；演练结束后，及时向演练单位或演练领导小组及其他相关专业组提出评估意见、建议，并撰写演练评估报告。

（2）编制文件

①工作方案：演练工作方案内容应包括：

a. 目的及要求；

b. 事故情景；

c. 参与人员及范围；

d. 时间与地点；

e. 主要任务及职责；

f. 筹备工作内容；

g. 主要工作步骤；

h. 技术支撑及保障条件；

i. 评估与总结。

②脚本：演练一般按照应急预案进行，按照应急预案进行时，根据工作方案中设定的事故情景和应急预案中规定的程序开展演练工作。演练单位根据需要确定是否编制脚本，如编制脚本，一般采用表格形式，主要内容：

a. 模拟事故情景；

b. 处置行动与执行人员；

c. 指令与对白；

d. 步骤及时间安排；

e. 视频背景与字幕；

f. 演练解说词；

g. 其他。

③评估方案

演练评估方案内容应包括：

a. 演练信息：目的和目标，情景描述，应急行动与应对措施简介；

b. 评估内容：各种准备，组织与实施，效果；

c. 评估标准：各环节应达到的目标评判标准；

d. 评估程序：主要步骤及任务分工；

e. 附件：所需要用到的相关表格。

④保障方案

演练保障方案应包括应急演练可能发生的意外情况，应急处置措施及责任部门，应急演练意外情况中止条件与程序。

⑤观摩手册

根据演练规模和观摩需要，可编制演练观摩手册。演练观摩手册通常包括应急演练时间、地点、情景描述，主要环节及演练内容，安全注意事项。

⑥宣传方案

编制演练宣传方案，明确宣传目标，宣传方式，传播途径，主要任务及分工、技术支持。

4.4 工作保障

根据演练工作需要，做好演练的组织与实施需要相关保障条件。保障条件主要内容：

（1）人员保障：按照演练方案和有关要求，确定演练总指挥、策划导调、宣传、保障、评估、参演人员参加演练活动，必要时设置替补人员；

（2）经费保障：明确演练工作经费及承担单位；

（3）物资和器材保障：明确各参演单位所准备的演练物资和器材；

（4）场地保障：根据演练方式和内容选择合适的演练场地；演练场地应满足演练活动需要，应尽量避免影响企业和公众正常生产生活；

(5) 安全保障：采取必要安全防护措施，确保参演、观摩人员以及生产运行系统安全；

(6) 通信保障：采用多种公用或专用通信系统，保证演练通信信息通畅；

(7) 其他保障：提供其他保障措施。

4.5 实施

4.5.1 现场检查

确认演练所需的工具、设备、设施、技术资料以及参演人员到位。对应急演练安全设备、设施进行检查确认，确保安全保障方案可行，所有设备、设施完好，电力、通信系统正常。

4.5.2 演练简介

应急演练正式开始前，应对参演人员进行情况说明，使其了解应急演练规则、场景及主要内容、岗位职责和注意事项。

4.5.3 启动

应急演练总指挥宣布开始应急演练，参演单位及人员按照设定的事故情景，参与应急响应行动，直至完成全部演练工作。演练总指挥可根据演练现场情况，决定是否继续或中止演练活动。

4.5.4 执行

(1) 桌面演练执行

在桌面演练过程中，演练执行人员按照应急预案或应急演练方案发出信息指令后，参演单位和人员依据接收到的信息，回答问题或模拟推演的形式，完成应急处置活动。通常按照四个环节循环往复进行：

①注入信息：执行人员通过多媒体文件、沙盘、消息单等多种形式向参演单位和人员展示应急演练场景，展现生产安全事故发生发展情况；

②提出问题：在每个演练场景中，由执行人员在场景展现完毕后根据应急演练方案提出一个或多个向断，或者在场馆展现过程中自动呈现应急外警任务，供应急演练参与人员根据各自任色和职责分工展开讨论；

③分析决策：根据执行人员提出的问题或所展现的应急决策处置任务及场景信息，参演单位和人员分组开展思考讨论，形成决策意见；

④表达结果：在组内讨论结束后，各组代表按要求提交或口头阐述本组的分析决策结果，或者通过模拟操作与动作展示应急处要活动；

⑤各组决策结果表达结束后，导调人员可对演练情况进行简要讲解，接着注入新的信息。

(2) 实战演练执行

按照应急演练工作方案，开始应急演练，有序推进各个场景，开展现场点评，完成各项应急演练活动，妥善处理各类突发情况，宣布结束于意外终止应急演练。实战演练执行主要按照以下步骤进行：

①演练策划与导调组对应急演练实施全过程的指挥控制；

②演练策划与导调组按照应急演练工作方案（脚本）向参演单位和人员发出信息指令，传递相关信息，控制演练进程；信息指令可由人工传递，也可以用对讲机、电话、手机、传真机、网络方式传送，或者通过特定声音，标志与视频呈现；

③演练策划与导调组按照应急演练工作方案规定程序，熟练发布控制信息，调度参演单位和人员完成各项应急演练任务；应急演练过程中，执行人员应随时掌握应急演练进展情况，并向领导小组组长报告庙免滴练中出现的各种问题；

④各参演单位和人员，根据导调信息和指令，依据应急演练工作方案规定流程，按照发生真实事件时的应急处置程序，采取相应的应急处置行动；

⑤参演人员按照应急演练方案要求，做出信息反馈；

⑥演练评估组跟踪参演单位和人员的响应情况，进行成绩评定并作好记录。

4.5.5 演练记录

演练实施过程中，安排专门人员采用文字，照片和音像手段记录演练过程，

4.5.6 中断

在应急演练实施过程中，出现特殊或意外情况，短时间内不能妥善处理或解决时，应急演练总指挥按照事先规定的程序和指令中断应急演练。

4.5.7 结束

完成各项演练内容后，参演人员进行人数清点和讲评，演练总指挥宣布演练结束。

4.6 评估总结

4.6.1 评估

按照《生产安全事故应急演练评估规范》（AQ/T 9009—2015）中 7.1～7.4 要求执行。

4.6.2 总结

（1）撰写演练总结报告

应急演练结束后，演练组织单位应根据演练记录，演练评估报告、应急预案，现场总结材料，对演练进行全面总结，并形成演练书面总结报告。报告可为应急演练准备。策划工作进行简要总结分析。参与单位也可对本单位的演练情况进行总结，演练总结报告的主要内容：

①演练基本概要；

②演练发现的问题，取得的经验和教训；

③应急管理工作建议。

（2）演练资料归档

应急演练活动结束后，演练组织单位应将应急演练工作方案，应急演练书面评估报告，应急演练总结报告文字资料，以及记录演练实施过程的相关图片、视频、音频资料归档保存。

4.7 持续改进

4.7.1 应急预案修订完善

根据演练评估报告中对应急预案的改进建议，按程序对预案进行修订完善。

4.7.2 应急管理工作改进

（1）应急演练结束后，演练组织单位应根据应急演练评估报告，总结报告提出的问题和建议，对应急管理工作（包括应急演练）工作进行持续改进；

（2）演练组织单位应督促相关部门和人员制订整改计划、明确整改目标、制定整改措施、落实整改资金，并跟踪督查整改情况。

5 危险化学品应急救援管理人员培训

5.1 培训要求

5.1.1 应急救援管理人员应接受安全培训，具备与所从事的应急救援活动相适应的应急救援理论和应急救援能力。

5.1.2 危险化学品应急救援管理人员的培训应坚持理论与实际相结合，注重对危险化学品应急救援管理人员应急救援理论和应急救援能力的综合培养，着力提高危险化学品应急救援管理人员危险化学品知识、应急救援专业技能和应急救援知挥、协调能力。

5.2 培训内容及考核

培训内容包括应急管概述、化学品危险性基础知识、危险化学品的防护及救护基本知识、典型的危险化学品应急处置，具体参照《危险化学品应急救援管理人员培训及考核要求》（AQ/T 3043—2013）。

6 应急物资配置

危险化学品应急物资配备可参照《危险化学品单位应急救援物资配备要求》进行，具体要求如下：

6.1 配备原则

6.1.1 针对性

危险化学品单位应急救援物资应根据单位危险化学品的种类、数量、危险化学品事故特征和事故风险评估结果进行配置，根据危险化学品单位的从业人数、营业收入、危险化学品重大危险源级别的划分将危险化学品单位分为 3 类，分别为第一类、第二类和第三类危险化学品单位，类别划分方法见表 13.2。

表 13.2 危险化学品单位类别划分依据

企业规模	危险化学品重大危险源级别			
	一级危险化学品重大危险源	二级危险化学品重大危险源	三级危险化学品重大危险源	四级危险化学品重大危险源
从业人数 300 人以下或营业收入 2000 万元以下	第二类危险化学品单位	第三类危险化学品单位	第三类危险化学品单位	第三类危险化学品单位
从业人数 300 人以上 1000 人以下或营业收入 2000 万元以上 40000 万元以下	第二类危险化学品单位	第二类危险化学品单位	第二类危险化学品单位	第三类危险化学品单位
从业人数 1000 人以上或营业收入 40000 万元以上	第一类危险化学品单位	第二类危险化学品单位	第二类危险化学品单位	第二类危险化学品单位

注 1：表中所称的“以上”包括本数，所称的“以下”不包括本数。

注 2：没有危险化学品重大危险源的危险化学品企业可作为第三类危险化学品单位。

注 3：危险化学品重大危险源级别，按单位中重大危险源最高级别确定。

注 4：企业规模按从业人员、营业收入划分不一致的，按最低等级确定。

6.1.2　配套性

应急救援物资配备应确保系统配套、搭配合理、功能齐全、数量充足，应满足单位员工现场应急处置和企业应急救援队伍所承担救援任务的需要。

6.1.3　其他原则

应急救援物资配备应符合实用性、功能性、安全性、耐用性以及单位实际需要的原则。

6.2　作业场所的配制要求

在危险化学品单位作业场所，应急救援物资应存放在应急救援器材专用柜、应急站或指定地点。作业场所应急物资配备应符合表 13.3 的要求。

表 13.3　作业场所救援物资配备要求

序号	物资名称	技术用途或技术要求	配备	备注
1	正压空气呼吸器	技术性能符合 GB/T 16556—2007 中第 5 章要求	2 套	每套配备 1 个备用气瓶
2	化学防护服	技术性能符合 AQ/T 6107—2008 中 4.2 的要求	2 套	具有有毒、腐蚀性危险化学品的作业场所
3	自吸过滤式防毒面具	技术性能符合 GB 2890 要求	1 个/人	类型根据有毒有害物质确定
4	气体检测仪	技术性能符合 GB 12358 要求	2 台	检测气体浓度，根据作业场所有毒有害气体的种类确定
5	手电筒	易燃易爆场所应防爆	1 个/人	根据当班人数确定，包含作业人员随身携带的同类物资
6	对讲机	易燃易爆场所应防爆	1 台/人	根据当班人数确定，包含作业人员随身携带的同类物资
7	急救箱或急救包	物资清单参考 GBZ 1—2010 中表 A.4 的要求	1 包	盛放常规外伤和化学伤害急救所需的敷料、药品和器械等
8	水带	消防用水的输送，技术性能符合 GB 6246 的要求	50m	1. 允许用水灭火、稀释或降温的场所配备； 2. 按现场风险及事故后果配备，不小于 50m
9	多功能水枪	作业现场的驱散、隔离、灭火洗消等	1 个	1. 具体型号可根据作业现场实际需求配备 2. 允许用水灭火、稀释或降温的场所配备
10	危化品收容输转器具	危险化学品泄漏物的收容输转，易燃易爆场所应防爆	1 套	根据泄漏介质理化性质选择配备，常用物资包括危化品真空收集器，收容桶或其他输转器具
11	吸附材料	处理化学品泄漏	200kg	1. 以工作介质理化性质选择吸附材料，包含化学性吸收材料和物理性吸收材料、常用吸附材料为干沙土、吸附颗粒、吸附毡（具有爆炸危险性的除外） 2. 按现场风险及事故后果配备，不少于 200kg
12	洗消设施或清洗剂	洗消受污染或可能受污染的人员、设备和器材	1 套	在工作地点配备
13	应急处置工具箱	工作箱内配备常用工具或专业处置工具、警戒绳、风向标、救生绳等	1 套	防爆场所应配置无火花工具

6.3 企业应急救援队伍配备要求

6.3.1 企业应急救援队伍应急救援人员的个人防护装备配备应符合表 13.4 的要求：

表 13.4 应急救援人员个体防护装备配备要求

序号	名称	技术要求或功能要求	配备	备份比	备注
1	救援头盔	技术性能符合 GB/T 38305—2019 第 4 章的要求	1 顶/人	4∶1	头部、面部及颈部的安全防护
2	护目镜	技术性能符合 GB 14866 要求	1 副/人	4∶1	—
3	二级化学防护服装	化学灾害现场作业时的躯体防护	1 套/10 人至少 2 套	4∶1	以值勤人员数量确定
4	一级化学防护服装	重度化学灾害现场全身防护	1 套/10 人至少 2 套	3∶1	1. 涉及中等毒以上、强腐蚀等危险化学品的企业配备； 2. 以值勤人员数量确定
5	灭火防护套装（灭火防护服、消防手套和灭火防护靴等）	灭火救援作业时的身体防护	1 套/人	3∶1	指挥员可选配消防指挥服
6	隔热服	技术性能符合 GB 38453 的要求	1 套/人	3∶1	强热辐射场所下配备
7	防静电套装	可燃气体、粉尘、蒸气等易燃易爆 场所作业时的躯体内层防护	1 套/人	4∶1	1. 低温场所应配备防低温背心、防寒服； 2. 包含防静电服、防静电工作帽、防静电内衣、防静电靴、防静电手套
8	化学品防护手套	手部及腕部防护、技术性能符合 GB 28881 的要求	2 副/人	—	带电区域需具备绝缘功能
9	防化靴	事故现场作业时的脚步和小腿部防护	1 双/人	4∶1	易燃易爆场所应配备防静电靴，带电区域需具备绝缘功能
10	安全腰带	登梯作业和逃生自救	1 根/人	4∶1	—
11	正压空气呼吸器	缺氧或有毒作业时的呼吸防护，技术性能符合 GB/T 16556—2007 中第 5 章地要求	1 具/人	5∶1	1. 以值勤人员数量确定； 2. 备用气瓶按照正压空气呼吸器总量 1∶1 备份
12	佩戴式防爆照明灯	单人作业照明	1 个/人	5∶1	—
13	轻型安全绳	救援人员的救生、自救和逃生	1 根/人	4∶1	—
14	消防腰斧	破拆和自救	1 把/人	4∶1	—
15	应急呼救器	技术性能符合 GB/T 26200—2010 中第 5 章的要求	1 个/人	—	在室内或室外使用，能发出应急呼救信息（信号），易燃易爆场所应防爆

注 1：“备份比”是指应急救援人员防护装备配备投入使用数量与备用数量之比。

注 2：根据备份比计算的备份数量为非整数时应向上取整。

注 3：第三类危险化学品单位应急救援人员可使用作业场所配备的个体防护装备，不配备该表中的装备。

6.4 企业应急救援队伍抢险救援车辆配备要求

6.4.1 企业应急救援队伍抢险救援车辆配备数量应符合表 13.5 的要求。

表 13.5　企业应急救援队伍抢险救援车辆配备数量　　辆

危险化学品单位级别	第一类危险化学品单位	第二类危险化学品单位	第三类危险化学品单位
抢险救援车辆数	≥3	≥1	—

6.4.2　企业应急救援队伍抢险救援车品种，应符合表 13.6 的要求，生产、贮存剧毒或高毒危险化学品的单位应配备气体防护车。在此基础上，企业应视实际需要增加车辆配备。

表 13.6　企业应急救援队伍常用抢险救援车辆品种配备要求　　辆

序号	设备名称		第一类危险化学品单位	第二类危险化学品单位	第三类危险化学品单位
1	灭火抢险救援车	水罐或泵浦抢险救援车	1	1	—
2		水罐或泡沫抢险救援车			
3		干粉泡沫联用抢险救援车			
4	专勤抢险救援车	多功能抢险救援车或气体防护车	1	—	—
5		危险化学品事故抢险救援车或防化洗消抢险救援车	1	—	—
6	灭火救援抢救车	干粉灭火救援车	*		
7		压缩空气泡沫消防车	*		
8	举高抢险救援车	登高平台救援抢救车	*		
9		云梯救援抢救车	*		
10		举高喷射抢险救援车	*		
11	后勤抢险救援车	排烟抢险救援车或照明救援车	*		
12		通讯指挥抢险救援车	*		
13		供气抢险救援车	*		
14	后勤抢险救援车	自装卸式抢险救援车（含器材保障、生活保障、供液集装箱）	*		
15		器材抢险救援车或供水抢险救援车	*		

注：带“*”部分为企业自主增配车型，第一类危险化学品增配的举高抢险救援车额定工作高度不小于 30m，第二类和第三类危险化学品单位增配的举高救援车辆额定工作高度不小于 20m。

6.4.3　企业应急救援队伍主要抢险救援车辆的技术性能应符合表 13.7 的要求，气体防护车内应急救援物资配备可参考表 13.8 配置。

表 13.7　主要抢险救援车辆的技术性能

技术性能		第一类危险化学品单位		第二类危险化学品单位		第三类危险化学品单位	
发动机功率/kW		≥191		≥132		≥132	
比功率/（kW/t）		≥10		≥8		≥8	
水罐抢险救援车出水性能	出口压力/MPa	1	1.8	1	1.8	1	1.8
	流量/（L/s）	60	30	40	20	40	20
水罐抢险救援车出泡沫性能/类		A、B		A、B		B	
多功能抢险救援车	起吊质量/kg	≥5000		≥3000		≥3000	
	牵引质量/kg	≥7500		≥5000		≥5000	

表 13.8　气体防护车内应急救援物资配备要求

序号	物资名称	主要功能或技术要求	配备	备注
1	正压空气呼吸器	技术性能符合 GB/T 16556—2017 中第 5 章的要求	2 套	每套配备 1 个备用气瓶
2	自动苏生器	自动进行正负压人工呼吸	1 套	—
3	供氧设备	治疗中毒人员	2 个	包括医用氧气瓶
4	移动式长管供气系统	缺氧或有毒有害气体环境中为抢险救灾人员提供长时间呼吸保护	1 台	—
5	对讲机	易燃易爆场所应选防爆型，通讯距离不低于 1000m	2 台	—
6	抢险救援服	抢险人员躯体保护，橘红色	1 套/人	根据气体防护车上配备的人员确定
7	头戴式防爆照明灯	灭火和抢险救援现场作业时的照明，易燃易爆场所应为防爆型	1 个/人	根据气体防护车上配备的人员确定
8	一级化学防护服	重度化学灾害现场全身防护	2 套	—
9	二级化学防护服	化学灾害现场作业时的躯体防护	2 套	—
10	隔热服	技术性能符合 GB 38453 的规定	1 套	强热辐射场所下配备
11	折叠担架	运送事故现场受伤人员	2 副	—
12	急救包	物资清单参考 GBZ 1—2010 中表 A. 4 的要求	1 个	盛放常规外伤和化学伤害急救所需的敷料、药品和器械等
13	可燃气体检测仪	可检测多种易燃易爆气体的浓度，防爆型，具备防水和快速感应性能，技术性能符合 GB12358 的要求	2 台	检测事故现场易燃易爆气体，根据企业可燃气体的种类配备
14	有毒气体检测仪	具备自动识别、防水、防爆性能；能探测有毒、有害气体及氧含量，防爆型，技术性能符合 GB 12358 的要求	2 台	根据企业有毒有害气体的种类配备
15	风向仪	气体防护及检测工作	1 套	—

6.5　企业应急救援队伍抢险救援物资配备要求

6.5.1 第一类危险化学品单位应急救援队伍的抢险救援物资配备的种类和数量应符合表 13.9 的要求。

表 13.9　第一类危险化学品单位应急救援队伍抢险救援物资配备要求

序号	物资名称	主要用途或技术要求	配备	备注
1. 侦检器材配备要求				
1	有毒气体探测仪	具备自动识别、防水、防爆性能；能探测有毒、有害气体及氧含量	2 台	同时具备可燃有毒气体检测功能的多合一检测仪，可合并按 2 台配置
2	可燃气体检测仪	检测事故现场易燃易爆气体，可检测多种易燃易爆气体的浓度，技术性能符合 GB 12358 的要求	2 台	

续表

序号	物资名称	主要用途或技术要求	配备	备注
3	红外测温仪	测量事故现场温度；可预设高、低温危险报警	1台	—
4	便携式气象仪	测量风速、风向、温度、湿度、大气压等气象参数	1台	—
5	便携式水质分析仪	灾害事故现场定量检测分析多种危化品水质参数	*	—
6	红外热像仪	事故现场黑暗、浓烟环境中的搜寻；温差分辨率不小于0.25℃，有效检测距离不小于40m	*	—
7	漏电探测仪	确定泄漏电源具体位置，可声光报警	*	—
8	激光测距仪	救援时对各现场各种距离参数测定	*	—
2. 警戒器材配备要求				
1	警戒标志杆	灾害事故现场警戒，有反光功能	10根	—
2	锥形事故标志柱	灾害事故现场道路警戒	10根	—
3	隔离警示带	灾害事故现场警戒；双面反光，每盘长度约500m	10盘	备份2盘
4	出入口标志牌	灾害事故现场标示；图案、文字、边框均为反光材料，与标志杆配套使用，易燃易爆环境应为无火花材料	2组	—
5	危险警示牌	灾害事故现场警戒警示；分为有毒、易燃、泄漏、爆炸、危险等五种标志，图案为反光材料。与标志杆配套使用，易燃易爆环境应为无火花材料	5块	—
6	闪光警示灯	灾害事故现场警戒警示；频闪型，光线暗时自动闪亮	5个	备份2个
7	便携式扩音器	灾害事故现场指挥；功率大于10 W，峰值声压级≥120dB，同时应具备警报功能	2个	—
3. 灭火器材配备要求				
1	机动手抬泵	可人力搬运，用作输送水或泡沫溶液等液体灭火剂的专用泵	3台	同时配备相应配套软管，软管长度根据企业需求配备
2	移动式灭火装置	扑救可燃化学品火灾的移动式消防炮、泡沫灭火装置等	2套	低沸点等易燃液体危化品火灾根据现场风险配置
3	A、B类比例混合器、泡沫液桶、空气泡沫枪	扑救小面积化工类火灾；由储液桶、吸液管和泡沫管枪组成，操作轻便快捷	2套	同时配备泡沫桶运输工具，方便将泡沫桶运送至事故现场
4	二节拉梯	登高作业	3个	—
5	水带	消防用水的输送	2800m	—
6	应急水幕	阻挡或稀释有毒和易燃易爆气体或液体蒸汽	1套	包括水幕水带、移动式水幕等器材

续表

序号	物资名称	主要用途或技术要求	配备	备注
7	常规器材工具	按所配车辆技术标准要求配备	1套	扳手、水枪、分水器、接口、包布、护桥、泡沫钩管等常规器材工具
8	三节拉梯	登高作业	*	—
		4. 通信器材配备要求		
1	移动电话	具有防水、抗跌功能、易燃易爆环境应防爆	2部	指挥员配备
2	对讲机	应急救援人员间以及与后方指挥员的通讯，易燃易爆环境应防爆	1部/人	按执勤人数配备
3	通信指挥系统	技术性能符合 GB 50313 要求，满足企业通信要求	1套	—
		5. 救生物资配备要求		
1	自动体外除颤器（AED）	用于抢救心源性猝死患者	1套	—
2	医药急救箱	盛放常规外伤和化学伤害急救所需的敷料、药品和器械等	1个	—
3	折叠式担架	运送事故现场受伤人员；为金属框架，高分子材料表面材质，便于洗消，承重不小于100kg	1架	—
4	逃生面罩	灾害事故现场被救人员呼吸防护	10个	备份10个
5	缓降器	高处救人和自救；安全负荷不低于1300N，绳索防火、耐磨	2套	—
6	救援三角架	技术性能符合 XF 3009—2020 第5章的要求	1套	—
7	救生软梯	供被困人员逃生及登高救生作业使用，技术性能符合 GB 21976.3 的要求	1条	—
8	救生绳	救人或自救工具，也可用于运送消防施救器材，50 m	2组	—
		6. 破拆器材配备要求		
1	液压破拆工具组	灾害现场破拆作业，技术性能符合 GB/T 17906—2021 第6章的要求	1套	根据企业实际情况选配
2	无齿锯	切割金属和混凝土材料		
3	机动链锯	切割各类木质结构障碍物		
4	手动破拆工具组	灾害现场破拆作业		
		7. 堵漏器材配备要求		
1	木制堵漏楔	各类孔洞状较低压力的堵漏作业；经专门绝缘处理，防裂，不变形	1套	每套不少于28种规格

续表

序号	物资名称	主要用途或技术要求	配备	备注
2	气七气动吸盘式堵漏工具	封堵不规则孔洞；气动、负压式吸盘，可输转作业	1套	1. 无火花材料，输转软管需防静电； 2. 根据企业实际情况和工艺特点，选配1套堵漏工具
3	粘贴式堵漏工具	各种罐体和管道表面点状、线状泄漏的堵漏作业		
4	磁式堵漏工具	各种罐体和管道表面点状、线状泄漏的堵漏作业； 适用温度不大于80℃		
5	注入式堵漏工具	阀门或法兰盘堵漏作业；无火花材料；配有手动液压泵，液压不小于70MPa，堵漏胶使用温度−100～400℃	1套	含注入式堵漏胶
6	无火花工具	易燃、易爆事故现场的手动作业，铜或铜合金材料制作	1套	每套不小于11种
7	金属堵漏套管	易燃、易爆事故现场的各种金属管道裂缝的密封堵漏，无火花材料制作	1套	—
8	内封式堵漏袋	圆形容器和管道的堵漏作业；由防腐橡胶制成，工作压力0.15MPa	*	—
9	外封式堵漏袋	罐体外部堵漏作业；由防腐橡胶制成，工作压力0.15MPa	*	—
10	捆绑式堵漏袋	管道断裂堵漏作业；由防腐橡胶制成，工作压力0.15MPa	*	—
11	阀门堵漏套具	阀门泄漏的堵漏作业	*	—
12	管道粘结剂	小空洞或砂眼的堵漏	*	—
8. 输转物资配备要求				
1	输转器具	收容、输转各种液体、粉体危化品的输转泵、推车等输转器具；易燃易爆场所应为防爆	1台	—
2	有毒物质密封桶	装载有毒有害物质；防酸碱，耐高温	2个	—
3	吸附材料	小范围内的吸附酸、碱、有机物液体和其他腐蚀性液体	2箱	—
4	集污袋	装载有害物质	2只	—
5	消防水回用设备	用于消防废水的快速处理回用	*	
9. 洗消物资配备要求				
1	强酸、碱清洗剂	手部或身体小面积部位的洗消	5瓶	酸碱环境下配备
2	强酸、碱洗消器	化学灼伤部位的洗消	2只	酸碱环境下配备
3	洗消帐篷	消防人员洗消；配有电动充气泵、喷淋、照明等系统	1套	—
4	洗消粉	按比例与水混合后，对人体、物品和场地的降毒洗消	*	—

续表

序号	物资名称	主要用途或技术要求	配备	备注
10. 排烟照明器材配备要求				
1	移动式排烟排风设备	灾害现场的排烟排风和送风，配有相应口径的风管	1台	硫化氢等毒害环境下配置应急消除设备
2	移动照明灯组	灾害现场的作业照明，照度符合作业要求	1套	—
3	移动发电机	灾害现场等电器设备的供电	2台	—
4	坑道小型空气输送机	缺氧空间作业，排风量符合常用救灾的要求，具备防静电功能	*	易燃易爆场所应具备防爆功能
11. 其它物资配备要求				
1	心肺复苏人体模型	急救训练用	1套	—
2	空气充填泵	现场为空气呼吸器储气瓶充气	1套	—
3	硫化氢捕消设备	硫化氢泄露时提供快速清除手段，争取逃生和救援时间	1套	硫化氢毒害环境下配备
4	抗爆庇护所	易燃易爆物质泄漏爆炸事故下提供人员和重要安全设施提供安全防护，技术性能符合 GB/T 50779—2022 中第3章的要求	*	以区域内人员数量及重要设施规格确定抗爆庇护所尺寸
5	防毒庇护所	有硫化氢等毒气体泄漏事故下提供人员安全防护	*	以区域内人员数量确定防毒庇护所尺寸及生命供给系统配置
6	消防机器人	代替消防救援人员进入事故现场进行侦察、灭火、救援等工作，履带或轮式底盘	*	按需求选配灭火、排烟、侦检等功能
7	侦察无人机	用于事故现场内部环境侦察、人员位置确定、回传图像或视频，最大载荷不低于5kg，空载时续航时间不低于30min	*	—

注：表中所有“*”表示由企业根据实际需要增加配备。

6.5.2 第二类危险化学品单位应急救援队伍的抢险救援物资配备的种类和数量应符合表13.10的要求。

13.10 第二类危险化学品单位应急救援物资配备种类和数量

序号	种类	物资名称	主要用途或技术要求	配备	备注
1	侦检	有毒气体探测仪	具备自动识别、防水、防爆性能，能探测有毒、有害气体及氧含量	2台	同时具备可燃有毒气体检测功能的多合一检测仪，可合并按2台配置
2		可燃气体检测仪	技术性能符合 GB 12538 的要求	2台	
3	警戒	各类警示牌	灾害事故现场警戒警示	1套	—
4		隔离警示带	灾害事故现场警戒，双面反光	5盘	备用2盘
5	灭火	移动式消防炮	扑救可燃化学品火灾	2台	—
6		水带	消防用水的输送	1200m	—
7		常规器材工具	按所配车辆技术标准要求配备	1套	扳手、水枪、分水器、接口、包布、护桥等常规器材工具

续表

序号	种类	物资名称	主要用途或技术要求	配备	备注
8	通信	移动电话	易燃易爆环境应防爆	2部	—
9		对讲机	易燃易爆环境应防爆	1台/人	—
10	救生	缓降器	高处救人和自救；安全负荷不低于1300N，绳索防火、耐磨	2套	—
11		自动体外除颤器（AED）	用于救援心源性猝死患者	1套	—
12		逃生面罩	灾害事故现场被救人员呼吸防护	10个	备用5个
13		折叠式担架	运送事故现场受伤人员，为金属框架，高分子材料表面材质，便于洗消，承重不不小于100kg	1架	—
14		安全绳	长度50 m	2组	—
15		医药急救箱	盛放常规外伤和化学伤害急救所需的敷料、药品和器械等	1个	—
16		救援三角架	金属框架，配有手摇式绞盘，牵引滑轮最大承载2500N，绳索长度不小于30m	*	—
17		救生软梯	登高救生作业，性能符合GB 21976.3的要求	*	—
18	破拆	液压破拆工具组	灾害现场破拆作业	1套	根据企业实际情况选择其中一项配备
19		无齿锯	切割金属和混凝土材料，包括链条锯等		
20		手动破拆工具组	灾害现场破拆作业		
21	堵漏	木制堵漏楔	各类孔洞状较低压力的堵漏作业。经专门绝缘处理，防裂，不变形	1套	每套不少于28种规格
22		无火花工具	易燃易爆事故现场的手动作业，铜制材料	1套	—
23		粘贴式堵漏工具	各种罐体和管道表面点状、线状泄漏的堵漏作业；无火花材料	*	—
24		注入式堵漏工具	阀门或法兰盘堵漏作业；无火花材料；配有手动液压泵，泵缸压力≥70 MPa，使用温度－100～400℃	*	—
25	输转	输转器具	收容、输转各种液体、粉体危化品的输转泵、推车等输转器具；易燃易爆场所应为防爆	1台	—
26		吸附材料	小范围内的吸附酸、碱、有机物液体和其他腐蚀性液体	2箱	—
27		有毒物质密封桶	装载有毒有害物质，可防酸碱，耐高温	*	—
28	洗消	洗消帐篷	消防人员洗消；配有电动充气泵、喷淋、照明等系统	1顶	—
29	排烟照明	移动式排烟排风设备	灾害现场的排烟排风和送风，配有相应口径的风管	1台	硫化氢等毒害环境下配置应急消除设备
30		移动照明灯组	灾害现场的作业照明，照度符合作业要求	1组	—
31		移动发电机	灾害现场等的照明	*	—

续表

序号	种类	物资名称	主要用途或技术要求	配备	备注
32	其他	应急水幕	阻挡或稀释有毒和易燃易爆气体或液体蒸气	1套	包括水幕水带、移动式水幕等器材
33		硫化氢捕消设备	硫化氢泄露时提供快速消除手段，争取逃生和救援时间	1套	硫化氢毒害环境下配备
34		抗爆庇护所	易燃易爆物质泄漏爆炸事故下提供人员和重要安全设施提供安全防护，技术性能符合 GB/T 50779—2022 中第 3 章的要求	*	以区域内人员数量及重要设施规格确定抗爆庇护所尺寸
35		防毒庇护所	有硫化氢等毒气体泄漏事故下提供人员安全防护	*	以区域内人员数量确定防毒庇护所尺寸及生命供给系统配置

注：表中所有“*”表示由企业根据实际需要进行配置。

6.5.3 第三类危险化学品单位应急救援队伍可使用作业场所应急救援物资作为抢险救援物资。

6.6　其他配备要求

6.6.1　危险化学品单位，除作业场所和应急救援队伍外的其他部门应根据应急响应过程中所承担的职责配备相应的应急救援物资。

6.6.2　沿江河湖海的危险化学品单位应配备水上灭火抢险救援、水上泄漏物处置和防汛排涝等应急救援物资。

6.6.3　除作业场所的应急救援物资外的其他应急救援物资，可由危险化学品单位与其周边其他相关单位或应急救援机构签订互助协议，并能在这些单位或机构接到报警后5min 内到达现场，可作为本单位的应急救援物资储备。

6.7　管理和维护

6.7.1　危险化学品单位应建立应急救援物资的有关制度和记录：

（1）物资清单；

（2）物资使用管理制度；

（3）物资测试检修制度；

（4）物资租用制度；

（5）资料管理制度；

（6）物资调用和使用记录；

（7）物资检查维护、报废及更新记录。

6.7.2　应急救援物资应明确专人管理。应急救援物资应严格按照产品说明书要求进行日常检查、定期维护保养。应急救援物资应存放在便于取用的固定场所，摆放整齐，不应随意摆放、挪作他用。

6.7.3　物资应保持完好，随时处于备战状态。物资若有损坏或影响安全使用的，应及时修理、更换或报废。

6.7.4　应急救援物资的使用人员，应接受相应的培训，熟悉装备的用途、技术性能及有关使用说明资料，并遵守操作规程。

注：危险化学品的应急救援，推荐阅读国家安全生产应急救援指挥中心组织编写的《危险化学品应急救援》一书。

第十四章 安全培训

1 主要参照的法律法规

《安全生产培训管理办法》

《生产经营单位安全培训规定》

《化工过程安全管理导则》（AQ/T 3034—2022）

《危险化学品生产经营单位从业人员安全生产培训大纲（试行）》

《危险化学品生产单位主要负责人安全生产培训大纲及考核标准》（AQ/T 3029—2010）

《危险化学品生产单位安全生产管理人员安全生产培训大纲及考核标准》（AQ/T 3030—2010）

《危险化学品经营单位主要负责人安全生产培训大纲及考核标准》（AQ/T 3031—2010）

《危险化学品经营单位安全生产管理人员安全生产培训大纲及考核标准》（AQ/T 3032—2010）

《安全生产应急管理人员培训及考核规范》（AQ/T 9008—2012）

2 术语与定义

危险化学品从业人员指从事危险化学品生产、经营、存储、使用、运输、废弃处置的直接操作人员。

3 管理规定

3.1 基本要求

3.1.1 企业应对员工实施相关法律和风险教育，增强员工安全意识、法律意识、风险意识；通过强化知识和技能培训，提高员工的安全履职能力。

3.1.2 企业应确定培训需求，编制培训计划，对培训资源建设与管理、课程设置、培训活动及人员管理、培训效果评估进行规范管理。

3.1.3 企业应制定岗位能力要求标准和安全教育、培训管理制度，通过招聘符合岗位任职基本条件的人员，以及开展教育、培训，确保上岗员工符合岗位能力要求：

（1）建立岗位能力标准。基于岗位职责编制岗位说明书，从教育程度、专业知识和技能（含上岗资格）、工作经验和综合素质等方面，明确岗位人员应具备的任职资格；

（2）确定培训课程体系。依据各个岗位所需的能力要求，将岗位能力标准转化为培训要求，并依据培训要求和培训载体，确定各个岗位的具体培训内容。

3.1.4 企业应按照法律法规和培训内容制订全员持续安全教育和培训计划，并组织实施：

（1）各级领导层以提升守法合规意识、风险意识、安全领导和管理能力、安全生产基础知识为重点；

（2）专业技术人员以增强专业知识和管理能力，尤其是风险评估与管控、隐患排查治理、应急处置和事故事件调查分析能力为重点；

（3）操作人员以提升安全操作、隐患排查、初期应急处置和自救互救能力为重点。

3.1.5 企业应根据生产运营的不同阶段和风险特点，开展针对性培训：

（1）新建装置试车前，企业应对全体管理人员和操作人员进行岗位技能培训，经考核合格后方可参加装置试车工作；

（2）当安全生产信息变更或风险变化时，企业应及时更新培训内容，对相关人员（包括承包商人员）进行培训；

（3）企业应对采用新工艺、新技术、新材料或者使用新设备设施的岗位操作人员进行相应的安全技能培训；

（4）同行业或本企业发生事故事件后，企业应及时组织教育培训，分享事故经验教训。

3.1.6 企业应定期对在岗人员工作能力、工作绩效等进行岗位履职能力评估，对不能胜任的岗位履职者开展再培训，培训考核不合格者及时调整岗位。

3.1.7 企业应会同劳务派遣单位，开展劳务派遣人员的安全教育和培训管理工作。

3.1.8 企业应定期对教育培训效果进行评估，并作为改进和优化的依据。

3.1.9 企业可通过导师带徒、在职教育、线上线下教育、实训基地培训等方式，拓展培训渠道，提升培训效果。

3.1.10 企业应建立教育培训档案，保存员工的教育培训记录。

3.1.11 中央企业的分公司、子公司及其所属单位和其他生产经营单位，发生造成人员死亡的生产安全事故的，其主要负责人和安全生产管理人员应当重新参加安全培训。

3.1.12 特种作业人员对造成人员死亡的生产安全事故负有直接责任的，应当按照《特种作业人员安全技术培训考核管理规定》重新参加安全培训。

3.2 培训内容

3.2.1 培训大纲

安全培训应当按照规定的安全培训大纲进行。

危险化学品从业人员的培训大纲可参照《危险化学品生产经营单位从业人员安全生产培训大纲（试行）》进行。

危险化学品生产单位主要负责人和安全管理人员的培训大纲及考核要求分别主要参照

AQ/T 3029—2010 及 AQ/T 3030—2010 进行。

危险化学品经营单位主要负责人和安全管理人员的培训大纲考核要求分别主要参照 AQ/T 3031—2010 及 AQ/T 3032—2010 进行。

安全生产应急管理人员的培训大纲考核要求参照 AQ/T 9008—2012 进行。

因目前安全管理人员及主要负责人由国家相关单位统一组织考核并取证上岗。从业人员除特殊工种外主要采用自行培训的方式。

3.2.2　从业人员岗前培训

经营单位应当建立安全培训管理制度，保障从业人员安全培训所需经费，对从业人员进行与其所从事岗位相应的安全教育培训；从业人员调整工作岗位或者采用新工艺、新技术、新设备、新材料的，应当对其进行专门的安全教育和培训。未经安全教育和培训合格的从业人员，不得上岗作业。

危险化学品从业人员上岗前应进行厂级、车间级、班组级三级安全教育，内容具体如表 14.1 所示。

表 14.1　三级安全教育的具体内容

级别	内容
厂级	本单位安全生产情况及安全生产基本知识
	本单位安全生产规章制度和劳动纪律
	从业人员安全生产权利和义务
	有关事故案例等
	应急救援、事故应急预案演练及防范措施等内容
车间级	工作环境及危险因素；
	所从事工种可能遭受的职业伤害和伤亡事故
	所从事工种的安全职责、操作技能及强制性标准
	自救互救、急救方法、疏散和现场紧急情况的处理
	安全设备设施、个人防护用品的使用和维护
	本车间（工段、区、队）安全生产状况及规章制度
	预防事故和职业危害的措施及应注意的安全事项
	其他需要培训的内容
班组级	岗位安全操作规程
	岗位之间工作衔接配合的安全与职业卫生事项
	有关事故案例
	其他需要培训的内容

3.3　培训学时安排

3.3.1　从业人员安排

生产经营单位从业人员的培训内容和培训时间，应当符合《生产经营单位安全培训规定》和有关标准的规定。煤矿、非煤矿山、危险化学品、烟花爆竹等生产经营单位新上岗的从业人员安全培训时间不得少于 72 学时，每年接受再培训的时间不得少于 20 学时。见表 14.2。

表 14.2　危险化学品从业人员安全培训课时安排

项目	序号	内　容	学时
培训	1	安全生产法律法规	4
	2	安全生产基础知识	24
	3	安全生产管理制度	12
	4	安全操作规程	10
	5	事故事件状态下的现场应急处置	8
	6	事故案例分析	8
	复习		4
	考试		2
	合计		72
再培训	1. 有关危险化学品安全生产新的法律、法规、标准、规程和规范； 2. 有关危险化学品生产新材料、新技术、新工艺、新设备及其安全技术要求； 3. 典型事故案例分析与讨论		18
	考试		2
	合计		20

3.3.2　主要负责人和安全管理人员培训学时

3.3.2.1　危险化学品经营企业主要负责人培训学时安排如表 14.3 所示。

表 14.3　危险化学品经营单位主要负责人培训课时安排

单元		培训内容	学时
培训	第一单元 （共 12 学时）	危险化学品经营有关的安全生产法律法规	10
		案例分析	2
	第二单元 （共 14 学时）	危险化学品经营单位安全管理	4
		危险化学品经营、储存、运输和包装的安全管理	4
		危险化学品重大危险源与危险化学品事故应急管理	4
		案例分析	2
	第三单元 （共 14 学时）	危险化学品基本知识	2
		危险化学品经营的安全生产知识	8
		职业危害及预防	2
		案例分析	2
	第四单位 （共 4 学时）	安全管理技能	4
	复习		2
	考核		2
	合计		48
再培训	有关安全生产方面的新的法律、法规、标准、规范与政策； 有关危险化学品新产品及储存、包装、运输新技术、新设备、新材料的安全技术要求； 有关危险化学品经营安全生产管理先进经验； 危险化学品安全生产形势及危险化学品经营典型事故案例分析		12
	复习		2
	考核		2
	合计		16

3.3.2.2 危险化学品经营企业安全生产管理人员培训学时安排如表14.4所示。

表14.4 危险化学品经营单位安全生产管理人员培训课时安排

单元		培训内容	学时
培训	第一单元（共8学时）	危险化学品安全生产法律法规	6
		案例分析	2
	第二单元（共12学时）	危险化学品安全管理	2
		危险化学品经营、储存、运输和包装的安全管理	4
		危险化学品重大危险源与危险化学品事故应急管理	4
	第三单元（共20学时）	案例分析	2
		危险化学品基本知识	4
		危险化学品经营的安全技术	10
	第四单位（共4学时）	职业危害及预防	4
		案例分析	2
		安全管理技能	4
	复习		2
	考核		2
	合计		48
再培训	有关安全生产方面的新的法律、法规、标准、规范与政策； 有关危险化学品新产品及储存、包装、运输新技术、新设备、新材料的安全技术要求； 有关危险化学品经营安全生产管理先进经验； 危险化学品安全生产形势及危险化学品经营典型事故案例分析		12
	复习		2
	考核		2
	合计		16

3.3.2.3 危险化学品生产单位主要负责人培训学时安排如表14.5所示。

表14.5 危险化学品生产单位主要负责人培训课时安排

单元		培训内容	学时
培训	第一单元（共12学时）	危险化学品安全生产法律法规	10
		案例分析	2
	第二单元（共12学时）	安全生产管理	6
		危险化学品重大危险源与危险化学品事故应急管理	4
		案例分析	2
	第三单元（共16学时）	危险化学品安全生产知识	12
		职业危害及其预防	2
		案例分析	2
	第四单位（共4学时）	安全管理技能	4

续表

单元		培训内容	学时
		复习	2
		考核	2
		合计	48
再培训		有关安全生产方面的新的政策、法律、法规、规章、规程、标准； 有关危险化学品的新工艺、新工艺、新设备、新材料及其安全技术要求； 国内外有关危险化学品安全生产单位管理先进经验； 危险化学品安全生产形势及危险化学品典型事故案例分析	12
		复习	2
		考核	2
		合计	16

3.3.2.4 危险化学品生产单位安全生产管理人员培训学时安排如表 14.6 所示。

表 14.6　危险化学品生产单位安全管理人员培训课时安排

单元		培训内容	学时
培训	第一单元（共 8 学时）	危险化学品安全生产法律法规	6
		案例分析	2
	第二单元（共 12 学时）	安全生产管理	8
		危险化学品重大危险源与危险化学品事故应急管理	6
		案例分析	2
	第三单元（共 24 学时）	危险化学品安全生产技术	18
		职业危害及其预防	2
		案例分析	2
	第四单位（共 4 学时）	安全管理技能	4
		复习	2
		考核	2
		合计	56
再培训		有关安全生产方面的新的政策、法律、法规、规章、规程、标准； 有关危险化学品的新工艺、新工艺、新设备、新材料及其安全技术要求； 国内外有关危险化学品安全生产单位管理先进经验； 危险化学品安全生产形势及危险化学品典型事故案例分析	12
		复习	2
		考核	2
		合计	16

3.4　培训计划

根据《化工过程安全管理导则》中内容，企业应根据国家相关法律、法规的要求以及企业的实际需求，制订各类人员的教育和培训计划，明确教育培训的对象、方式、内容等，按照教育和培训计划，定期开展安全教育和培训。

按照岗位工作性质，为每个岗位编制培训矩阵，培训矩阵包括培训内容、培训方式、培训周期、培训负责部门，培训内容和培训时间满足国家的法规要求。教育培训计划矩阵参见表 14.7。

表 14.7 培训矩阵

专业部门要求	培训内容	主任	值班主任	班长	内操	外操
安全部门	动火安全	B3/M1	B3/M1	B3/M1	B3/M1	B3/M1
	高处作业	B3/M1	B3/M1	B3/M1	B3/M1	B3/M1
	呼吸保护	B3/M1	B3/M1+M4	B3/M1+M4	B3/M1+M4	B3/M1+M4
	听力保护	B3/M1	B3/M1+M4	B3/M1+M4	B3/M1+M4	B3/M1+M4
	目视管理	B3/M2	B3/M2	B3/M2	B3/M2	B3/M2
生产部门	生产计划执行	A1/M3	C1/M1	B1/M1	A3/M1	
	工作安全分析	B3/M1	B2/M1+M4	B2/M1+M4	B2/M1+M4	B2/M1+M4
	工艺安全管理基础	B3/M1	B3/M1	B3/M1	B3/M1	B3/M1
	工艺危害分析	B3/M1	B3/M1	B3/M1	B3/M1	B3/M1
	管线断开	B3/M1	B3/M1	B3/M1	B3/M1	B3/M1
	上锁挂签	B3/M1	B3/M1	B3/M1	B3/M1	B3/M1
	危险化学品安全	B3/M1	B3/M1	B3/M1	B3/M1	B3/M1
	生产装置数据填报	A3/M2	C1/M1	B1/M1	A3/M1	
机动部门	设备润滑管理	C3/M3	A3/M1+M3	B3/M1+M3	A3/M1+M3	B3/M1+M3
	上锁挂签	B3/M1	B3/M1	B3/M1	B3/M1	B3/M1
	电气安全	B3/M1	B3/M1	B3/M1	B3/M1	B3/M1
	设备维修程序	C3/M3	B3/M1+M3	A3/M1+M3	A3/M1+M3	A3/M1+M3
车间	操作规程	A1/M2	B1/M4	B1/M4	B1/M4	B1/M4
	装置流程图	A1/M2	B1/M4	B1/M4	B1/M4	B1/M4
	报警器使用	A3/M1	B3/M4	B3/M4	B3/M4	B3/M4
	防护器材使用	B3/M4	B3/M4	B3/M4	B3/M4	B3/M4
	三剂知识	C1/M1	C1/M4	C1/M4	C1/M4	C1/M4
	DCS 使用	A3/M1	B3/M4	B3/M4	B3/M4	B3/M4

注：①字母代表掌握程度。A：知晓；B：独立操作；C：指导他人。

②数字代表周期。1：周期为 1 年；2：周期为 2 年；3：周期为 3 年。

③培训方式。M1：课堂讲授；M2：课堂讲授+考试；M3：各种会议；M4：实际操练。

④挂牌上锁在《化工过程安全管理导则》正式发布版中列为了生产部门的培训要求，但实质上很多机动部门也在进行该操作，故我也将其放入了机动部门的培训需求。企业应根据实际的分工编制更符合实际的培训矩阵。

第十五章 承包商管理

1 主要参照的法律法规

《化工企业承包商安全管理指南》（T/CCSAS 014—2022）

《化工过程安全管理导则》（AQ/T 3034—2022）

《石油工业工程技术服务承包商健康安全环境管理规范》（SY/T 6606—2012）

2 术语与定义

2.1 承包商

按照双方协定的要求、期限及条件向企业提供新（改、扩）建工程建设、检维修作业、工程技术服务的个人或团体。

2.2 作业环境

企业或承包商从业人员进行生产经营活动的场所及相关联的场所，对从业人员的安全、健康和工作能力，以及对设备设施的安全运行产生影响的自然和人为因素。

2.3 作业计划书

为实现项目 HSE 目标的方案描述。

3 管理要求

3.1 管理流程

3.1.1 企业应建立承包商安全管理制度，明确承包商管理流程（参见图 15.1）、承包商选择、安全协议、入厂（场）管理、开工准备、施工安全、考核评价等要求以及与承包商安全管理相关的部门职责。

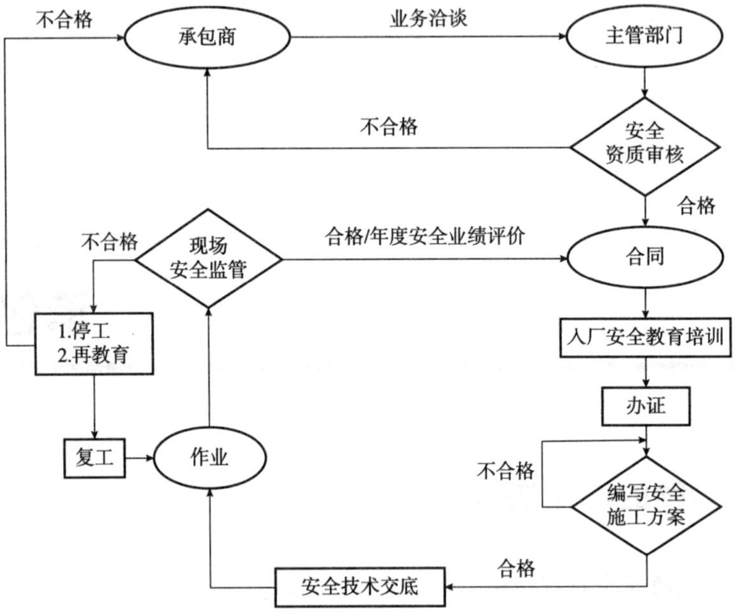

图 15.1 承包商管理流程

3.1.2 企业应制定承包商准入条件，严格承包商资质审查，优先选择具有良好安全业绩和表现的承包商。

3.1.3 企业应对承包商的安全工作统一协调管理，确定承包商相关业务的管理部门，对承包商在企业的活动进行全程监管。

3.1.4 企业应定期评估承包商安全业绩，及时淘汰安全业绩差的承包商，优化承包商资源。

3.1.5 企业应建立并执行与承包商的定期沟通机制，沟通内容主要包括作业变更信息（环境、作业范围安全管理要求）、作业存在的问题及整改情况、事故事件等。

3.1.6 企业应鼓励承包商优化施工工艺和方法，提出合理化建议，及时上报隐患和事故事件，将承包商在本企业发生的事故纳入企业事故管理，保存承包商在本企业施工过程中的事故事件记录。

3.2 承包商选择

3.2.1 承包商资格准入

企业在获得承包商相关信息后，应参照表 15.1 和表 15.2 对承包商的安全资格进行审查，审核通过后方可进入，承包商资格审查内容包括：

（1）承包商取得的资质、资格许可证；

（2）承包商安全业绩；

（3）承包商安全计划书；

（4）承包商安全管理机构、主要负责人及安全管理人员的有关信息；

（5）特种作业人员操作证；

（6）承包商对员工的培训情况；

（7）承包商安全管理规章制度；

（8）HSE资金投入和资源保障；

（9）配备符合国家或行业标准的劳动防护用品。

表15.1 资格预审项目表

序号	预审项目
1	承包商的工商执照及法人资料
2	承包商的资质证书和一般资料
3	承包商的安全管理机构、管理制度和保证体系
4	承包商以往的安全业绩和表现
5	承包商的经营情况、范围和工程能力
6	承包商的施工管理能力和队伍的素质
7	承包商的安全保障体系和安全管理措施
8	承包商过去3年的安全业绩和表现
9	承包商现场负责人和现场安全管理员的上岗证件
10	承包商特种作业人员的取证、持证情况

表15.2 承包商资格审查表

甲方		确认时间		甲方签字	
承包商		地址		承包商签字	
承包项目名称					
内容			合格	不合格	备注
承包商安全承诺					
作业活动、设备设施风险辨识及采取的措施					
个体职业防护器具的目录和有效检验证书					
岗位操作人员、安全监督人员的安全培训计划、内容和相关会议纪要					
应急救援组织设立、应急救援器材配置、应急救援预案					
规章制度和安全体系文件					
职业性健康体检程序					
事故/事故调查和处理管理规定					
其他相关内容					

3.2.2 承包商HSE响应

（1）企业应明确对外委托项目所需条件，组织分析、评估发包项目风险和要求。并以书面形式告知承包商。

（2）承包商根据HSE告知内容，做出书面的HSE响应，必要时应到现场核实。

（3）承包商根据HSE相应内容确定HSE费用。其中承包商的HSE费用报价应包括但不限于如下内容：

①HSE 文件开发费；

②培训费；

③会议费；

④检测费；

⑤审核费；

⑥医疗设施、安全设施、环保设施及应急设施费；

⑧废物处理费；

⑨人员保护设施费；

⑩后勤服务费。

(4) 在正式招标会议前，业主组织对承包商 HSE 响应情况进行审查，审核合格者进入招标程序。

3.2.3 承包商的选择

企业应根据项目施工类型、作业风险等情况，明确对承包商的安全管理要求，综合评定承包商的能力，选择符合项目要求的承包商。与承包商签订合同时，应明确：

(1) 承包商在承包项目施工中的安全责任条款；

(2) 承包商在承包项目施工中执行的安全管理规范、标准、制度；

(3) 承包商应选择合格的管理人员和作业人员，并经过培训；

(4) 承包商应提供符合安全标准的设施、设备和个体防护装备；

(5) 承包商在项目施工中应采取防止环境污染的措施；

(6) 承包商应接受委托方的现场安全检查和监督。

3.2.4 承包商档案建立

企业应依据承包商安全资格审查结果建立合格承包商名录和档案。

3.3 安全协议

3.3.1 企业与承包商在签订项目承包合同时，应签订安全协议或合同附件，明确双方的安全责任、义务与要求。

3.3.2 企业与承包商签订的安全协议应至少包括以下内容：

(1) 企业安全规章制度告知；

(2) 双方工作范围；

(3) 清晰界定安全责任；

(4) 企业提出的确保施工安全的组织、安全、技术措施及现场考核规定；

(5) 有关事故报告、调查、统计、责任划分的规定；

(6) 对承包商人员进行安全教育、终止施工特殊条款；

(7) 承包商不得擅自将工程转包、分包的规定。

3.4 入厂（场）管理

3.4.1 承包商应持安全协议、承包合同在计划工期前到企业办理开工手续。

3.4.2 承包商应向企业提供入厂（场）施工人员的安全培训及考核合格书面材料。

3.4.3 承包商相关人员应接受企业的入厂安全教育及施工现场安全培训并经考试合格。安全教育培训记录由双方签字后备案。

3.4.4　企业对承包商相关人员的入厂安全教育应至少包括以下内容：

（1）企业安全规章制度；

（2）施工区域情况；

（3）施工现场的安全、健康及环保要求；

（4）施工现场的危险、有害因素；

（5）施工现场应急处置；

（6）作业许可管理要求；

（7）化工系统典型事故案例；

（8）车辆安全；

（9）门禁和保卫；

（10）法律法规要求的其他内容。

3.4.5　企业对承包商进入现场施工人员的安全培训应至少包括以下内容：

（1）工程概况、施工特点和安全管理要求；

（2）施工区域的危险作业项目、风险辨识及管控措施；

（3）施工现场的安全、健康及环保要求；

（4）施工现场的职业危害因素、个体防护用品的使用要求；

（5）施工现场的应急响应和处置；

（6）事故调查报告。

3.4.6　企业应对承包商入厂人员进行登记备案，根据人数和施工期限办理入厂证，保证人证相符。

3.4.7　承包商的管理人员、技术人员、特种作业人员的资质、证书等应与安全协议中的承诺一致，如有人员变更须经企业审批同意。

3.4.8　承包商人员应遵守门禁管理制度，凭证入厂及进入施工现场。

3.5　开工准备

3.5.1　开工前，企业与承包商双方应召开协调会议，明确以下内容：

（1）合同中的安全管理要求；

（2）承包商人员进出施工现场控制要求；

（3）施工现场环境、设备、设施、安全、环保、定置等管理要求；

（4）承包商对人员、设备管理情况的说明，特别是保证作业人员资质的措施；

（5）现场安全环保监督、奖惩、审核、作业许可等要求，包括劳保用品穿戴规定等；

（6）现场作业风险辨识及控制要求；

（7）现场作业条件的确认；

（8）现场应急措施；

（9）指定双方责任人员或安全管理联系人，确定现场负责人。

3.5.2　承包商应对涉及火灾、爆炸、触电、中毒、窒息、机械伤害、灼伤等风险的施工编制安全作业规程、施工方案，并与企业共同制定现场处置方案。企业应对承包商的施工方案、安全作业规程进行审查。

3.5.3　企业应对承包商现场作业人员进行安全技术交底，内容至少包括：

（1）作业过程中可能存在的泄漏、火灾、爆炸、中毒窒息、触电、坠落、物体打击和机械伤害等方面的危险有害因素、安全措施与应急措施；

（2）作业过程中可能出现影响人身、环境安全的异常工况等场景时，及时终止作业、撤离人员的要求；

（3）作业票证管理、临时用电、厂内机动车等特殊要求；涉及断路、动土作业时，应对作业现场的地下隐蔽工程进行交底；

（4）装置退料、吹扫、能量隔离措施等；

（5）组织作业人员了解和熟悉现场环境，核实安全措施的可靠性，熟悉应急救援器材的位置及分布。

3.5.4　企业应对承包商的施工机械、工器具及配件的完好性进行确认，确保符合安全标准。

3.5.5　承包商现场办公区的设置应满足安全要求，与作业区保持安全防护距离，并经企业许可。

3.5.6　承包商应有效控制施工现场的粉尘、废气、噪音等健康和环境危害因素，确保符合国家和地区的相关要求。

3.5.7　承包商在企业存放工器具及相关物料，须经企业许可，并采取防火、防爆、防中毒等必要的安全措施。

3.6　施工安全

3.6.1　企业应与承包商共同落实施工现场有关措施，至少包括以下内容：

（1）组织措施。企业与承包商相关责任人到达现场，安排双方现场负责人。现场负责人短时间离开现场，应指定临时负责人，长期离开应更换现场负责人；

（2）技术措施。企业应对现场施工人员开展作业规程和施工方案培训，并落实现场各项技术措施；

（3）安全措施。企业应开展施工现场环境风险评估，确定现场安全措施，提供安全的施工条件。承包商应制定现场处置方案，组织施工人员开展培训和演练。

3.6.2　企业应对承包商施工现场进行安全监管，指定专职安全生产管理人员定期检查承包商施工安全，建立对承包商的监督检查记录，将查出问题告知承包商，并跟踪问题整改过程。

3.6.3　企业应对承包商作业进行全程安全监管，对特级动火作业、进入受限空间作业应全程视频监控。

3.6.4　同一作业区域有两个或两个以上承包商进行作业活动的，企业应组织承包商之间签订安全协议，明确各自的安全职责和应采取的安全措施。各承包商应指定专职安全生产管理人员开展安全检查，协调相关工作。

3.6.5　承包商作业活动内容、地点等发生变化时，应履行企业变更管理程序，修改安全协议和施工方案，经企业审核批准后实施。

3.6.6　承包商应严格执行企业作业许可管理，涉及动火、受限空间作业等特殊作业的，应满足 GB 30871 有关规定。

3.6.7　承包商应在施工现场入口处、起重机械、临时用电设施、脚手架、出入通道口、楼梯口、电梯井口、孔洞口、基坑边沿等危险部位，爆破物、有毒有害气体和液体储存场所，设置明显的安全警示标志。设备、管线倒空、置换干净后进行能量隔离。

3.6.8 承包商应有效管控和处置施工现场产生的废气、废水、固废等危险废弃物及噪声。

3.6.9 企业发现承包商施工人员不满足安全要求时，应立即中止作业，并向承包商提出再培训要求。

3.6.10 存在下列情形时，承包商应对作业人员重新培训，经考核合格后上岗作业，并报企业备案。

(1) 作业人员离岗一个月以上的；

(2) 施工工艺和设备发生变更的；

(3) 施工环境发生变化的；

(4) 采用新工艺、新技术、新材料、新设备的。

3.6.11 因承包商作业人员违章作业导致人员伤害、设备故障、环境污染等严重后果的，企业可要求承包商停工整顿，并有权终止合同。

3.7 考核评价

3.7.1 企业应定期对承包商安全业绩进行评价（承包商安全业绩评价表见表 15.3），评价内容至少包括：

(1) 在承包商选择阶段，以量化评估方式对承包商资质、安全业绩、安全管理、施工专项方面等进行评价；

(2) 在项目实施阶段，对承包商培训、技术措施、安全措施、遵章守纪等情况进行定期评价；

(3) 项目验收评价。项目结束后，对承包商全过程表现进行综合评价。

3.7.2 企业应定期对相关承包商进行综合评价，将评价结果作为续聘的依据，及时淘汰业绩不达标的承包商。

表 15.3 承包商安全业绩评价表

承包商名称			合同编号			
服务类别	□基建施工；□设备类检修、改造工程施工；□设施类检修、改造工程施工；□巡检维护服务；□安装服务；□设计服务；□监理服务；□劳务服务；□咨询服务；□其他					
项目开始时间			项目结束时间			
评价时间			评价人员			
序号	评价项目	评价标准		总分	扣分	得分
1	合同履行能力	施工合同履行不满足要求的，每发生一次酌情扣 1 分		5		
2	质量保障能力	施工质量不满足要求的，每发生一次酌情扣 2 分		5		
3	施工进度控制	施工进度不满足要求的，每发生一次酌情扣 1 分		5		
4	制度落实	安全管理制度不健全或落实不到位的，每发生一次酌情扣 1～5 分		5		
5	人身、设备风险控制	发生人身轻伤扣 5 分/次，人身重伤扣 10 分/次，人身死亡及以上事故进行否决（采取终止合同等措施）		10		

续表

序号	评价项目	评价标准	总分	扣分	得分
6	工作许可手续及作业管理能力	安全技术交底、工作票、进厂审批、施工方案审批、监理单位批准、政府许可等不全或未按规定办理即开工或进入现场的每项次扣 2 分； 作业管理能力不符合要求的，每发生一次酌情扣 3 分	10		
7	管理层对安全生产的重视	管理层未保证足够的安全投入、施工资源投入，未认真组织安全技术培训、定期进行安全检查、及时解决项目责任单位反映的问题的，每发生一次扣 2 分； 发生其他不重视安全生产的事项，酌情扣 3 分	5		
8	管理人员履职	施工单位管理人员未认真履行职责、有效组织施工作业的，每发生一次扣 1 分	5		
9	员工安全技术培训	未按要求对作业人员进行安全技术培训的，每发生一次酌情扣 1 分	5		
10	安全投入	未按规定配置足够的安全工具、个人防护用品、安全管理人员的，每发生一次扣 2 分；安全工器具、个人防护用品不符合作业需要或规程要求的，每发生一次扣 2 分； 发生其他安全投入不足的事项，酌情扣 1～5 分	10		
11	施工资源投入	未根据工作需要配置足够的人力资源、施工设备、工器具等资源的，每发生一次扣 1 分；发生其他施工资源投入不足的事项，酌情扣 2 分	10		
12	施工组织	未按照施工方案、作业指导书进行现场作业及准备工具、材料、图纸资料等每项次扣 1 分；未认真进行施工组织，施工准备不充分、现场勘查不到位、作业文件编制不结合实际的，每发生一次酌情扣 2 分	5		
13	现场安全设施的符合性	现场安全环设施布置不符合要求或不满足作业需要的，每发生一次酌情扣 2 分	10		
14	内部安全技术交底	作业前未进行“施工方案”“安全措施”等学习和现场安全交底的，每发生一次酌情扣 2 分	10		
评价得分（100 分～总扣分）					
评价结论（总分 65 分及以下为差、66～75 分为合格、76～89 分为良好、90 分及以上为优秀）					
续用评审	安全管理部门意见		负责人（签字）		
	分管负责人审查意见		负责人（签字）		
	主要负责人审查意见		负责人（签字）		

第十六章 事故管理

1 主要参照的法律法规

《生产安全事故报告及调查处理条例》
《企业职工伤亡事故分类》(GB 6441—1986)
《企业职工伤亡事故调查分析规则》(GB 6442—1986)
《化工过程安全管理导则》(AQ/T 3034—2022)
《生产安全事故调查与分析技术规范》(DB11/T 2069—2022)

2 术语与定义

2.1 安全生产事故

指生产经营单位在生产经营活动中发生的造成人身伤亡或者直接经济损失的事故。

2.2 伤亡事故

指企业职工在生产劳动过程中，发生的人身伤害、急性中毒。

2.3 损失工时

因事故造成的工时损失。

3 管理要求

3.1 事故分类

根据《化工过程安全管理导则》(AQ/T 3034)的分类，事故事件可以按专业分为工艺事故事件、设备事故事件、电气事故事件、仪表事故事件及其他事故事件；按后果类型可分为人身伤害事故、泄漏事故事件、火灾事故事件、爆炸事故事件、中毒事故事件，企业安全事件分类与分级可参照表 16.1。

表 16.1 安全事故分类与分级参考

序号	事故类别	定义	分级参考
1	人身伤害事故	指员工在工作时发生伤害的意外情况	按照《企业职工伤亡事故分类》(GB 6441—1986)又分为物体打击、车辆伤害等 20 类，按伤害程度分为轻伤、重伤、死亡事故
2	火灾事故	在企业范围内发生的燃烧或燃爆没有达到一般事故标准的意外情况	可依据火灾造成的经济损失大小进行分级
3	泄漏事故	在企业范围内发生的危险介质泄漏，但未到达一般事故标准的意外情况	可依据泄漏介质的量进行分级
4	生产事故	在生产作业过程中发生的停（减）产、跑料、串料等直接经济损失未达到一般事故标准，且人员没有受到伤害的意外事件	可依据造成的经济损失大小进行分级
5	设备事故	在生产作业过程中造成机械器具、动力设备、电力通信设施、仪器仪表、压力容器、管道等损害，直接经济损失未达到一般事故标准，且人员没有受到伤害的意外事件	可依据造成的经济损失大小进行分级
6	其他事故	不属于上述六类事件，但又造成财产损失、对环境或生产造成不利影响没有达到一般事故标准的意外情况	可依据造成的经济损失大小进行分级
7	未遂事故	一个不希望发生的场景，如果情况稍有不同就可能导致伤害或损失事件。 任何显著的有害物质的释放但并没有达到可以认定为“事件”的级别，或者一个对于安全系统的挑战	可依据造成的经济损失大小进行分级

3.2 事故分级

根据《安全生产事故报告及调查管理条例》的规定，生产安全事故依据造成的人员伤亡或者直接经济损失，事故一般分为以下等级：

3.2.1 特别重大事故，是指造成 30 人以上死亡，或者 100 人以上重伤（包括急性工业中毒，下同），或者 1 亿元以上直接经济损失的事故；

3.2.2 重大事故，是指造成 10 人以上 30 人以下死亡，或者 50 人以上 100 人以下重伤，或者 5000 万元以上 1 亿元以下直接经济损失的事故；

3.2.3 较大事故，是指造成 3 人以上 10 人以下死亡，或者 10 人以上 50 人以下重伤，或者 1000 万元以上 5000 万元以下直接经济损失的事故；

3.2.4 一般事故，是指造成 3 人以下死亡，或者 10 人以下重伤，或者 1000 万元以下直接经济损失的事故。

“以上”包括本数，所称的“以下”不包括本数。

对于未发生人员伤亡的事故，在企业实际管理应根据事故经济损失大小、工时损失等进行更详细的事故管理分级。如以下的分类方式：

3.2.5 未遂事件：生产经营单位在从事生产、经营过程中发生的可能造成人员伤亡或财产损失，因最后一层保护、及时的人员干预或其他因素而未上升为事故的某种情形、危险或情况。

3.2.6 事件：局限于一台装置或一个有限区域的轻微故障，小的伤害、损坏或污染，同时其潜在后果极为有限。

3.2.7 轻伤事故：造成人员轻伤，“损失工作日”为1～104日；

3.3 事故报告

3.3.1 事故发生后，事故现场有关人员应当立即向本单位负责人报告；单位负责人接到报告后，应当于1小时内向事故发生地县级以上人民政府安全生产监督管理部门和负有安全生产监督管理职责的有关部门报告。情况紧急时，事故现场有关人员可以直接向事故发生地县级以上人民政府安全生产监督管理部门和负有安全生产监督管理职责的有关部门报告。

3.3.2 报告事故应当包括下列内容：

（1）事故发生单位概况；

（2）事故发生的时间、地点以及事故现场情况；

（3）事故的简要经过；

（4）事故已经造成或者可能造成的伤亡人数（包括下落不明的人数）和初步估计的直接经济损失；

（5）已经采取的措施；

（6）其他应当报告的情况。

3.3.3 事故报告后出现新情况的，应当及时补报。

自事故发生之日起30日内，事故造成的伤亡人数发生变化的，应当及时补报。道路交通事故、火灾事故自发生之日起7日内，事故造成的伤亡人数发生变化的，应当及时补报。

3.4 事故调查与分析

3.4.1 基本要求

（1）企业应对上报的安全事故事件（包括政府委托企业调查的安全事故）及时成立调查组进行调查，调查组由具备相关专业知识的人员和有调查及分析事故事件经验的人员组成，事件涉及承包商时应包括承包商员工。必要时邀请外部专家参与调查以保证事故事件调查的客观公正性。

（2）调查组应借助相关工具方法，在查清事故事件直接原因的基础上，深入剖析事故发生的管理原因及深层次原因，提出事故事件防范的技术措施和管理措施。

（3）调查组应在事故事件管理原因调查的基础上，从安全文化角度剖析事故事件发生的深层次原因，不断改进企业的安全文化。

（4）事故事件调查完成后，调查组应编制事故事件调查报告，企业应及时对事故事件调查报告进行审查、批准。

（5）企业应保留事故事件调查记录，将事故事件调查结果登记备案并在企业内部公布。事故事件调查报告至少保存5年。

3.4.2 事故调查的四不放过原则

（1）事故原因未查清不放过。

（2）责任人员未处理不放过。

（3）责任人和群众未受教育不放过。

（4）整改措施未落实不放过。

3.4.3 事故调查及分析的实施主体

根据《安全生产事故报告及调查管理条例》的规定：

特别重大事故由国务院或者国务院授权有关部门组织事故调查组进行调查。

重大事故、较大事故、一般事故分别由事故发生地省级人民政府、设区的市级人民政府、县级人民政府负责调查。省级人民政府、设区的市级人民政府、县级人民政府可以直接组织事故调查组进行调查，也可以授权或者委托有关部门组织事故调查组进行调查。

未造成人员伤亡的一般事故，县级人民政府也可以委托事故发生单位组织事故调查组进行调查。

企业内部应根据内部事故等级分类制定不同等级事故的组织调查部门。调查责任部门的划分可参照表16.2中的原则进行。

表16.2 事故调查责任部分划分原则

序号	事故分类	事故调查责任部门
1	有主管部门的区域内的人身伤害	区域主管部门
2	公共区域的人身伤害	受伤人员所在部门
3	设备故障	设备所属部门
4	泄漏及火灾	区域所属部门

3.4.4 企业事故调查与分析的内容

（1）企业事故调查的内容：

①调查事故发生的时间、经过、直接原因、间接原因、人员伤亡情况及直接经济损失；

②调查事故发生时上报情况及应急处置情况，应急物资储备情况及应急能力建设情况；

③认定事故的性质、等级及各相关人员的责任；

④根据公司规定提出对相关责任的处理建议。

⑤总结事故教训，提出防范及整改措施。

（2）事故直接原因：

①物的不安全状态，详见GB 6441－86附录A.6；

②人的不安全行为：详见GB 6441－86附录A.7。

（3）事故间接原因：

①技术和设计上有缺陷——工业构件、建筑物、机械设备、仪器仪表、工艺过程、操

作方法、维修检验等的设计、施工和材料使用存在问题；

②教育培训不够、未经培训、缺乏或不懂安全操作技术知识；

③劳动组织不合理；

④对现场工作缺乏检查或指导错误；

⑤没有安全操作规程或不健全；

⑥没有或不认真实施事故防范措施，对事故隐患整改不力；

⑦其他。

(4) 人员受伤程度分类应参照《企业职工伤亡事故分类》(GB/T 6441) 的规定执行。

(5) 工作日损失应参照《事故伤害损坏工作日标准》(GB/T 15499) 中伤情判定依据的规定执行。

(6) 直接经济损失包括人身伤亡后所支出的费用、善后处理费用、财产损失价值；间接损失包含因事故导致的检查、资源损失、和受事故影响而造成其他损失价值。

推荐的企业内部调查报告见表 16.3。

表 16.3 推荐的企业内部调查报告

项目	特大事故	重大事故	较大事故	一般事故	轻伤事故	事件	未遂事故
立即的报告和沟通							
通知部门经理	即刻	即刻	即刻	即刻	1 小时内	8 小时内	8 小时内
通知安环部负责人	即刻	即刻	即刻	即刻	1 小时内	8 小时内	—
通知主要负责人	即刻	即刻	即刻	1 小时内	—	—	—
事故调查							
调查负责人	主要负责人	主要负责人	主要负责人	主要负责人	责任部门负责人	责任部门车间主任以上	责任部门技术员以上
正式报告完成时限（不含事故当日）	7 个工作日内	5 个工作日内	5 个工作日内	5 个工作日内	3 个工作日内	3 个工作日内	3 个工作日内
审核人员	安全委员会	安全委员会	主要负责人	主要负责人	主要负责人	安环部负责人	部门负责人
相关人员学习							
事故教训（不含事故当日）	5 个工作日内	5 个工作日内	10 个工作日内	15 个工作日内	15 个工作日内	15 个工作日内	15 个工作日内

3.4.5 事故分析

所有事故可以根据《原因综合分析表》(CLC) 进行根源分析，来确定事件的性质、直接原因和根本原因，并采取纠正行动以防止事件的再发生。原因综合分析表参见图 16.1。根本原因追溯图可参考图 16.2。

工作开展

开始的准备工作

- 组建一个调查小组，
- 经过适当培训和指导。
- 设定工作权限范围。
- 开始调查，保留证据。
- 关于最近的支持文件，查看支持网站：

收集证据

- 考查事故现场(事发位置)。
- 使用合适的走访技巧，走访当事人：提5WH(何时/何地/何人/何处/何因)问题(针对涉及人员)。
- 审查相关记录：纸版文件和电子版文件。
- 检查所涉及的设备(部件)。
- 4个Ps：即表示证据的人、文件、位置和零部件。

使用CLC

- 在使用CLC前，将证据组织成时间线。
- 鉴别、记录下关键因素：最好是简短、具体针对所采取的措施。
- 然后按需要进行前因-行为-结果分析。
- 在完成前因-行为-结果分析后，连同术语表一起使用CLC，以确定每个关键因素的原因。

原因

可能的直接原因

行为类

1 未遵守现有操作规程
1.1违章(个人)
1.2违章(集体)
1.3违章(主管人员)
1.4无程序可用
1.5不理解规程
1.6其他

2工具、设施/设备或车辆的使用
2.1错误地使用设施/设备或车辆
2.2错误使用工具
2.3使用了明知有缺陷的设施/设备或车辆
2.4使用了明知有缺陷的工具
2.5工具、设备和材料的放置欠妥
2.6以不合适的速度操作设施设备或车辆
2.7 其他

3防护设备或方法使用
3.1未认识到需要使用防护设备或方法
3.2未使用个人防护设备或方法
3.3个人防护设备或方法使用不当
3.4没有个人防护设备或方法
3.5失效的保护装置、警示系统或安全装置
3.6保护装置、警示系统或安全装置被拆除
3.7其他

4注意力不集中或疏忽
4.1被其他事情分散注意力
4.2忽视周围
4.3工作场所里的不恰当行为
4.4没有向他人提供警告
4.5无意识的人为差错
4.6未经思考的日常行为
4.7其他

条件类

5 保护设施
5.1防护装置失效
5.2防护装置有缺陷
5.3不正确个人防护设备
5.4个人防护设备有缺陷
5.5警示系统失效
5.6警告系统有缺陷/损坏
5.7安全装置失效
5.8安全装置有缺陷
5.9其他

6工具、装置/设备和车辆
6.1装置/设备故障
6.2装置/设备的准备工作
6.3工具故障
6.4工具的准备
6.5车辆故障
6.6车辆准备
6.7其他

7未预料的暴露
7.1火灾和爆炸
7.2噪声
7.3带电的电气系统
7.4非电器的能量来源
7.5极端温度
7.6危险化学品
7.7机械危害
7.8暴风雨或自然现象
7.9其他

8 作业场所的布置
8.1拥挤
8.2照明
8.3通风
8.4未加保护的登高作业
8.5作业场所的提示
8.6其他

可能的系统原因

个人因素

9体能
9.1视力缺陷
9.2听力缺陷
9.3其他的永久性身体残疾
9.4对物质敏感或过敏
9.5身形大小或体力限制
9.6其他

10身体状况
10.1以前受过伤或得过病
10.2疲劳
10.3机能下降
10.4由于吸毒、酒精或药物使用而使能力削弱
10.5其他

11精神状态
11.1记忆丧失
11.2协调能力差或反应时间长
11.3情绪状态
11.4害怕或恐惧
11.5动手能力差
11.6学习能力差
11.7错误判断
11.8其他

12精神紧张
12.1焦虑
12.2苦恼
12.3令人混淆的工作指示

13行为
13.1前因事件不存在
13.2前因事件无效
13.3强化了不正确行为
13.4未解决不正确行为
13.5未奖励正确行为
13.6行为分析流程不当
13.7其他

14技能水平/能力
14.1对需要的技能或能力没有进行评估
14.2对机能未进行有效联系
14.3缺乏对技能的指导
14.4未经常使用技能
14.5其他

工作因素

15培训/知识传递
15.1没有提供培训
15.2培训没有效果
15.3知识传递不充分
15.4无法回想起培训内容
15.5其他

16管理层/主管/员工领导力
16.1行为未被强化
16.2对安全的参与力度不够
16.3在进行员工配置时对于安全的考虑不够
16.4安全资源配置不够
16.5对人员支持不够
16.6对安全过程的监督/审查不够
16.7没有吸取经验教训
16.8领导力或职责
16.9员工参与的程度不够
16.10对风险的分析或接受程度不妥
16.11其他

17承包商的选用和监督
17.1无承包商资格预审流程
17.2承包商资格预审流程欠妥
17.3使用未经批准的承包商
17.4承包商选用欠妥
17.5没有监管流程
17.6对承包商的监管欠妥
17.7其他

18工程/设计
18.1技术设计不正确
18.2所采用设计标准、规格或规范不正确
18.3人机工程学或人的因素设计不正确
18.4施工监管欠妥
18.5对作业准备的评估欠妥
18.6对首次操作的监控欠妥
18.7对风险的技术分析欠妥
18.8其他

19作业控制
19.1无作业方案或风险评估
19.2风险评估欠妥
19.3未获得所需的许可证
19.4规定的控制措施未执行
19.5作业范围变更
19.6工作场所未保持安全秩序
19.7其他

20采购/材料处理控制
20.1订货错误
20.2收货错误
20.3装卸或运输欠妥
20.4物资储存欠妥
20.5物资标签欠妥
20.6其他

21工具和装置/设备
21.1提供的工具或装置/设备错误
21.2无正确的工具或装置/设备可用
21.3没有检查
21.4调试/修理/维护保养不正确
21.5不合适的部件拆除/更换无效
21.6无预防性维护方案
21.7未做装置、工具或设备测试
21.8其他

22标准/规定/规程(SPP)
22.1缺乏任务的SPP
22.2SPP的制订欠妥
22.3SPP的沟通欠妥
22.4SPP执行欠妥
22.5SPP的强化措施欠妥
22.6其他

23沟通
23.1同伴间沟通不够
23.2主管人员同员工间的沟通不够
23.3不同组织机构间的沟通不够
23.4作业组间的沟通不够
23.5班组间的沟通不够
23.6未收到沟通信息
23.7信息不正确
23.8未理解信息含义
23.9其他

整改措施

结束工作

评估现有的防范措施

-掌握每一项防范措施是否在事故发生前落实到位，或者认为落实到位。

-作为分析项目的一部分，列出每一项防范措施，并说明为何行之无效。

-提出整改措施。

-在提出新建议前确定或加强现有的防范措施。

提出整改意见

-针对已经找出原因的整改措施应该做到具体。

-整改措施应涉及和提到所列出的每一项起因。

整改措施验证

-调查组应讨论并商定：其整改措施是否可行，它们应该足以防止此类事故复发。如果不是这样，应强化这些整改措施。

-事故的原因和整改措施之间应保持对称。比如，一项工程设计的原因应有一项工程设计的整改方案，一项行为的结果应有一项对应的行为整改方案。属于行为方面的问题应考虑到促其发生的组织机构和文化方面的问题。

-操作管理体系

CLC是一种工具，确保企业有一个调查事故、分析其根本原因的一贯的方法。

图 16.1　原因综合分析图

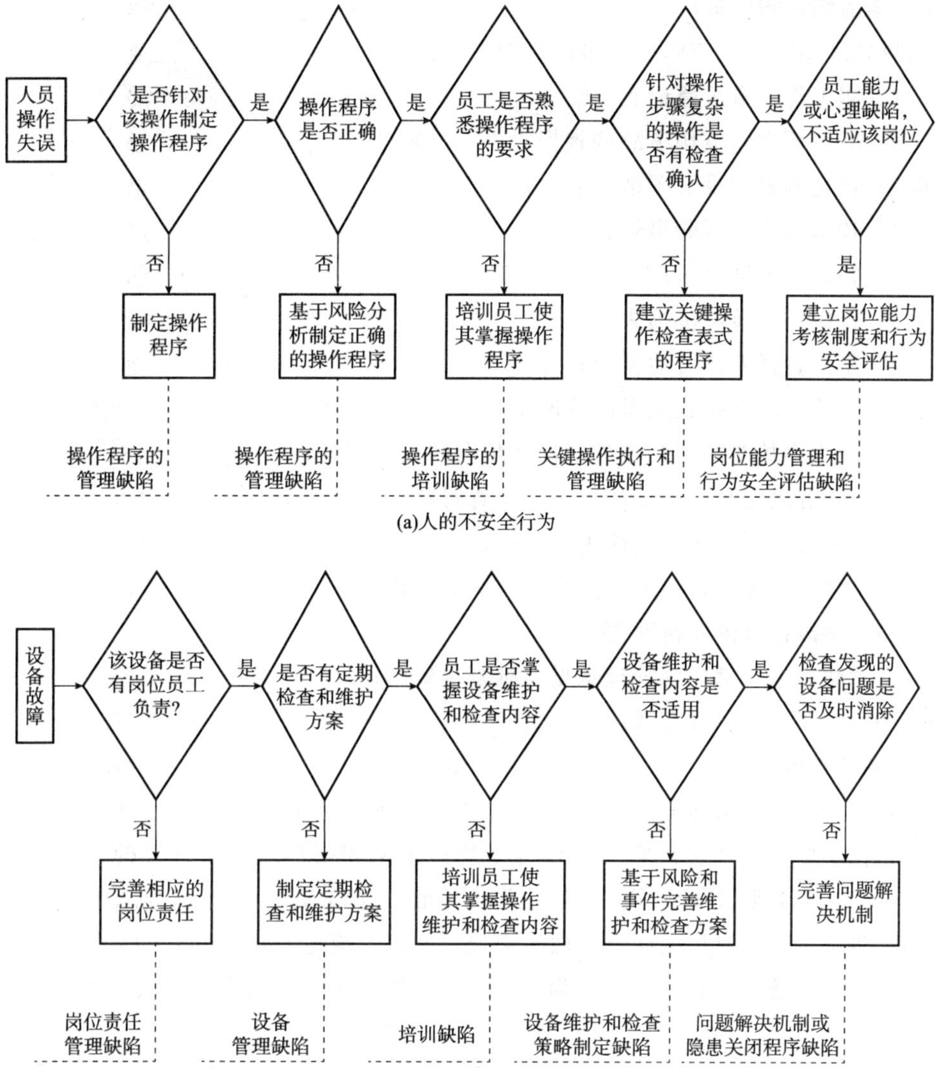

(a)人的不安全行为

(b)物的不安全状态

图 16.2　根本原因追溯图

3.5　整改落实

3.5.1　企业应明确事故事件防范措施落实的责任人、完成时限，并跟踪评估整改效果。

3.5.2　企业应及时公布事故事件调查结果，组织内部相关单位和人员分析、交流和培训，认真吸取事故事件经验教训。

3.5.3　企业应重视外部安全事故事件信息的收集工作，认真吸取同行业、同类企业、同类装置的事故事件教训，防范发生类似事故事件。

3.5.4　企业应建立事故事件数据库，每半年对发生的安全事故事件进行统计分析，找出发生的规律，制定系统性的防范措施，发现管理体系存在缺陷和不足时，及时对管理体系进行修正和完善。

3.6 事故结案归档材料

当事故处理结案后，应归档的事故资料如下：

3.6.1 职工伤亡事故登记表；

3.6.2 职工死亡、重伤事故调查报告书及批复；

3.6.3 现场调查记录、图纸、照片；

3.6.4 技术鉴定和试验报告；

3.6.5 物证、人证材料；

3.6.6 直接和间接经济损失材料；

3.6.7 事故责任者的自述材料；

3.6.8 医疗部门对伤亡人员的论断书；

3.6.9 发生事故时的工艺条件、操作情况和设计资料；

3.6.10 处分决定和受处分的人员的检查材料；

3.6.11 有关事故的通报、简报及文件；

3.6.12 注明参加调查组的人员姓名、职务、单位。

3.6.13 整改措施落实情况等；

3.6.14 政府主管部门的处理意见、批复等资料；

3.6.15 相关人员的教育情况。

3.7 事故统计

在《企业职工伤亡事故分类》（GB/T 6441）中提出了损失工作日、千人死亡率、千人重伤率、伤害频率、伤害严重率、伤害平均严重率和按产品产量计算的死亡率七项指标。工作日损失应参照《事故伤害损坏工作日标准》（GB/T 15499）千人经济损失率和百万元产值经济损失率。具体的统计方法，可以查阅以上规范。

在实际的安全管理过程中，我认为这些统计数据对企业层面意义不大。但是企业仍然需要进行事故统计，但建议从以下两个模块，第一本企业发生的事故（包含未遂事故）的统计分析，以此为基础可以不断完善企业安全管理，第二个，同行业及具有相同风险源的企业事故原因的分析与统计，可以防患于未然。

第十七章 安全生产档案管理

1 主要参照的法律法规

《建设项目档案管理规范》(DA/T 28—2018)

2 术语与定义

安全生产档案是指化工企业在安全生产管理活动中直接形成的，各类与安全生产相关具有保存和价值的各种文字、图表、声像等不同形式的历史记录，以及企业在执行各项安全生产法律法规、规章、标准和落实企业安全生产制度过程中所形成的直接记录的材料。

3 管理内容

3.1 安全生产档案分类

3.1.1 根据档案的保存的形式

根据档案的保管形式可以将档案分为两类：纸质档案和电子档案，为方便管理和调用，纸质档案和电子档案原则上应相互对应，但并不需要完全一致，一些文件源为纸质版没有必要存为电子档或者存为电子档极为麻烦的，则无须另扫描或拍照为电子文件，如日常运行记录和特殊作业票等，一些文件源为电子档的也一样，如全部的活动照片。

3.1.2 根据档案形成的阶段

化工项目可以分为项目建设期和运营期（含试生产期和验收后的正常生产期），档案根据项目所处的阶段也可以分为建设期档案和运营期档案。

3.2 运营期的管理

3.2.1 文档编号

一般推荐三级编号，如：***-00-A、***-01-A，第一级为部门编号，一般直接用部门名字或部门代号；第二为文档的序列号，一般两个数字即够用，不同类别的工作使用不同的系列号；第三级编号可以是同类工作细分的结果，也可以一个文件盒放不下时分文件盒存放时使用，是推荐使用大写英文字母。这样编号在部门层面编号区域即为二维，公司层面即为三维，如此纸质版文档在归档时不会因部门或工作类别、工作量增多而打乱原有的编号。

3.2.2　档案目录

建设期的档案管理可按照《建设项目档案管理规范》（DA/T 28—2018），而运营期的档案管理要求，笔者未能找到具有指导意义的规范及标准，故将自己从事安全管理时的档案管理的模式列于表 17.1 中，仅供参考。

表 17.1　安全档案目录

序号	编号	文档名	电子档案	纸质档案	责任人
1	***-00-A	台账目录及对外联络方式	（1）安环部档案目录； （2）工作需登录网站、账号、密码； （3）各政府部门和第三方服务公司的联络方式； （4）工作开展方式总结（每件工作完成后均须登记总结，方便他人查看）	仅必要的文件存纸质档已备电子档案丢失	注：此列可列出所该项工作的责任人
2	***-01-A	方针目标、计划、方案、总结、汇报	（1）体系方针目标； （2）各项 EHS 工作计划（含主要负责人行动计划）； （3）各类工作方案； （4）工作总结； （5）节假日值班领导带班； （6）绩效考核计划及结果	同电子版	
3	***-02-A	管理制度	各类制度及制度的附表，可以将 PDF 版、可编辑版和附表分开放置、需有制度清单	各类制度的正式发布版，须有制度目录	
4	***-02-B	其他部门管理制度	其他部门各类制度及制度的附表，可以将 PDF 版、可编辑版和附表分开放置 需有制度清单	其他部门的各类制度发布版，须有制度目录	
5	***-03-A	证书及批复	分四个部分进行存放： （1）证书类：包含营业执照、排污许可证证件、应急预案的备案批复等； （2）环评批复：各类环评验收批复等文件的复印件； （3）消防意见书：消防设计备案及验收意见书； （4）项目类证书：项目备案证等资料	同电子版（经常需要有政府单位需要复印件的可多储存几份复印件，如营业执照、排污许可证、生产许可证等）	
6	***-04-A	安全投入及安全责任险	（1）安全费用提取计划及记录、安全费用使用报告； （2）安全责任险购买记录	同电子版	

续表

序号	编号	文档名	电子档案	纸质档案	责任人
7	***-05-A	安全培训（对内）	(1) 全年安全生产教育培训计划； (2) 公司级的教育培训记录； (3) 日常安全教育培训统计； (4) 培训材料（每次培训完无论是内部培训还是外部培训均需要完成归档）。 备注：安全教育培训记录包括：安全教育培训时间、地点、培训人、被培训人、教育培训内容	(1) 全年安全生产教育培训计划； (2) 公司级的教育培训记录； (3) 日常安全教育培训记录； (4) 安全教育培训记录包括：安全备注：教育培训时间、地点、培训人、被培训人、教育培训内容。 备注：年为单位存放时可在侧封上加上年的单位	
8	***-05-B	安全培训（对外）	(1) 外来施工人员培训材料、考核文件； (2) 外来人员培训记录、安全协议、安全告知、特种作业证书等，单个公司归档一份	外来人员培训记录、安全协议、安全告知、特种作业证书等，单个公司归档一份	
9	***-05-C	安全培训（新员工）	(1) 公司级培训材料； (2) 培训签到表＋三级教育卡＋考核试卷的扫描、培训照片； (3) 新员工培训台账	新员工入职培训记录＋新员工入职三级教育卡（可单独存放）	
10	***-06-A	安全活动	安全活动记录（含活动名称、地点、时间和活动主题、内容、总结、照片等。 备注：安全活动内容包括但不限于：学习安全文件、通报、安全规章制度；学习安全技术知识、职业健康知识；典型事故案例分析；组织各种安全知识竞赛；安全生产月活动等	同上（无需过多照片）	
11	***-07-A	内部安全检查	(1) 月度安全检查记录； (2) 专项检查； (3) 政府发文自查； (4) 隐患整改通知单； 注：检查记录包括：检查通知、签名表、检查发现问题及整改计划、检查照片	同电子版	
12	***-07-B	外部安全检查	政府检查及外部专家检查包含检查记录表、整改通知书及整改报告。 注：按检查单位的级别及年份分类	同电子版	
13	***-08-A	安全会议	(1) 安全委员会会议； (2) 安全专题会议（为某一项工作或某一件事专门召开的会议）； (3) 月度安全会议； (4) 部门会议； 注：记录包含：会议通知、会议签到、会议文件、会议照片、会议纪要等	同电子版	

续表

序号	编号	文档名	电子档案	纸质档案	责任人
14	***-09-A	事故管理	(1) 事故统计； (2) 事故调查报告（按照“四不放过”原则，对事故原因及责任分析，应吸取的教训、采取的防范措施和责任人的处理意见等，人身事故要将当事人姓名、性别、年龄、工种、工龄及事故概况等记入台账。） (3) 事故提出整改措施的整改记录	同电子版	
15	***-10-A	应急管理	(1) 应急指挥体系； (2) 应急器材、应急药品清单； (3) 生产安全事故应急预案、应急处置卡	同电子版	
16	***-10-B	应急演练	(1) 应急演练方案； (2) 应急演练照片、评估记录； (3) 演练评估提出问题的改进记录	同电子版	
17	***-11-A	工艺安全管理	与工艺安全相关的资料（工艺自动控制连锁、安全设施等）	保存必要的纸质版资料	
18	***-11-B	工艺安全管理（图纸）	总图、施工图、雨污水管网图、消防管网图、车间设备布置图、车间工艺流程图等组织	设计院给出的盖章版图纸	
19	***-12-A	特种作业人员、特种设备、防雷、防静电	(1) 特种设备、特种作业和特种设备操作人员清单； (2) 特种设备使用登记证； (3) 特种作业人员、特种设备操作人员证书； (4) 各类检测报告（压力表、安全阀、探头、防雷等的检测报告）	同电子版	该工作一般由机动（设备）部门进行管理，可根据实际情况进行指引或者仅保留台账，具体资料放置于主管部门处
20	***-13-A	任命及员证书	(1) 公司成立安全委员会的通知； (2) 公司任命主要负责人和专职安全管理人员的任命书； (3) 公司主要负责人、分管安全负责人和安全生产管理人员培训、考核、持证任职的记录和管理人员资格证的复印件	同电子版	
21	***-14-A	特殊作业管理	(1) 有限空间台账； (2) 特殊作业施工方案； (3) 特殊作业风险分析表； (4) 各类许可证模板	(1) 特殊作业施工方案； (2) 特殊作业风险分析表	
22	***-14-B	特殊作业审批台账	八大特殊作业审批台账	八大特殊作业许可证，按作业进行分类存放	
23	***-15-A	合同及协议	与部门相关的合同和协议	与部门相关的合同和协议	
24	***-16-A	安全操作规程	公司制定并发布的各个岗位工种的安全操作规程	公司制定并发布的各个岗位工种的安全操作规程	

续表

序号	编号	文档名	电子档案	纸质档案	责任人
25	***-17-A	安全责任制及考核	(1) 每年年初公司与上一级人民政府签订的安全生产责任书； (2) 公司各级责任人层层签订的安全生产责任书（模板）； (3) 公司安全生产责任制考核细则和考核计划表	(1) 每年年初公司与上一级人民政府签订的安全生产责任书； (2) 公司各级责任人层层签订的安全生产责任书； (3) 公司安全生产责任制考核记录	
26	***-18-A	HSE 评价报告	各类评价报告电子版和编制这些报告所收集的资料	各类评价报告（可能需要一个单独文件柜存放）	
27	***-19-A	危险化学品管理和运输相关资质	(1) 原辅料台账； (2) 危险化学品台账； (3) MSDS； (4) 供应商台账及相关资质； (5) 危险化学品车辆道路运输证和驾驶员、押运员从业资格证	同电子版	
28	***-20-B	易制毒化学品	(1) 备案完成证明； (2) 公司合法使用证明； (3) 人员台账	同电子版	该工作一般由采购和仓储进行管理，如有必要可做指引或仅保留必要部门，具体资料放置于主管部门处
29	***-20-C	易制爆化学品	(1) 备案完成证明； (2) 公司合法使用证明； (4) 人员台账	同电子版	该工作一般由采购和仓储进行管理，如有必要可做指引或仅保留必要部门，具体资料放置于主管部门处
30	***-21-A	承包商管理	(1) 外来人员培训证［见安全培训（对外）］、安全协议、安全告知、特种作业证书等； (2) 承包考核表。 注：单个公司归档一份	(1) 外来人员培训证［见安全培训（对外）］、安全协议、安全告知、特种作业证书等，单个公司归档一份； (2) 承包考核表； (3) 承包商日常监管记录。 注：单个公司归档一份	
31	***-22-A	政府文件	(1) 省、市、区人民政府关于安全生产的文件； (2) 文件传阅学习记录； (3) 政府文件台账	同电子版	

续表

序号	编号	文档名	电子档案	纸质档案	责任人
32	***-23-A	外发文件	报送给外部的请示、报告、统计表等	报送给外部的请示、报告、统计表等（仅归档过程中存在纸质版的文件）	
33	***-24-A	安全生产法规及标准	(1) 国家发布和新修订的安全生产法律、法规和规章汇编； (2) 国家和行业制定的安全生产标准汇编	(1) 国家发布和新修订的安全生产法律、法规和规章汇编； (2) 国家和行业制定的安全生产标准汇	
34	***-25-A	体系管理	(1) 体系认证、审核资料； (2) 客户审核的资料	(1) 体系认证、审核资料； (2) 客户审核的资料。 注：仅归档过程中存在纸质版的文件	
35	***-26-A	消防管理	(1) 消防设备设施台账； (2) 重点部位布置图、总图； (3) 消防设施操作说明。 注：可以按照《消防控制室通用技术要求》整理归档	(1) 消防设备设施台账； (2) 重点部位布置图、总图； (3) 消防设施操作说明。 注：可以按照《消防控制室通用技术要求》整理归档	
36	***-26-B	消防评估检测维保报告	(1) 消防安全评估报告； (2) 年度消防监测报告； (3) 月度消防维保记录； (4) 消防设施器材维修记录	(1) 消防安全评估报告； (2) 年度消防监测报告； (3) 月度消防维保记录； (4) 消防设施器材维修记录	
37	***-27-A	变更管理	(1) 变更申请表； (2) 变更风险评估资料； (3) 变更后验收相关资料	同电子版	
38	***-28-A	工伤资料	工伤、意外险等资料	工伤、意外险等资料	该工作一般由人力资源负责，如有必要可做指引或仅保留必要部分，具体资料放置于主管门处

3.2.3 卷内目录

纸质版档案中应设置卷内目录，方便查看和检查，具体如表 17.2 所示。

表 17.2　文档目录

序号	文件名称	备注
1	填归档文件的具体名称	可备注归档的日期或文件来源等
2		
3		
4		
5		
6		
7		
8		
9		
10		
11		
12		

3.2.4　侧封

纸质版文档存放时，须给纸质版文档设立一个册封，可参照图 17.1。

图 17.1　文档册封样式

3.2.5　文件命名

电子档案在存放时应该按照文档的全称进行归档并加上文档产生的日期，在前面加上序号，如：01—营业执照—2020.01.01、02—安全生产许可证—2020.06.30，有序号之后文档在电脑上显示会按照设置的顺序排列，而文档的全称则可以让人迅速了解所存放文档的具体内容，同时也更便于人使用文件搜索功能，而日期则可以让人不打开文件就知道是否为自己想要的版本。

3.2.6　文件共享

无论是纸质档案和电子档案都应该实现部门内资料共享。纸质档案存放于档案柜中，使用后按编号重新放入柜子中；而电子档案一般使用共享盘的方式，部门的每个人都必须保证的安全生产文档及时按照存放规则在共享盘中备份（涉及机密的文件的按照公司保密原则处理），电子档案应定期备份，避免电脑损害造成的文件丢失。

实际上实现了规范化管理并部门内共享的安全生产档案，可以更自信地称其为安全生产数据库，至少有以下几点好处：

（1）管理人员可以通过定期查看电脑上共享的文件的归档情况就可以方便地了解部门工作的完成情况。

（2）部门人员可以方便地获得所需的资料，同时共享式的资料可以很大程度上避免重复性工作。

（3）新入职的员工可以快速从宏观上了解到部门的工作情况，而具体工作的档案和记录则是工作开展良好的模板和参照。

（4）政府人员进行检查或第三方审核时可以快速找到需要的资料，如果可以使用电脑迎检的话，则甚至可以不用来回搬用纸质档案，直接打开共享盘即可。

（5）当负责某一个工作的员工的辞职、出差、休假时，其余人员可以迅速接受其工作，需要资料时也不必再频繁问询具体负责的员工。

3.2.7　文件保存期

一般安全生产档案保管期限不得低于 3 年，安全许可资料保管期为永久保存，相关规范有具体规定的，可从其规定。

3.2.8　文件销毁

对于保管到期的安全生产档案，企业应进行鉴定，鉴定工作由主要负责人、相关业务部门的管理人员及技术人员、安全管理人员及档案的保管人员组成鉴定小组负责。经鉴定已失去保存价值的档案，应出具鉴定报告并编制销毁记录，经主要负责人批准后进行。销毁安全生产档案时必须履行严格的签字手续，有两人以上监销，销毁记录应长期保存。

后记 关于安全生产管理的一些思考

1　安全是管理的对象更是管理的结果

安全生产是人、机、料、法、环、测等均处在良好运营状态的结果，传统的安全管理理念中将安全本身当成了管理的对象，而没有意识到安全实质上是对人员、设备、工艺、操作、环境等各个层面的优化和管理提升后达到的一种状态，而这种对人员、设备、工艺、操作等各个层面的优化，涵盖了企业管理的全部，所以，单纯地将安全当作管理的对象来追求，是没有理解安全管理的真谛。

当一个企业通过全面管理优化来获得安全，那么安全就只是其管理的结果之一，效率、品质、素养等都会是全面管理的结果，这样企业就不会出现安全和其他诉求冲突的情况了。就像一个人如果只能做到有病去看医生，那他就不能获得真正的健康，如果他还能同时对饮食、作息、运动、工作强度、居住环境等方面进行良好的综合管理，那么他不仅能够大大减少生病概率，还能够获得更好的速度、精力和力量，这都是有利于他的工作和生活的，当然一个人如果连有病看病都做不到的话，那他就是彻底丧失了健康。

从企业发展规律看，一个企业不可能一开始就实现了这样良好的综合管理，除非他是一个由良好管理的企业复制和搬迁而来，所以最开始的时候在满足各种法规的前提下，有效地进行风险和隐患管理，守住不发生事故的底线，然后不断地去优化对于人、机、料、法、环、测等各个方面的管理，创建出适合企业的统筹管理的机制，才是一个企业安全发展的有效途径。

在各类安全法规中将主要负责人（应该叫实际控制人更加合适）作为企业的安全管理第一责任人也是基于对上面论述的认知，安全管理部门的工作只是企业安全管理的一部分，与安全本身相关的管理涉及企业方方面面，所以才有了“管生产必须管安全、管业务必须管安全、管行业必须管安全”的要求，提出这样的要求不仅是对安全管理责任的划分，更是基于对安全管理本质的深刻认识而进行的管理。

2　运用最少的资源获得最大的收益

一个企业的完善的安全管理不是一蹴而就的，对于发展缓慢的企业，有时间慢慢地完善自己的安全管理，但是对于发展迅速的企业，就必须制定良好的安全管理战略，分阶段、分层级地去完善安全管理的各个方面，实质上即便是缓慢发展的企业，要想达到较高的安全管理水平，也是需要分阶段、分层级地去完成安全管理的不同方面，如何制定与企业发展、政策发展相适应的安全管理发展路线，即为安全管理的战略。安全管理的战略可以从以下五个层面进行：

（1）安全管理整体战略应该和公司的发展阶段相同。在项目建设期应努力完成各项合法化手续，收集整理各类建设期的资料、各类评价报告和图纸，筹建公司档案室用以归类存放各类资料，这个阶段应加强和政府部门及第三方公司的沟通，逐步弄清国家和当地政府对公司在各个阶段应该完成工作的要求，此阶段同时应该弄明白各隐蔽工程的基本情况，尤其是雨污水沟、埋地消防管线。项目建设后期应逐步完善试生产期需要达到的条件、管理人员和特种作业人员等须持证上岗、各特种设备须办理使用登记证、编制试生产方案等，建立各项安全管理制度，并着手构建安环部的管理架构和档案管理体系、对相关人员进行培训，灌输安全管理的知识。正式运营后应根据实际情况逐项修订安全管理制度，完善体系，落实各项要求。制定三年规划、五年规划和十年规划。

（2）整体上，安全管理应该致力于编制各项制度、标准，以将已完成的工作固化下来，逐步减少安全管理中须协商的工作。

（3）安全管理对于某一件工作应该采用集中优势兵力各个击破的方式，逐步、逐个完善安全管理中的制度、大类工作。

（4）对于那些可能需要循序渐进的工作，或者根据年度规划时间紧迫不能一次性完成需要分阶段完成，但是在阶段内也应追求一步到位，并必须留下足够的数据以供后续工作的完善。

（5）保证每次召的会议都能起到作用，对于安全管理上存在的问题在会议上形成决议，并形成正式的会议纪要。

3 正确看待“痕迹”管理

在企业应对各类安全检查时，“痕迹”管理成了各个企业尤其是安全管理人员极为头疼的一个问题，就连《人民日报》也发文称：凡事要求“工作留痕”也是形式主义，对凡事“留痕迹”进行了批判。

（1）安全管理是否能够真正地脱离“痕迹”。

政府监管人员来公司进行安全督察，必然要对各类安全管理的“痕迹”进行检查来确定企业是否按照要求进行了各项安全管理的措施，如果没有这些“记录”，政府监管人员则不能判断企业是否按要求进行了安全管理，同时企业也需要这些记录来证明自己进行相关安全管理活动。所以“痕迹”无论对于政府监管人员还是企业都是不可或缺的，尤其是当安全管理的结果异常时，那么能够证明安全管理过程的“痕迹”就更加重要。

（2）“痕迹”的症结。

“痕迹”实际上是各项安全管理活动的记录，其本身并不会增加太多工作量，真正让人头疼的原因有以下三个方面：

①不科学和不完善的安全管理。

很多人之所以在政府来进行安全检查时感到头疼，无所适从，大多不是因为“痕迹”本身，而是因为本质上工作就没有做到位。这里又可以分为两种情况：一种是因知识有限或者精力不足而造成很多工作不到位，另一种是因为对安全管理宏观理解和把控不足，虽然做了诸多的工作，但是不系统而造成混乱和缺项。所以为了解决这类痕迹带来的头疼，应该要解决的是安全管理工作本身的问题。

②“痕迹”大于管理。

有部分人员在做安全管理时，各项记录做得很好，但是实际的管理并没有落实很多，这样的管理也经不起查看，这种情况多见于那些在有正规公司工作经验但对管理实际理解不深或者经验丰富但精力不够的团队。解决这样的问题首先要树立正确的安全管理理念，“痕迹”（即记录）是对安全活动的记录，反馈了安全活动的开展情况，而不是为记录而记录，另外企业如果碰到了经验丰富的人，一定要妥善利用，提供必要的人力和物资支持，让其发挥作用。

③超越管理需求的“痕迹”。

其实存在很多管理不错的企业，各项工作和记录都做得不错，也会不堪“痕迹”管理之扰，这种情况多见于政府监管部门提出的超于管理需求的“要求”，如要求频次过高的文件传达学习记录和各式各样内容相同的检查表，都属于超越管理需求的“痕迹”。

（3）如何建立正确的“痕迹”。

无论是政府还是企业都应该树立一个正确的意识，即“痕迹”（记录）是对安全活动的记录，是证明安全活动开展情况的表征方式，不可将“痕迹”放置于安全活动之上，只有“痕迹”没有活动。另外，企业应致力于建立科学和完善的安全管理体系，并按计划落实，按要求存档，只有基于科学和完善安全管理的“痕迹”，才是正确的“痕迹”。政府在监管过程中也应结合实际，尽可能从企业对于从列入法规和标准中的要求的落实情况中去考察企业的安全管理水平，评估是否满足安全管理需求，避免一味地查记录、要记录。

（4）科学“痕迹”的作用。

科学安全管理记录至少具有以下作用：

①快速地给检查人员、审核人员呈现公司安全管理开展情况；

②必要时可证明公司和相关人员的履职情况；

③有序的记录可以帮助安全管理人员查漏补缺、总结管理规律；

④记录可以使企业和部门管理人员迅速了解近期安全管理中的优势不足，及时调整管理策略；

⑤帮助培养新人：新入职员工可以通过留下的记录快速了解该项工作开展的流程和要求，也可以获得相应的模板，减少员工摸索和领导培养的时间，使新人能够站在巨人的肩膀上。

4　破解频繁的安全督察“扰民”症结

首先，需要明确政府组织的各类安全督察是必不可少的。那么既然这是一件必不可少的事情，大家为什么不是直接接受，反而要说它“扰民”，据我观察，原因如下：①安全检查的频次太高、质量不高，无论是对于资料还是现场，实质上都不能提出有效的建议；②检查不够系统，每次检查的内容都差不多；③政府各部门和各层级没有横向沟通，不同部门和层级间检查也极为重复。

要解决这个问题首先要弄明白，安全督察最终目的是什么？有以下三点：①政府的监管人员要通过各类的安全检查来确定企业是否已经做了必要的安全措施，如果没有就要采取措施；②政府的监管人员需要通过这样的检查来督促企业不断完善其安全措施来确保安全生产；③任何一级的安全管理者都需要通过组织或进行安全督察来证明自己履行了安全职责，而且次数越多，似乎越能证明自己的履职情况。

所以安全督察检查的目的最终是安全生产，而不是安全督察本身，所以有两个措施可以缓解这个问题：

（1）政府部门组织多部门联合性检查，减少检查的频次；

（2）政府安全主管部门制定安全检查计划，实质上对于危化企业可以参照《危险化学品企业安全风险隐患排查治理导则》。

然而，有一个方法，辅助一些其他措施，可以从根本上来解决这个问题，那就是由政府组织建立或者推行一套具有指导意义的安全管理体系，为其制定更加科学的考核细则，并严格审查其发证和年审过程，提高其信用度，使其信用度达到只要人看到这个证书、考评细则就可以了解这个公司的安全管理水平，随着其信用度的不断提高，国家的认可度也必然提高。

如此，首先，因为管理体系具有较强的实际指导意义，企业可以通过这套体系建立行之有效的安全管理机制，进行有效的安全管理，便可以有效地减少和预防事故的发生。其次，因为科学的考核细则和严格发证年审过程，证书即考核分数便可以真实地反映企业的安全管理水平，实质上我们也可以理解，政府组织的各类的安全检查，就是在不断地对企业进行审核，而通过刚才讨论的方式，将政府分多次进行的审核，合为一次，而且因为体系的完善性，这样的审核也更加完善。最后，作为一个国家认可的体系，只要政府监管部门能够有效对其发证和年审过程进行监管，就可以认为其尽到需要组织各种检查来履行的监管职责。

在实际的生产经营中，《安全生产标准化》就算得上一个较完善的体系，如果国家有关部门能够将组织各类安全检查支付的专家费，用来不断完善和细化《安全生产标准化》，同时将各类检查的精力用于对标准化发证和年审过程的监管中，那么应该可以大大缓解所谓安全督察“扰民”的症结。

实质上加上以下两点，应该可以更加事半功倍。

（1）加强对其他体系的审核的监督，提高其信用度。

（2）国内外存在很多与安全相关的体系，如《职业健康安全管理体系要求及使用指南》（GB/T 45001—2020），政府部门也可以参与到其审核过程，提高其信用度，作为《安全生产标准化》（也可能是其他的体系）的补充。

（3）政府有计划性地进行安全督察。

即便是实现了我们刚刚讨论的问题，政府是否依然需要督察？答案是肯定的，所以如果政府能够制定有效的督察计划，同时能够如上述建立一套有效的安全检查标准，政府通过合理的规划，对不同内容在各自检查的频率内进行覆盖性检查，那么除了能减少督察的次数，也能够提高督察的效率。实质上对于危化企业而言，《危险化学品企业安全风险隐患排查治理导则》就是一个较完善的检查导则，如果政府能够不断完善，并依据此来进行检查，那么必然会提高检查的效果。

通过以上的措施，可以在不比当下安全督察模式效果差的前提下，有如下的改变：

（1）政府可以节约检查的费用和精力用于建立更加完善的管理体系和考评标准，同时加大对于体系审核发证的过程的监督，提高系统的完整性、有效性、信用度。

（2）企业因为有了更加有效的安全体系的指导，同时不用花费过多时间用于应对各类检查，那么其节约出的精力可用于根据安全体系建立有效的安全管理机制，同时有效地落实。

（3）因为发证过程的严格，那么企业必须实事求是地去落实各项措施，也可以解决部分企业主不重视的问题。

最终实现安全管理的良性循环。

5　推荐的一种安全管理架构和人员组成

安全管理机构，在国内一般称为安环部，通常会同时负责公司的环保管理和职业健康管理，因为这三者工作模式有一定的相通性，所以常划归为一个部门进行管理。

为有效地进行安全管理，推荐如图 1 所示的安环部管理架构，将其分为三层，具体负责工作如表 1 所示。

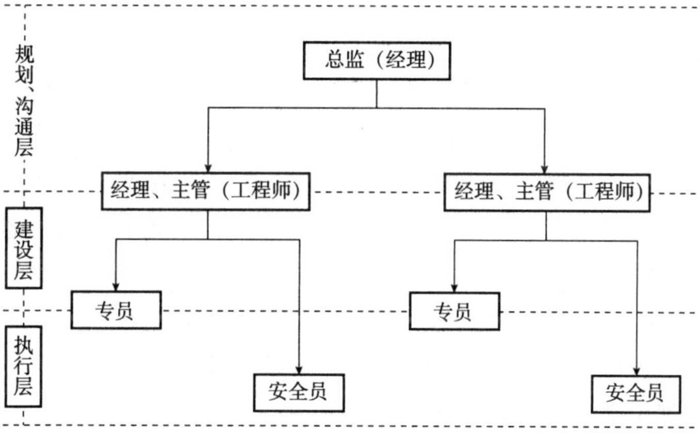

图 1　推荐的一种安环部管理架构

表 1　推荐的安环部管理架构职能及分工

层级	对应职位	主要职能	任职要求
规划、沟通层	总监（经理）	部门建设、EHS 管理整体规划、内外沟通、EHS 工作审核、各项 EHS 活动组织	本科以上学历，多年安全管理经验，具有系统性安全管理能力
建设层	经理（主管、工程师）	根据 EHS 规划、各相关法律要求，结合执行层收集的意见、EHS 管理的效果，建设 EHS 管理体系和各项执行标准	本科以上学历或注册安全工程师或具有多年安全管理经验的人
执行层	安全员、专员	直接推动各项 EHS 政策落实，如作业票审核、现场巡查、收集各部门对 EHS 管理工作的意见	大专以上学历，执行能力强

如此分工具有如下优势，这些优势在企业建设初期尤为明显，具体如下：

（1）效率优势。三个层级的分配可以有效囊括安全管理工作所有重要方面：部门建设、战略规划、沟通协调、体系建设、政策推动和各相关审核，进行分工可以让各层级人员专注于某一类或几类工作，不用在不同层级的工作中不断切换，降低切换的准备时间和沟通成本。建设层相对于沟通规划层，可以有效分担体系建设的工作，让管理者从琐碎的事务中解脱出来，有更多的时间和精力进行全面规划，并能够对建设层建设的体系进行详细审核，更有利于建设有效的管理体系。而执行层相对于建设层，同样可以让建设层有足够的精力和时间，研究法律和公司现状，同时收集管理人员的意见，以建设更有价值的管理体系，也更有利于建设层根据规划、沟通层的规划，逐项按计划完成各类重点工作。三个层级之间良好的互动，能够有效发挥组织的作用。

（2）用人成本较低。很多企业即便是大企业一般不招聘第三层级的人员，它们认为第三层级的人员不能胜任多种工作，不符合经济效益，实际上这种计算用人成本的方式值得商榷，如果我们将EHS管理所有工作罗列出来进行计算，则理论上每项工作量可以得到一个固定值，而同一个工作，消耗的用人成本越低，那么就越有利于降低成本，如很多工作尤其是执行类的工作并不需要过多高层级的人员参与，根据这类工作的多少招聘合适的执行层的人员，才更有利于降低用人成本。

（3）发展方向清晰，员工更容易觉得有前途。三层管理架构本身就带来了较为清晰的发展模式，同时各层级之间差距有限，不会让人觉得不可跨越，更容易调动公司员工的积极性。

（4）在一定程度上有利于实现将与兵的有效分离。很多管理者都被要求深入了解员工的工作情况、问题等，这是对的，但在这里有一点需要注意，管理者不应过多直接处理被管理者应该处理的问题，这除了会造成管理混乱外，更容易造成一个角色错位带来的标准降低，因为当管理者直接从事被管理者应当解决的问题时，他就会面对被管理者的困难，容易产生被管理者的懒惰心理（每一个人都想省事，就会有“算了”“就这样吧”的情况出现），从而导致这项工作的结果降低，但当管理者要求被管理者去处理这件事情时，这种情况就会减少，因为他不再是直接的执行者。所以层级的划分有利于自上而下建立更严格的标准，也更有利于把工作做得更好。

因为不同公司的规模和现状不一样，部门规划沟通层人员应根据以上思路去梳理部门工作，统计出部门分属于各层级应完成的工作量及用时，从而设计更有力的管理架构，以上架构仅供参考。